複素解析の基礎

i のある微分積分学

堀内利郎・下村勝孝
共　著

内田老鶴圃

本書の全部あるいは一部を断わりなく転載または
複写(コピー)することは，著作権および出版権の
侵害となる場合がありますのでご注意下さい．

はしがき

　私は解析学を学び始めたとき,膨大な微分積分学の教科書やそれに続く様々な分野の文献を目にし,歴史の重みをひしひしと感じたことを思い出します.現代解析学はデカルトに始まるとよく言われますが,その後すでに400年近くの蓄積があるのです.その中で,18世紀にオイラー,ダランベールらに始まり,大数学者ガウスを経て19世紀半ばに,コーシー,ワイエルシュトラスらで確立された「複素解析学」は筆者には大砂漠のオアシスに咲いた一輪の花のように思われました.ひとことで言えば,それは2乗して負になる数を含む世界における微分積分学であり,1変数の微分積分学と2変数のそれの狭間に咲いた美しくも豊かな理論であります.指数関数や三角関数などの初等関数でさえ,複素関数と見なすことにより始めてその真の姿をかいま見ることができるのです.その理論の美しさは初等的な段階から際だち,微分においては1回複素微分可能であれば実は無限回微分可能であり,積分においては部分積分と置換積分に続く第3の方法(留数計算)を与えてくれます.解析学を学ぶ者には基本的な分野であるだけではなく,その精緻な理論の美しさを初学者の段階から十分に堪能できるという点から大学の低学年で学ぶべき格好の題材です.また,現代工学のように数学が必須である方面に進む者にとっては微分積分学の次に学ぶべき数学分野と考えられています.このような理由から,現代では数学やその応用分野を志す者にとって,複素解析学は必須の分野となっており,本書はそれらを十分に考慮した複素解析学への初等的な入門書であります.

以下本書の構成を説明します．まず第 1 章で複素数の導入を詳細に行った後，本論を第 2 章のべき級数の世界からスタートさせています．その理由は，2 変数関数の知識を極力用いず初等的に複素関数を導入するためであります．この立場は，コーシーの立場 (正則関数とコーシー積分の理論) ではなくワイエルシュトラスの立場 (収束べき級数の理論) であります．これは，H・カルタンがその名著 (Théorie élémentaire des fonctions analytiques d'une ou plusieurs variable complexes) で採用した方法に倣ったもので，我々の目的にふさわしいと判断いたしました．このことにより，第 3 章において多くの初等関数が実はべき級数に展開される解析関数であることがわかり，複素解析学の有効性が早くから認識できるのであります．π の定義を含め，有名なオイラーの公式の証明がなされるのもここです．

次に第 4 章では，多くのテキストのように，コーシーの立場から正則関数とコーシー積分の理論を導入し，第 5 章において，コーシーの積分定理と積分公式を証明します．その証明は，グリーンの公式を用いず，原始関数の理論を用いてなされることを注意しておきます．そして，テーラー展開を通じて，すでに学んだ二つに理論の同値性を確認します．

第 6 章では，ローラン展開を通じて関数の特異点を考察します．その結果，特異点は三種類に分類され，留数の理論として定積分の計算に応用されます．ここでは応用上の観点から，定積分をその形によって 7 種類に分類し詳細に検討がなされています．

第 7 章では正則関数が持つ美しい性質「等角性」を紹介し，さらに応用として同型写像の理論を解説しました．これは平面のトポロジーの微妙な問題を含みますが，具体的な例をなるべく多くあげ比較的詳細に述べてあります．章の最後には，有名なビーベルバッハ予想の解決について触れました．

第 8 章は，微分方程式論につながる話題として，2 変数調和関数の基本的な性質が円板上のディリクレ問題を中心に書かれています．応用として，多重べき級数を用いる微分方程式の解法を紹介しました．これは，常微分方程式論の立場では初期値問題の解の存在定理であり，偏微分方程式論の立場では有名なコーシー・コワレフスカヤの定理の最も単純な場合であります．

はしがき　　　　　　　　　　　　　　　iii

　第9章では，正則関数や有理関数の世界で関数列の収束を本格的に取り扱って，部分分数や無限積，さらに正規族の考察がなされます．その応用として，リーマンの写像定理が初等的に証明されます．最後に，有理関数の無限回反復合成から得られ，フラクタルとして重要なだけでなく，その名前と共に非常に美しいジュリア集合の簡単な紹介をします．このことが，読者のさらなる好奇心を刺激することを期待してやみません．

　前に述べたように，複素解析学は現代数学において最も基本的な理論のひとつであり，関連する教科書・参考書は山積しています．その中で，新しいテキストを書こうとすることは無意味だとも思われましたが，最近の複素解析学の目覚ましい発展の一部と400年の蓄積の最良の部分を組み合わせることにより，とにかく現代的な複素解析学への入門書が生み出せるのではないかと考え，この入門書が完成いたしました．まだ筆者として不満足な点もありますが，一方ではまずまずの仕事ができたのではないかと少し自負しております．

　最後になりましたが，この本を出版するにあたり茨城大学名誉教授の荷見守助先生には多くの貴重な助言をいただきました．内田老鶴圃編集部の皆様，さらに同社の内田学氏には色々お骨折りをいただきました．ここに記して深く感謝する次第です．

　ただ一つの願いは，この教科書の愛読者となられた方々にいつかどこかでお会いできることでしょうか？

2001年1月

　　　　　　　　　　　　　　　　　　　　　　　　　著　者

この本の読み方について

はしがきの中で述べましたように，本書は実一変数の微分積分学の必要最小限の知識があれば十分読み進めるように書かれています．その一方で，初学者には少しなじみにくい内容も取り上げていますので，読み進む上での指針を以下に挙げておきます．

1. 本書は九つの章と問題解答からなり，各章はいくつかの節からなっています．定理，定義や式などの番号は，各節ごとの通し番号になっています．

2. 各節には，例題や演習問題がありますが，例題は本文を理解するために必要なので，飛ばさずに読むようにして下さい．理解を確実にするためにも，演習問題を解いてから次節に進むよう心がけて下さい．

3. 各章の末尾に章末問題 **A,B** があります．**A** は標準的な問題ですから，できるだけ解いて理解を深めてから次章に進むようにして下さい．問題 **B** は試練と題され少し高度な内容を含みますが，ぜひ挑戦して下さい．なお，演習問題と章末問題の略解をエピローグとして掲載しました．

4. 本書には読者のさらなる好奇心を刺激するために，**研究** と題された節が第 4 章，第 7 章と第 9 章にあります．また各方面への複素解析学の応用を考慮して，**応用** と題された節が第 6 章と第 8 章にあります．これらの節は初学者には少しなじみにくい内容を含んでいますので，最初は飛ばしても構いません．

5. 定理の証明の内で，初学者の段階ではあまり必要ではないものは小さな活字になっています．これらは本書をそれだけで読めるようにするためのものですから，前と同じ理由で最初は飛ばしても差し支えありません．

6. 重要な概念・術語は索引としてまとめました．また，本書を執筆するにあたり参考にした主な文献も参考文献として本文の最後にまとめてあります．

目 次

はしがき i

この本の読み方について iv

第 1 章　プロローグ … 複素世界への招待　1

1.1. $z^2 + 1 = 0$ の可解性について 1
1.2. 複素数の演算 2
1.3. 複素平面 3
1.4. 直線と円 9
1.5. 複素数列 12
1.6. 開集合と閉集合 15
1.7. 複素関数 18
1.8. 連続関数列 20
コーヒーブレイク：i は何の頭文字? 23
1.9. 章末問題　A 24
1.10. 章末問題　B 25

第 2 章　べき級数の世界　27

2.1. 収束半径 27
2.2. 和と積 30
2.3. 代入 31
2.4. 微分 32

2.5.	章末問題 A	37
2.6.	章末問題 B	37

第3章 べき級数で定義される関数の世界 — 39

3.1.	指数関数	39
3.2.	実数変数の指数関数 e^x と対数関数 $\log x$	40
3.3.	純虚数変数の指数関数	41
3.4.	対数関数	44
3.5.	複素べき乗根とリーマン面	46
3.6.	三角関数	48
3.7.	1変数解析関数	50
3.8.	解析接続	52
3.9.	関数の零点と極	55
3.10.	章末問題 A	57
3.11.	章末問題 B	58

第4章 正則関数の世界 — 59

4.1.	2変数微分可能関数	59
4.2.	正則性の定義	60
4.3.	研究：変数としての z と $\bar{z}$	62
4.4.	複素積分	64
4.5.	区分的になめらかな曲線に沿った積分	66
4.6.	曲線の関数としての積分	70
4.7.	章末問題 A	73
4.8.	章末問題 B	74

第5章 コーシーの積分定理 — 75

5.1.	曲線のホモトピー	75
5.2.	コーシーの積分定理	77
5.3.	一般化されたコーシーの積分定理	84

- 5.4. 閉曲線の指数 85
- 5.5. コーシーの積分公式 87
- 5.6. 鏡像の原理 89
- 5.7. 正則関数のテイラー級数展開 91
- 5.8. 平均値の性質と最大値原理 94
- 5.9. 章末問題 A 97
- 5.10. 章末問題 B 99

第 6 章　特異点をもつ関数の世界　　101
- 6.1. ローラン展開 101
- 6.2. 特異点の分類 104
- 6.3. リーマン球面 109
- 6.4. 留数定理 111
- 6.5. 留数の計算 114
- 6.6. 偏角の原理 116
- 6.7. 応用：留数の方法による定積分の計算 122
- 6.8. 章末問題 A 137
- 6.9. 章末問題 B 138
- コーヒーブレイク：なぜ，ノーベル数学賞はないのか？ 140

第 7 章　正則関数のつくる世界　　141
- 7.1. 同型写像について 141
- 7.2. 等角写像 142
- 7.3. 1 対 1 でない変換 144
- 7.4. メビウス変換 147
- 7.5. 非調和比 148
- 7.6. 自己同型 152
- 7.7. 研究：ビーベルバッハ予想の解決 158
- 7.8. 章末問題 A 161

目次

- 7.9. 章末問題 B 161

第 8 章 調和関数のつくる世界　163
- 8.1. 2 変数調和関数 163
- 8.2. 調和関数と正則関数 165
- 8.3. 多変数解析関数 168
- 8.4. 調和関数が解析的関数であること 170
- 8.5. 円板上のディリクレ問題 173
- 8.6. 円板上のディリクレ問題の解の存在性 177
- 8.7. 応用：多重べき級数を用いる微分方程式の解法 1 178
- 8.8. 応用：多重べき級数を用いる微分方程式の解法 2 181
- 8.9. 章末問題 A 185
- 8.10. 章末問題 B 186

第 9 章 正則関数列と有理型関数列の世界　187
- 9.1. 正則関数のつくる空間 187
- 9.2. 有理型関数の無限級数 191
- 9.3. 複素数の無限積 195
- 9.4. 正則関数の無限積 197
- 9.5. 標準無限積 199
- 9.6. 複素平面上の正規族 205
- 9.7. リーマンの写像定理の証明 208
- 9.8. 研究：ジュリア集合からフラクタルへ 210
- 9.9. 章末問題 A 215
- 9.10. 章末問題 B 215

第 10 章 エピローグ … 問題解答　217

参考書一覧　235

索　引　237

第1章 プロローグ

複素世界への招待

1.1. $z^2 + 1 = 0$ の可解性について

二次方程式

$$z^2 + 1 = 0$$

の解は,この世には存在しないといってすましていることもできる.しかし,存在しないのであれば,我々はそれを「創造」することから始めればよい.

まず,複素数を次のように導入することから始めよう.

定義 1.1.1 i を

$$i^2 = -1 \tag{1.1.1}$$

を満足する「数」とする.この i をこれからは **虚数単位** と呼ぶ.これは明らかに上の方程式の一つの解である.

そして次に,複素数の全体 $\mathbf{C}$ を集合論の言葉を用いて定める.

定義 1.1.2

$$\mathbf{C} = \{z = x + iy : x, y \in \mathbf{R}, i \text{ は虚数単位 }\} \tag{1.1.2}$$

ここで $\mathbf{C}$ に属する二つの複素数 $z_1 = x_1 + iy_1$ と $z_2 = x_2 + iy_2$ が等しいとは $x_1 = x_2$ かつ $y_1 = y_2$ が同時に成立することとする．つまり，$z = x + iy = 0$ は $x = y = 0$ を意味するのである．

定義 1.1.3 $z = x + iy \in \mathbf{C}$ において x を複素数 z の **実数部分 (実部)** y を **虚数部分 (虚部)** といい，それぞれ

$$x = \operatorname{Re} z, \qquad y = \operatorname{Im} z \tag{1.1.3}$$

と書くことにする．

演習 1.1.1 $z^2 + 4 = 0$ は複素数の範囲でどんな解をもつか．また，$z^2 + z + 1 = 0$ はどうか？

1.2. 複素数の演算

これで一応，複素数という新しい世界が創造されたわけであるが，この世界は我々にとってどういう意味をもつのであろうか？ まず，この世界が代数的に完全であることを確かめることから始めよう．すなわち $\mathbf{C}$ には自然に次のよく知られた「演算」加法，減法，乗法，除法が導入できる．

定義 1.2.1 $z_1 = x_1 + iy_1, z_2 = x_2 + iy_2$ を二つの複素数とするとき，次の四則演算ができる．

1. 加法 $\quad z_1 + z_2 = x_1 + x_2 + i(y_1 + y_2)$
2. 減法 $\quad z_1 - z_2 = x_1 - x_2 + i(y_1 - y_2)$
3. 乗法 $\quad z_1 z_2 = x_1 x_2 - y_1 y_2 + i(x_1 y_2 + x_2 y_1)$
4. 除法 $\quad \dfrac{z_1}{z_2} = \dfrac{x_1 x_2 + y_1 y_2}{x_2^2 + y_2^2} + i \dfrac{-x_1 y_2 + x_2 y_1}{x_2^2 + y_2^2}$ 但し，$z_2 \neq 0$ とする．

4 の除法は少し複雑であるが，次のように考える．z_1 を z_2 で割るということは z_1 に z_2 の逆数を掛けることと同じはずである．従って，恒等式

$$(x + iy)(x - iy) = x^2 + y^2$$

に注意すれば，
$$\frac{1}{z_2} = \frac{x_2 - iy_2}{x_2^2 + y_2^2}$$
となり，除法は乗法に帰着するのである．

定義 1.2.2 $z = x + iy$ に対して $\bar{z} = x - iy$ を z の **共役複素数**(きょうやく) といい，$|z| = \sqrt{x^2 + y^2}$ を z の **絶対値** と呼ぶ．そのとき
$$z\bar{z} = x^2 + y^2, \quad \frac{1}{z} = \frac{\bar{z}}{|z|^2}$$
が成立する．但し，後者では $z \neq 0$ とする．

四則演算については次のような基本的な性質がある．

1. 交換法則　$z_1 + z_2 = z_2 + z_1, \ z_1 z_2 = z_2 z_1$
2. 結合法則　$(z_1 + z_2) + z_3 = z_1 + (z_2 + z_3), \ (z_1 z_2) z_3 = z_1 (z_2 z_3)$
3. 分配法則　$z_1(z_2 + z_3) = z_1 z_2 + z_1 z_3$
4. 逆元の一意的存在　$z + z_2 = z_1$ と $z = z_1 - z_2$ は同値である．また，$zz_2 = z_1$ と $z = \dfrac{z_1}{z_2}$ は同値である．但し，後者では $z_2 \neq 0$ とする．

共役複素数については次のような基本的な性質がある．
$$\bar{\bar{z}} = z, \quad \overline{z_1 \pm z_2} = \bar{z_1} \pm \bar{z_2}, \quad \overline{z_1 z_2} = \bar{z_1} \bar{z_2}, \quad \overline{\left(\frac{z_1}{z_2}\right)} = \frac{\bar{z_1}}{\bar{z_2}}.$$

演習 1.2.1 複素数 $i(i+i), \ \dfrac{i}{1+i}, \ \overline{\left(\dfrac{1}{2+\sqrt{3}i}\right)}$ を $a + bi$ の形にせよ．

演習 1.2.2 次の公式「中線公式」を示せ．
$$|z+w|^2 + |z-w|^2 = 2(|z|^2 + |w|^2), \quad z, w \in \mathbf{C}.$$

1.3. 複素平面

複素数の世界に地図を導入しよう．そうすれば，我々の脳細胞ももっと働きやすくなるだろう．

通常の二次元の世界 (xy 平面) を $\mathbf{R}^2 = \{(x,y) : x, y \in \mathbf{R}\}$ といつものように書く. すると, 明らかな 1 対 1 の関係式

$$x + iy \longleftrightarrow (x, y)$$

により平面と複素数の世界は「同一視」できることがわかる. すなわち複素数の世界の「直線 $\operatorname{Im} z = 0$」を平面上の x 軸に対応させ,「直線 $\operatorname{Re} z = 0$」を y 軸に対応させるのである. このようにして複素数全体からできる平面を **複素平面** または **ガウス平面** と呼ぶ.

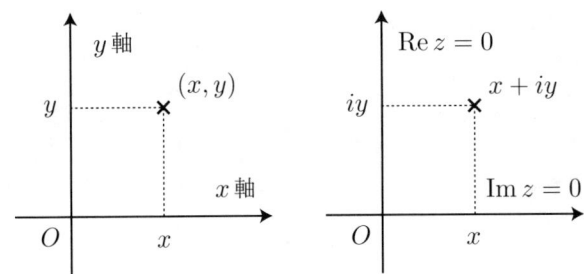

図 1.1. $\mathbf{R}^2$ と複素平面

さて, 原点のある平面上では, 点の位置は原点からの距離と方向で決まったことを思い出そう. 平面上の原点 $(0,0)$ は 複素数 0 に対応するので, 複素数 $z = x + iy$ と 0 との距離は z の絶対値 $|z| = \sqrt{x^2 + y^2}$ と決めるのが自然になる. さらに方向を決めるために, 複素数 $z = x + iy \neq 0$ に対して, 平面上の点 (x, y) が x 軸となす角度を θ としよう. この θ を 複素数 z の **偏角** といい $\arg z$ と書く. この偏角は, 2π の整数倍の任意性があり, 一意的には決まらないことに注意しよう. そこで, z の偏角の中で $(-\pi, \pi]$ の範囲から選んだ角度 θ_0 を偏角 $\arg z$ の **主値** といい, $\operatorname{Arg} z$ と書く. そのとき, z の偏角 $\arg z$ は次の無限個の角度のなす集合となる.

$$\arg z = \{\theta_0 + 2k\pi : k \text{ は整数}\}$$

この arg z のような関数を **多価関数** ということがある．ここで，$r = |z|$ と
おくとき，

$$r = \sqrt{x^2 + y^2}, \quad \begin{cases} x = r\cos\theta \\ y = r\sin\theta \end{cases}$$

が成立することに注意すると，

定義 1.3.1 (極形式表示) 任意の複素数 $z = x + iy$ は上の準備のもとで，

$$z = r(\cos\theta + i\sin\theta) \tag{1.3.1}$$

と書ける．これを複素数 z の **極形式表示** という．θ の値は一意的には決まらないが，2π の整数倍を除けば一意に決まる．

演習 1.3.1 次の複素数を極形式で表示せよ．$1 + i, i, 1 + i\sqrt{3}$.

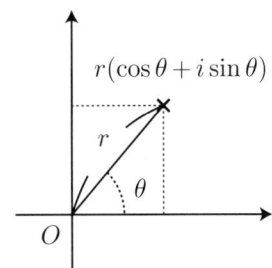

図 1.2. 複素数 z の極形式表示

複素平面上で複素数の四則演算の意味を考えてみよう．複素数 $z = x + iy$ と $w = u + iv$ は平面上の二つの位置ベクトル $\overrightarrow{OZ} = (x, y)$ と $\overrightarrow{OW} = (u, v)$ とも同一視できる．そのとき，$z + w = x + u + i(y + v)$ でできる新しい複素数は二つの位置ベクトルの和 $\overrightarrow{OZ} + \overrightarrow{OW} = (x + u, y + v)$ と同一視できる．つまり，複素数の加法と減法はベクトルの演算としての和と差と同じものであることがわかった．三角形の二辺の長さの和は他の一辺より長いから，次の性質は直感的には明らかである．

定理 1.3.1 次の不等式が成立する.
$$|z+w| \leq |z|+|w| \tag{1.3.2}$$
さらに詳しくは次が成立する (三角不等式).
$$||z|-|w|| \leq |z\pm w| \leq |z|+|w| \tag{1.3.3}$$

証明 第一の不等式を直接計算で証明しよう. 両辺を 2 乗すると
$$左辺 = (x+u)^2 + (y+v)^2$$
$$右辺 = x^2 + y^2 + 2\sqrt{(x^2+y^2)(u^2+v^2)} + u^2 + v^2$$
であるから, 示すべき不等式は次の「シュワルツの不等式」になる.
$$|xu+yv| \leq \sqrt{(x^2+y^2)(u^2+v^2)}$$
この不等式の両辺を 2 乗して整理すれば,
$$(xv-yu)^2 \geq 0$$
と同値であることがわかり, 証明が終わる. □

次に複素数の積の意味を考えよう. そのために, 極形式を利用して
$$z_k = r_k(\cos\theta_k + i\sin\theta_k), \qquad k=1,2$$
で表される複素数をとる. ここで, r_k は正数, θ_k は実数とする. するとド・モワブルによる次の美しい公式が成立する.

定理 1.3.2 次の公式が成立する.
$$z_1 \cdot z_2 = r_1 \cdot r_2[\cos(\theta_1+\theta_2) + i\sin(\theta_1+\theta_2)], \tag{1}$$
$$\frac{z_1}{z_2} = \frac{r_1}{r_2}[\cos(\theta_1-\theta_2) + i\sin(\theta_1-\theta_2)]. \quad (z_2 \neq 0) \tag{2}$$
特に, $z = r(\cos\theta + i\sin\theta)$ のとき, 任意の整数 n に対して
$$z^n = r^n(\cos n\theta + i\sin n\theta) \tag{3}$$
が成立する.

1.3. 複素平面

証明 (1) を証明しよう. 乗法の定義より

$$z_1 \cdot z_2 = r_1 r_2 [\cos\theta_1 \cos\theta_2 - \sin\theta_1 \sin\theta_2$$
$$+ i(\sin\theta_1 \cos\theta_2 + \cos\theta_1 \sin\theta_2)]$$

となるが, よく知られた三角関数の加法定理より右辺は

$$r_1 r_2 [\cos(\theta_1 + \theta_2) + i\sin(\theta_1 + \theta_2)]$$

に等しくなる. (2) は $\cos\theta$ が偶関数, $\sin\theta$ が奇関数であることから

$$\frac{1}{z_2} = \frac{\overline{z_2}}{|z_2|^2} = \frac{1}{r_2}(\cos\theta_2 - i\sin\theta_2) = \frac{1}{r_2}[\cos(-\theta_2) + i\sin(-\theta_2)]$$

を用いれば, (1) に帰着する. (3) の証明は (1) と数学的帰納法を使う. □

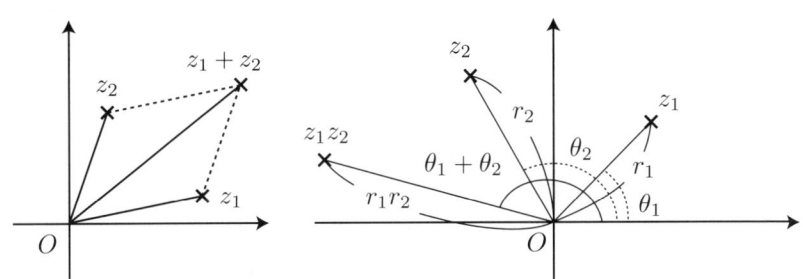

図 1.3. 複素数の和, 積の図形的意味

絶対値と偏角に関しては次の定理が成立する.

定理 1.3.3 前定理と同じ記号のもとで, 以下が成り立つ.

$$|z_1 z_2| = |z_1||z_2|, \tag{1}$$

$$\left|\frac{z_1}{z_2}\right| = \frac{|z_1|}{|z_2|}, \quad z_2 \neq 0, \tag{2}$$

$$\arg(z_1 z_2) \equiv \arg z_1 + \arg z_2, \tag{3}$$

$$\arg\left(\frac{z_1}{z_2}\right) \equiv \arg z_1 - \arg z_2, \quad z_2 \neq 0. \tag{4}$$

ここで, $a \equiv b$ は a と b が 2π の整数倍の差を無視すれば等しいことを意味するものとする.

証明 証明は前定理を用いれば容易であるが, 念のために (1) を定義に基づく計算で確認しておこう. 実際, 両辺を 2 乗すれば

$$(x_1x_2 - y_1y_2)^2 + (x_1y_2 + x_2y_1)^2 = (x_1^2 + y_1^2)(x_2^2 + y_2^2)$$

が成り立つことが直ちにわかる. 従って確認された. □

この節の応用として, **代数学の基本定理**「すべての代数方程式は少なくとも一つの解をもつ」の特別な場合の証明を与えてみよう (一般の場合は定理 5.7.5 を参照). ここでいう代数方程式とは, n を正の整数として

$$a_0 z^n + a_1 z^{n-1} + \cdots + a_{n-1} z + a_n = 0 \tag{1.3.4}$$

のことである. ここで $a_0, a_1, \ldots, a_n$ ($a_0 \neq 0$) は複素数の定数とする.

定理 1.3.4 a を 0 でない複素数, n を正の整数とする. そのとき, 方程式

$$z^n = a \tag{1.3.5}$$

の解は, $a = \rho(\cos\phi + i\sin\phi)$ ($\rho > 0, \phi \in (-\pi, \pi]$) と極形式表示するとき,

$$z_k = r(\cos\theta_k + i\sin\theta_k), \quad k = 0, 1, \ldots, n-1 \tag{1.3.6}$$

で与えられる. 但し,

$$r = \rho^{\frac{1}{n}}, \quad \theta_k = \frac{\phi + 2k\pi}{n} \tag{1.3.7}$$

とする. これは a の複素べき乗根を与えている.

証明 解が存在するとして, それを $z = r(\cos\theta + i\sin\theta), r > 0, -\pi < \theta \leq \pi$ と書こう. すると, ド・モワブルの公式より (1.3.5) は,

$$r^n(\cos n\theta + i\sin n\theta) = \rho(\cos\phi + i\sin\phi)$$

となるが, ここで両辺の実数部分と虚数部分を比較することにより,

$$r = \rho^{\frac{1}{n}}, \quad \theta_k = \frac{\phi + 2k\pi}{n}, \quad k \text{ は任意の整数}$$

を得る. ここで解として相異なるものは, 例えば $k = 0, 1, 2, \ldots, n-1$ として得られる n 個であることはすぐにわかるであろう. □

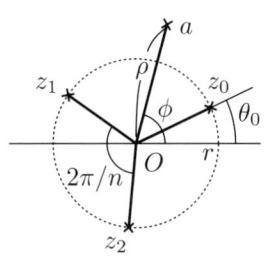

図 1.4. $z^n = a$ の解

1.4. 直線と円

最も基本的な幾何学的対象として, 直線と円を複素数 z と $\bar{z}$ を用いて表現してみよう. 次の関係式を思い出そう.

$$x = \frac{z + \bar{z}}{2}, \quad y = \frac{z - \bar{z}}{2i}.$$

これを, xy 平面における標準的な直線の方程式

$$ax + by + c = 0$$

に代入して整理すれば, 次の公式を得る.

定理 1.4.1 直線の方程式は, 複素数の定数 A と実数の定数 B を用いて

$$\overline{A}z + A\bar{z} + B = 0 \tag{1.4.1}$$

と表示される.

この形だけでは不便であるので, 他の表示も与えておこう.

命題 1.4.1 (1) 相異なる 2 点 α と β を通る直線は
$$(\overline{\beta} - \overline{\alpha})(\beta - z) = (\overline{\beta} - \overline{z})(\beta - \alpha) \tag{1.4.2}$$
と表せる．

(2) 1 点 α を通り，原点から点 β に向かうベクトルに平行な直線は
$$\beta(\overline{\alpha} - \overline{z}) = \overline{\beta}(\alpha - z) \tag{1.4.3}$$
と表せる．

(3) 原点と点 α を結ぶ線分の垂直二等分線は
$$\frac{z}{\alpha} + \frac{\overline{z}}{\overline{\alpha}} = 1 \tag{1.4.4}$$
と表せる．

証明 求める直線を l で表す．(1) l 上の点 z に対し，$\beta - z$ は $\beta - \alpha$ の実数倍であるから，
$$\frac{\beta - z}{\beta - \alpha} \in \mathbf{R}$$
であるが，これを書き換えればよい．

(2) l 上の点 z に対し，$\alpha - z$ はベクトル β の実数倍である．従って，(1) と同様にすればよい．

(3) l 上の点 z に対し，$\frac{\alpha}{2} - z$ はベクトル α に垂直である．従って l は点 $\frac{\alpha}{2}$ を通りベクトル αi に平行である．後は，(2) を用いればよい．□

次に円を考えてみよう．円は中心 α と半径 r が与えられたとき，
$$|z - \alpha| = r$$
と表示されることはよく知られている．この表示が直線と同じ方法で導かれることを注意しよう．すなわち，xy 平面における標準的な円の方程式
$$(x - a)^2 + (y - b)^2 = r^2$$
に最初の関係式を代入して整理すれば，次の公式を得る．

1.4. 直線と円

定理 1.4.2 円の方程式は, 実数の定数 A, C と複素数の定数 B を用いて

$$Az\bar{z} + \bar{B}z + B\bar{z} + C = 0 \tag{1.4.5}$$

の形に表せる. 但し, $A \neq 0$, $|B|^2 - AC > 0$ とする.

注意 1.4.1 この定理の中の方程式は次の形に変形できる.

$$\left|z + \frac{B}{A}\right| = \frac{\sqrt{|B|^2 - AC}}{|A|}.$$

さて, 一直線上にない相異なる 3 点を通る円はただ一つであるから, 次の表示も可能である.

命題 1.4.2 相異なる 3 点 α, β, γ を通る円の方程式は,

$$(\alpha - \gamma)(\beta - z)(\bar{\alpha} - \bar{z})(\bar{\beta} - \bar{\gamma}) \tag{1.4.6}$$
$$= (\bar{\alpha} - \bar{\gamma})(\bar{\beta} - \bar{z})(\alpha - z)(\beta - \gamma)$$

と表示される. 但し, 3 点は一直線上にはないとする.

証明 求める円の上にある点 z に対して, 円周角が一定であることから,

$$\mathrm{Arg}\left(\frac{\alpha - z}{\beta - z}\right) - \mathrm{Arg}\left(\frac{\alpha - \gamma}{\beta - \gamma}\right) = 0, \pi \text{ または } -\pi \tag{1.4.7}$$

が成立する. 従って,

$$\left(\frac{\alpha - \gamma}{\beta - \gamma}\right) \Big/ \left(\frac{\alpha - z}{\beta - z}\right) \in \mathbf{R}$$

が成立し, これを整理すればよい. □

注意 1.4.2 これは, 将来導入される非調和比 (cross ratio) による表示となっている (7.5 節参照).

演習 1.4.1 (アポロニウスの円) 次の方程式が表す図形を求めよ.

$$|z - \alpha| = k|z - \beta| \quad (0 < k \leq 1)$$

1.5. 複素数列

これまでに複素数の全体 **C** は平面の世界と同一視できることを見た．ここでは複素数の点列の収束・発散など基本的な性質も，平面上の点列の収束・発散などと同様に扱うことができることを見よう．

定義 1.5.1 **C** の数列 $\{z_n\}_{n=1}^{\infty}$ は，ある複素数 α が存在して，$\lim_{n\to\infty}|z_n - \alpha| = 0$ が成立するとき，α に **収束** するといい，$\lim_{n\to\infty} z_n = \alpha$ と書く．α を $\{z_n\}_{n=1}^{\infty}$ の極限という．また，どんな α にも収束しないとき，**発散** するという．

また，級数 $\sum_{n=1}^{\infty} z_n$ は，部分和 $S_k = \sum_{n=1}^{k} z_n$ からなる数列 $\{S_n\}_{n=1}^{\infty}$ が，ある複素数 α に収束するとき **収束する** といい，α を $\sum_{n=1}^{\infty} z_n$ の **和** という．

この定義から明らかなように，複素数の数列や級数が収束するときには，その実数部分も虚数部分も同時に収束するわけである．

さらに **C** は，複素数 z と w の差の絶対値 $|z-w|$ を z と w の間の距離と考えると完備な距離空間 (コーシー列が必ず収束する世界) になる．ここで，コーシー列の定義を与えておこう．

定義 1.5.2 $\{z_n\}_{n=1}^{\infty}$ がコーシー列であるとは，任意の正数 ε に対して，ある正整数 $N = N_\varepsilon$ が存在して，$n, m \geq N$ を満たす n と m に対して，常に $|z_m - z_n| \leq \varepsilon$ となることをいう．

すると次の性質 (**C** の完備性) が成立する．

定理 1.5.1 **C** の任意の点列 $\{z_n\}_{n=1}^{\infty}$ が極限をもつことと，$\{z_n\}_{n=1}^{\infty}$ がコーシー列になることは同値である．

証明 この定理の証明は，$z_n = x_n + iy_n$ と分解すれば，二つの実数列 $\{x_n\}_{n=0}^{\infty}, \{y_n\}_{n=0}^{\infty}$ に関するコーシーの判定条件に帰着する．実数の世界ではコーシー列が一意的な極限に収束することはよく知られているので，ここでは一旦認めることにしよう．そのとき，ある実数 a と b が存在して $\lim_{n\to\infty} x_n = a$

1.5. 複素数列

かつ $\lim_{n\to\infty} y_n = b$ が成立する.従って,不等式

$$|z_n - (a+ib)| \leq |x_n - a| + |y_n - b|$$

を用いれば $\lim_{n\to\infty} z_n = a + ib$ が証明される.実数のコーシー列が一意的な極限に収束することは,この節の最後に説明することにする.□

まったく同様にして,次の優級数原理が成立する.

定理 1.5.2 (優級数原理) 複素数の級数 $\sum_{n=1}^{\infty} u_n$ は,$\sum_{n=1}^{\infty} |u_n| < \infty$ を満たせば収束する.

証明 $\sum_{n=1}^{\infty} |u_n|$ が収束するので,$a_n = \sum_{k=1}^{n} |u_k|$ とおくと数列 $\{a_n\}_{n=1}^{\infty}$ は,前定理よりコーシー列となる.そこで $S_n = \sum_{k=1}^{n} u_k$ とおくと,

$$|S_m - S_n| \leq \sum_{k=m+1}^{n} |u_k| = |a_m - a_n| \quad (m < n),$$

だから $\{S_n\}_{n=1}^{\infty}$ もコーシー列となり,$\sum_{n=1}^{\infty} u_n$ は収束する.□

次に,有界な数列を考える.

定義 1.5.3 数列 $\{u_n\}_{n=1}^{\infty}$ が**有界**であるとは,ある正数 M が存在して,すべての n で $|u_n| \leq M$ とできることとする.言い換えれば,$\sup_{n} |u_n| < \infty$ となることである.

そのとき,次の定理が基本的である.

定理 1.5.3 (ワイエルシュトラス・ヴォルツァーノ) 任意の有界な数列は,少なくとも一つの収束する部分列を含む.

証明 やはり数列を実数部分と虚数部分に分解することにより,実数列の場合に帰着でき,定理の主張は区間縮小法の原理を用いて証明される.しかし,次節でより一般な形で証明されるので,ここでは省略することにする.□

この節の最後に，ワイエルシュトラス・ヴォルツァーノの定理の応用として，次の基本定理を示しておこう．

定理 1.5.4 (基本定理) コーシー列は収束列であり，その逆も正しい．

証明 実数の世界で証明すれば十分であることは，すでに述べた．

まず，収束列 $\{a_n\}_{n=1}^{\infty}$ はコーシー列となることを示そう．極限を a とおく．いま，任意に正数 ε をとると，収束の定義より適当な $N = N(\varepsilon)$ があって $n \geq N$ ならば $|a_n - a| < \dfrac{\varepsilon}{2}$ が成り立つ．従って，$m, n \geq N$ ならば

$$|a_m - a_n| \leq |a_m - a| + |a_n - a| < \varepsilon/2 + \varepsilon/2 = \varepsilon$$

となり，主張が示された．

次に，コーシー列が有界であることを示そう．$\{a_n\}_{n=1}^{\infty}$ をコーシー列とする．$\varepsilon = 1$ としてコーシー列の定義 (コーシーの判定条件) をあてはめれば，適当に番号 N を選ぶと，$m, n \geq N$ ならば $|a_m - a_n| < 1$．従って，$m = N$ として，$n \geq N$ ならば $|a_n| < |a_N| + 1$．よって，すべての n に対して，

$$|a_n| \leq \max\{|a_1|, |a_2|, \cdots, |a_{N-1}|, |a_N| + 1\}$$

が成り立つ．故に，$\{a_n\}_{n=1}^{\infty}$ は有界列である．

最後にコーシー列が収束することを示そう．$\{a_n\}_{n=1}^{\infty}$ をコーシー列とすると，上のことから有界列であることがわかる．従って，前定理 (ワイエルシュトラス・ヴォルツァーノ) から，収束する部分列を含む．その一つを $\{a_{n(j)}\}_{j=1}^{\infty}$ とし極限を a と書く．このとき，$a_n \to a$ が成り立つことを証明する．そのために，任意の正数 ε を一つとる．コーシー列の定義から，適当に $N = N(\varepsilon)$ を選べば，$m, n \geq N$ ならば $|a_m - a_n| < \varepsilon$ となる．そこで j を十分大きくして $n(j) \geq N$ が成り立つようにすれば，$n \geq N$ ならば $|a_{n(j)} - a_n| < \varepsilon$．ここで $j \to \infty$ とすれば，$n \geq N$ ならば，$|a - a_n| < \varepsilon$ を得る．ここで ε の任意性から，$a_n \to a$ であることがわかった．以上をまとめれば，コーシー列が収束列であることが示された． □

1.6. 開集合と閉集合

S を複素平面 $\mathbf{C}$ 上の集合とする. まず, 集合 S の内点を定める.

定義 1.6.1 (内点) 適当に正数 ε を選べば,
$$D_\varepsilon(a) = \{z\,;|z-a| < \varepsilon\}$$
が, S に含まれるとき, $a \in S$ を S の **内点** という.

そして, S の内点の全体を $\overset{\circ}{S}$ と書き, S の **内部** という. $\overset{\circ}{S} \subset S$ である.

定義 1.6.2 (開集合) $\overset{\circ}{S} = S$ のとき, S を **開集合** という. すなわち, 開集合とは内点だけからなる集合である.

例 (1) a 中心で半径 $\varepsilon > 0$ の円板 $D_\varepsilon(a) = \{z\,;|z-a| < \varepsilon\}$
(2) 上半平面 $P = \{z\,;\operatorname{Im} z > 0\}$
などは開集合である. 実際 $b \in D_\varepsilon(a)$ とすれば, $0 < r < \varepsilon - |b-a|$ を満たす r に対し, $D_r(b) \subset D_\varepsilon(a)$ となるからである.

演習 1.6.1 上半平面 P が開集合であることを示せ.

次に閉集合を定める.

定義 1.6.3 (閉集合) S の補集合 $S^c = \{z \in \mathbf{C}\,;z \notin S\}$ が開集合であるとき, S を 閉集合という.

さて, 適当に点列 $\{z_n\}_{n=1}^\infty \subset S$ を選べば, $z_n \to z$ とできるとき, $z \in \mathbf{C}$ を S の **触点** という. S の触点の全体を S の **閉包** といい, $\overline{S}$ と書く. $z \in S$ ならば, $z_n = z\,(n=1,2,\cdots)$ と選べば $z_n \to z\,(n \to \infty)$ であるから $S \subset \overline{S}$ である. このとき, 次の命題が成り立つ.

命題 1.6.1 S が閉集合であるための必要十分条件は $S = \overline{S}$ が成り立つことである.

証明 (必要性) S が閉集合であるとする．仮定より補集合 S^c は開集合である．もし，$s \in \overline{S}$ が $s \in S^c$ を満たせば，s 中心の十分小さな円板 $D_\varepsilon(s) \subset S^c$ となるが，これは s が S の触点であることに反する．従って，$\overline{S} \cap S^c = \emptyset$ が成立するので $S = \overline{S}$ が必要である．

(十分性) $S = \overline{S}$ を仮定する．もし S^c が開集合でなければ，ある点 $t \in S^c$ があって，すべての正数 ε に対し，$D_\varepsilon(t) \cap S \neq \emptyset$ となる．そのとき，$t \in \overline{S}$ であることになり，結局 $t \in S$ となり矛盾である．従って十分性が示された．□

さて，S の補集合 S^c の内点を S の **外点** といい，S の外点の全体を S の **外部** という．S の内点でも外点でもない点を S の **境界点** といい，S の境界点の全体を S の **境界** という．s が S の境界点となるための必要十分条件は，すべての正数 ε に対し，$S \cap D_\varepsilon(s) \neq \emptyset$ かつ $S^c \cap D_\varepsilon(s) \neq \emptyset$ となることである．

定義 1.6.4 S の境界を ∂S で表す．

そのとき次が成り立つ．証明は明らかであろう．

命題 1.6.2 S が $\mathbf{C}$ の集合であるとき，次の分解が成り立つ．
$$\overline{S} = S \cup \partial S \tag{1.6.1}$$
$$\mathbf{C} = \overset{\circ}{S} \cup \partial S \cup \overset{\circ}{S^c} \tag{1.6.2}$$

演習 1.6.2 次の集合の内部，境界，外部を求めよ．
(1) $S = \{z : |z - a| < 1\}$ (2) $T = \{z : 1 < |z| \leq 2\} \cup \{0\}$

定義 1.6.5 (領域) 次の二つの性質をもつ集合 $\Omega \subset \mathbf{C}$ を，複素平面上の **領域** という．
 1. Ω は開集合である．
 2. Ω 内の任意の2点が Ω 内で折れ線で結べる．

注意 1.6.1 つまり，ここで導入された **領域** とは上の意味で **連結な開集合** のことである．

1.6. 開集合と閉集合

演習 1.6.3 次の集合が領域であるかどうかを判定せよ.
(1) $\Omega = \{z : 1 < |z| < 2\}$ (2) $T = \{z : \operatorname{Re} z > 1\}$

憂いがないように, もう少し用語の準備をしておこう.

1 点の**近傍**とは, その点を中心とするある円板を内部に含む集合のことであった. 一般に近傍自体は開集合でも閉集合でもよいことに注意しよう. また, 正数 M を適当にとれば, すべての $z \in S$ に対し, $|z| \leq M$ であるとき, S を **有界集合** という. 有界でない集合は **非有界集合** という. 有界集合に関しては次の定理が基本的である.

定理 1.6.1 K を $\mathbf{C}$ 上の有界閉集合とする. そのとき, K 内の任意の点列 $\{z_n\}_{n=1}^{\infty}$ は K 内の点に収束する部分列を含む.

証明 K 内の点列 $\{z_n\}_{n=1}^{\infty}$ を一つ与える. 集合 K は有界であるから, ある大きな正方形 $F_1 = \{z : |\operatorname{Re} z| \leq M, |\operatorname{Im} z| \leq M\}$ に含まれる. この正方形 F_1 を 4 等分して四つの合同な正方形に分ける. 但し正方形にはその辺を含める. そのとき, 少なくとも一つの正方形は点列 $\{z_n\}_{n=1}^{\infty}$ の点を無限に多く含む. その正方形を F_2 とする. F_2 をさらに 4 等分して, その中で点列 $\{z_n\}_{n=1}^{\infty}$ の点を無限個含むものを F_3 とする. 以下同様にして, 次のような正方形の列がとれる.

$$F_1 \supset F_2 \supset F_3 \supset \cdots \supset F_k \supset \cdots$$

各正方形の辺の長さは, 直前のものの $\frac{1}{2}$ であることに注意すれば, この閉じた正方形の列には, 共通に含まれる点がただ一つ存在することがわかる. それを α とする. 各正方形 F_j に属する点列 $\{z_n\}_{n=1}^{\infty}$ の点から $z_{n(j)}$ $(j = 1, 2, \ldots)$ を, $j > k$ ならば $n(j) > n(k)$ を満たすようにとる. すると, この選び方より, $\lim_{j \to \infty} z_{n(j)} = \alpha$ となる. □

最後に, **ハイネ・ボレルの被覆定理** を紹介しておく.

定理 1.6.2 K を $\mathbf{C}$ 上の有界閉集合とする．開集合の族 $\{G_\lambda\}_{\lambda \in \Lambda}$ が K の被覆 $\left(K \subset \bigcup_{\lambda \in \Lambda} G_\lambda\right)$ であれば，その中の有限個だけで K の被覆になる．つまり，有限個の $\lambda_j \in \Lambda \, (1 \leq j \leq N)$ が存在して，$K \subset \bigcup_{j=1}^{N} G_{\lambda_j}$ とできる．

この定理の証明は省略する．

1.7. 複素関数

$\mathbf{D}$ を $\mathbf{C}$ 内のある円板の内部とする．つまり，$a \in \mathbf{C}, r > 0$ として

$$\mathbf{D} = \{z \in \mathbf{C} : |z - a| < r\}$$

であるが，しばらくは $\mathbf{D}$ の半径 r と中心 a がどこにあるのかは，特に気にする必要はない．実際には，$\mathbf{D}$ を一般の領域に置き換えても以下のことはまったく同様に議論できるが，話を簡単にするため $\mathbf{D}$ は円板の内部としておくのである．さて，f を $\mathbf{D}$ で定義される複素数値関数としよう．つまり f は $\mathbf{D}$ から $\mathbf{C}$ への写像

$$f : z \in \mathbf{D} \longrightarrow f(z) \in \mathbf{C}$$

というわけである．

定義 1.7.1 $a \in \mathbf{D}$ に対して，ある点 $\alpha \in \mathbf{C}$ が存在し，$\{z_n\}_{n=1}^{\infty} \subset \mathbf{D} \setminus \{a\}$ かつ $\lim_{n \to \infty} z_n = a$ を満足する任意の点列 $\{z_n\}_{n=1}^{\infty}$ に対して $\lim_{n \to \infty} |f(z_n) - \alpha| = 0$ となるとき

$$\lim_{z \to a} f(z) = \alpha \tag{1.7.1}$$

と書く．

次はすぐにわかるであろう．

1.7. 複素関数

定理 1.7.1 f と g を $\mathbf{D}$ で定義された複素関数で $\lim_{z \to a} f(z) = \alpha$ かつ $\lim_{z \to a} g(z) = \beta$ を満たすとする. すると,

$$\lim_{z \to a}(cf(z) + dg(z)) = c\alpha + d\beta \tag{1.7.2}$$

$$\lim_{z \to a} f(z)g(z) = \alpha\beta \tag{1.7.3}$$

が成立する. ここで, c, d は勝手な複素定数である.

演習 1.7.1 次の極限を計算せよ.
$$\lim_{z \to a} z^2, \quad \lim_{z \to a} \frac{z^2 - a^2}{z - a}, \quad \lim_{z \to 0} \frac{\overline{z}}{z}.$$

この節の最後に, 連続関数の定義を与えておこう. これは, 実数値関数の場合とまったく同じである.

定義 1.7.2 (連続関数) f を $\mathbf{D}$ で定義された複素関数とする. このとき, 点 $a \in \mathbf{D}$ で f が **連続** であるとは,

$$\lim_{z \to a} f(z) = f(a) \tag{1.7.4}$$

となることとする.

また, 各点 $a \in \mathbf{D}$ で連続であるとき, f を $\mathbf{D}$ で連続であるという.

次は, 定義からすぐにわかるであろう.

定理 1.7.2 $f = u + iv$ と実数部分と虚数部分に分けるとき, f が $\mathbf{D}$ で連続ならば u と v も $\mathbf{D}$ で連続であり, その逆も正しい.

証明 不等式 $\max\{|u(z) - u(a)|, |v(z) - v(a)|\} \le |f(z) - f(a)|$ と $|f(z) - f(a)| \le \sqrt{|u(z) - u(a)|^2 + |v(z) - v(a)|^2}$ を用いればよい. □

定理 1.7.3 f が $\mathbf{D}$ で連続ならば $\overline{f}$ と $|f|$ も $\mathbf{D}$ で連続である.

証明 それぞれ不等式 $|\overline{f(z)} - \overline{f(a)}| = |f(z) - f(a)|$ と $||f(z)| - |f(a)|| \le |f(z) - f(a)|$ を用いればよい. □

最後に一様連続性の定義を思い出そう.

定義 1.7.3 (一様連続関数) f が $\mathbf{D}$ で一様連続であるとは, 任意の正数 ε に対して, ある正数 δ が存在して, $|z-w|<\delta$ のとき常に, $|f(z)-f(w)|<\varepsilon$ とできることである.

演習 1.7.2 (1) $f(z)=z^2$ は $\mathbf{D}$ で一様連続であることを示せ.
(2) $f(z)=z^2$ は $\mathbf{D}$ の補集合 $\mathbf{D}^c$ で一様連続でないことを示せ.

1.8. 連続関数列

ここでは, 連続関数の作る列について考えてみよう. さて, $f_n(z)$, $(n=1,2,\dots)$ を $\mathbf{D}$ で定義された連続関数とする. ここで $\mathbf{D}$ は $\mathbf{C}$ 内のある円板の内部である. 数列と同様にして連続関数列を $\{f_n\}_{n=1}^{\infty}$ と書こう. 連続関数列の収束や発散を調べるためにいくつかの準備をしよう.

定義 1.8.1 K を $\mathbf{D}$ の部分集合とする. $\mathbf{D}$ 上の連続関数 f に対して

$$\|f\|_K = \sup_{z\in K}|f(z)| \tag{1.8.1}$$

と定め, 関数 f の集合 K 上でのノルムという. 特に $K=\mathbf{D}$ のときは, 単に f のノルムという.

このノルムは, 連続関数以外にも定義できることを注意しておこう. さて, ノルムが次の性質をもつことはすぐにわかる.

補題 1.8.1 f と g を $\mathbf{D}$ 上の有界連続関数とするとき次が成立する. 但し, K は $\mathbf{D}$ の任意の部分集合とする.

$$\|f+g\|_K \leq \|f\|_K + \|g\|_K \tag{1.8.2}$$

$$\|cf\|_K = |c|\|f\|_K, \qquad c\in\mathbf{C}. \tag{1.8.3}$$

定義 1.8.2 $\mathbf{D}$ 上の連続関数で, このノルム $(K=\mathbf{D})$ が有限になるものを $\mathbf{D}$ 上の有界連続関数という.

1.8. 連続関数列

このノルムは, $\mathbf{D}$ 上の有界連続関数の世界に一つの「距離」の概念を導入しているのである. つまり, $\mathbf{D}$ 上の有界連続関数 f と g の間の距離を

$$\|f - g\|_{\mathbf{D}} = \sup_{z \in \mathbf{D}} |f(z) - g(z)|$$

と定める. この距離を利用すると連続関数列の収束・発散を議論することができるようになる.

定義 1.8.3 (一様収束と広義一様収束) K を $\mathbf{D}$ の部分集合とする. $\{f_n\}_{n=1}^{\infty}$ を $\mathbf{D}$ で定義された連続関数の列, g を $\mathbf{D}$ 上のある関数として,

$$\lim_{n \to \infty} \|f_n - g\|_K = 0 \tag{1.8.4}$$

が成立するとき, 連続関数列 $\{f_n\}_{n=1}^{\infty}$ は K 上で関数 g に **一様収束** するという.

また $\mathbf{D}$ に含まれる任意の有界閉集合 K 上で連続関数列 $\{f_n\}_{n=1}^{\infty}$ が関数 g に一様収束するとき, 連続関数列 $\{f_n\}_{n=1}^{\infty}$ は $\mathbf{D}$ 上で関数 g に **広義一様収束** するという.

連続関数列の (広義) 一様収束に関しては, 次の結果が重要である. 標語的には「一様収束では連続性が遺伝する」ということである.

定理 1.8.1 連続関数列 $\{f_n\}_{n=1}^{\infty}$ が $\mathbf{D}$ 上で関数 g に広義一様収束すれば, 極限関数 g は $\mathbf{D}$ 上の連続関数である.

証明 $\mathbf{D}$ に含まれる任意の点 z_0 で連続であることを示せばよい. K を z_0 中心の十分小さな円板で $\mathbf{D}$ に含まれるものとする. 任意の $\varepsilon > 0$ に対して, ある正の番号 N があって, $n \geq N$ ならば次が成立するようにできる.

$$\|f_n - g\|_K < \varepsilon.$$

さて, $z_0 \in K$ で g が連続であることを示そう. 各 f_n は連続関数なので, $n \geq N$ を満たす n を一つ固定すると, 任意の $\varepsilon > 0$ に対して, ある正の数 δ

があって, $|z - z_0| < \delta$ ならば,

$$|f_n(z) - f_n(z_0)| < \varepsilon$$

とできる. 従って, $n \geq N$ かつ $|z - z_0| < \delta$ ならば,

$$|g(z) - g(z_0)| \leq |g(z) - f_n(z)| + |f_n(z) - f_n(z_0)| + |f_n(z_0) - g(z_0)|$$
$$\leq \|g - f_n\|_K + |f_n(z) - f_n(z_0)| + \|f_n - g\|_K < 3\varepsilon.$$

ここで, ε が任意の正数であることに注意すればよい. □

最後に, 連続関数の作る無限級数についてふれておこう. 次のような関数項の無限級数を考える.

$$\sum_{n=1}^{\infty} f_n(z) = f_1(z) + f_2(z) + \cdots + f_n(z) + \cdots.$$

定義 1.8.4 (級数の一様収束と広義一様収束) $\mathbf{D}$ 上の連続関数 f_n を第 n 項 (一般項ともいう) とする関数項の無限級数に対して, 正項級数 $\sum_{n=1}^{\infty} \|f_n\|_K$ を考えて, $\sum_{n=1}^{\infty} \|f_n\|_K < \infty$ のとき, $\sum_{n=1}^{\infty} f_n$ は, K 上で **一様収束** するという.
また, $\mathbf{D}$ に含まれる任意の有界閉集合 K 上で $\sum_{n=1}^{\infty} f_n$ が一様収束するとき, $\sum_{n=1}^{\infty} f_n$ は $\mathbf{D}$ 上で **広義一様収束** するという.

定義より, もし $\sum_{n=1}^{\infty} f_n$ が広義一様収束すれば, $\sum_{n=1}^{\infty} |f_n(z)|$ は, 各点 $z \in \mathbf{D}$ で正項級数として収束しているから, 級数 $\sum_{n=1}^{\infty} f_n(z)$ は各点 $z \in \mathbf{D}$ でいわゆる **絶対収束** することになる. さらに, $g(z) = \sum_{n=1}^{\infty} f_n(z)$ とおけば, 関数列の場合と同様に g は $\mathbf{D}$ 上で連続であり, 次が成立する.

$$\lim_{m \to \infty} \left\| g - \sum_{n=1}^{m} f_n \right\|_K = 0, \qquad \|g\|_K \leq \sum_{n=1}^{\infty} \|f_n\|_K.$$

演習 1.8.1 上の不等式を示せ.

演習 1.8.2 次の関数列と級数の収束性を調べよ．
(1) $f_n(z) = z^n$, $\mathbf{D} = \{z : |z| < 1\}$.
(2) $\displaystyle\sum_{n=0}^{\infty} z^n$, $\mathbf{D} = \{z : |z| < 1\}$.
(3) (1), (2) で, $\mathbf{D} = \mathbf{C}$ とするとどうなるか？

コーヒーブレイク：i は何の頭文字？

ところで，虚数単位の記号 i は何の initial でしょうか？

普通は, imaginary だと思われていますが ‥‥

例えば, invisible image とか intrinsic idea
あるいは, inevitable invader かもしれません．
また, indispensable invention とか important improvement,
少し詩的に,
incredible isomer, isolate isle, invaluable inspiration,
innocent idol, inexpressible impression,
internatioal irony, immeasurable intellect,
immemorial intelligence,
もしかしたら,
IT, iMac, i-mode

exp は何の略でしょうか？

1.9. 章末問題　A

問題 1.1　次の複素数を $x+iy$ の形に表せ.
(1)　$(1+i)^3+(1-i)^3$　(2)　$\dfrac{1}{(1+i)^2}$　(3)　$\left(\dfrac{1+i}{1-i}\right)^4$

問題 1.2　次の複素数を $x+iy$ の形に表せ.
(1)　$\overline{(1+i)^2}$　(2)　$\overline{(1+i)^2(1-i)^2}$　(3)　$\overline{\left(\dfrac{i}{1+i}\right)}$

問題 1.3　$z=x+iy$ とすれば, 次が成り立つことを示せ.
$$\max(|x|,|y|) \leq |z| \leq |x|+|y|.$$

問題 1.4　$z_j=\cos\theta_j+i\sin\theta_j, (\theta_1,\cdots,\theta_n$ は実数$)$ のとき次を示せ.
$$z_1 z_2 \cdots z_n = \cos\sum_{j=1}^{n}\theta_j + i\sin\sum_{j=1}^{n}\theta_j.$$

問題 1.5　次の方程式を解き, 解を複素平面上に図示せよ.
(1)　$z^2=i$　(2)　$z^4=i$

問題 1.6　次の条件を満たす複素数の存在範囲を複素平面上に図示せよ.
(1)　$\operatorname{Im} z^2 \leq 1$　(2)　$|\arg z| < \dfrac{\pi}{4}$　(3)　$\left|\dfrac{1}{z}\right| < 1$
(4)　$|z-1|+|z+1| < 4$

問題 1.7　次の方程式は複素平面上でどのような図形を表すか?
$$\overline{\beta}z + \beta\overline{z} + 1 = 0 \quad (\beta \neq 0)$$

問題 1.8　定理 1.7.1 を証明せよ.

問題 1.9　関数 $f(z)$ と $g(z)$ が連続であれば,
$$f(z)+g(z), \quad f(z)g(z), \quad \dfrac{f(z)}{g(z)}$$
も連続であることを示せ. 但し, 商に関しては, $g(z) \neq 0$ とする.

問題 1.10　関数 $w=f(z)$ と $z=g(\zeta)$ が連続で, $g(\zeta)$ の値域が $f(z)$ の定義域に含まれるならば, 合成関数 $w=f(g(\zeta))$ は連続であることを示せ.

問題 1.11 次の $z = x + iy$ の関数の連続性について調べよ．

(1) $f(z) = \begin{cases} \dfrac{xy}{x^2+y^2}, & z \neq 0, \\ 0, & z = 0. \end{cases}$ (2) $f(z) = \begin{cases} \dfrac{x^2 y}{x^4+y^2}, & z \neq 0, \\ 0, & z = 0. \end{cases}$

問題 1.12 $\lim_{n \to \infty} a_n = \alpha$ のとき，$\lim_{n \to \infty} \dfrac{a_1 + a_2 + \cdots + a_n}{n} = \alpha$ を示せ．

問題 1.13 n を正の整数とするとき $\lim_{z \to \alpha} \dfrac{z^n - \alpha^n}{z - \alpha}$ を求めよ．

問題 1.14 $f(z) = \dfrac{1}{z}$ は $\{z : 0 < |z| < 1\}$ で一様連続でないことを示せ．

問題 1.15 関数 $f(z)$ が単位開円板 $D = \{z : |z| < 1\}$ で連続であるとき，$g_n(z) = f\left(\dfrac{z}{n}\right)$ で定まる関数列 $g_n(z)$ は $f(0)$ に広義一様収束することを示せ．また，関数列 $h_n(z) = f(z^n)$ はどうか？

問題 1.16 補題 1.8.1 を証明せよ．

問題 1.17 次の級数の収束・発散を調べよ．
(1) $\displaystyle\sum_{n=1}^{\infty} \dfrac{1}{n+i}$ (2) $\displaystyle\sum_{n=1}^{\infty} \dfrac{1}{(n+i)^2}$

問題 1.18 級数 $\displaystyle\sum_{n=1}^{\infty} \dfrac{\sin n|z|}{n(n+1)}$ は複素平面全体で一様収束することを証明せよ．

1.10. 章末問題　B

試練 1.1 $z_1 z_2 \cdots z_n = 0$ ならば，$z_1, \cdots, z_n$ の中の少なくとも一つは 0 であることを示せ．

試練 1.2 $|z| < 1, |w| < 1$ のとき，$\left|\dfrac{z-w}{1-z\overline{w}}\right| < 1$ を示せ．

試練 1.3 次の条件を満たす複素数の存在範囲を複素平面上に図示せよ．
$$|z-1| > \alpha |z+1|, \quad \alpha > 0.$$

試練 1.4 次の方程式は複素平面上でどのような図形を表すか？
$$z\overline{z} + \overline{\beta} z + \beta \overline{z} + 1 = 0, \quad (|\beta| > 1)$$

試練 1.5 集合 A が自然数全体との間に 1 対 1 対応がつけられるとき，A を可算集合という．このとき次の問に答えよ．

(1) 二つの可算集合 A, B があるとき，A に属する要素 a と B に属する要素 b の組 (a,b) の全体は可算集合であることを示せ．

(2) 複素数 z の実数部分と虚数部分がいずれも有理数であるとき，z に対応する複素平面上の点を有理点という．有理点全体の集合 D は可算集合であり，その閉包は複素平面全体と一致することを示せ．

試練 1.6 次の事実を証明せよ．
(1) 有限または無限個の開集合の和は開集合である．
(2) 有限個の開集合の共通部分は開集合である．
(3) 有限または無限個の閉集合の共通部分は閉集合である．
(4) 有限個の閉集合の和は閉集合である

試練 1.7 A を複素平面上の任意の集合とする．このとき，A の閉包 $\overline{A}$ は A を含む最小の閉集合であることを示せ．

試練 1.8 有界閉集合上で連続な関数 $f(z)$ は一様連続であることを示せ．

試練 1.9 次の公式を示せ．

(1) $\displaystyle\sum_{k=0}^{n} \cos k\theta = \dfrac{\cos \dfrac{n\theta}{2} \sin \dfrac{(n+1)\theta}{2}}{\sin \dfrac{\theta}{2}}$ (2) $\displaystyle\sum_{k=0}^{n} \sin k\theta = \dfrac{\sin \dfrac{n\theta}{2} \sin \dfrac{(n+1)\theta}{2}}{\sin \dfrac{\theta}{2}}$

試練 1.10 関数列 $\{f_n(z)\}_{n=0}^{\infty}$ を $f_n(z) = \dfrac{|z|}{(1+|z|)^n}$ で定める．

(1) 級数 $\displaystyle\sum_{k=0}^{\infty} f_k(z)$ の第 n 部分和 $S_n(z)$ を求めよ．
(2) 級数 $\displaystyle\sum_{k=0}^{\infty} f_k(z)$ の和 $S(z)$ を求めよ．
(3) $|z| < 1$ のとき $S_n(z)$ は $S(z)$ に一様収束しないことを示せ．

試練 1.11 級数
$$\sum_{k=1}^{\infty} \frac{1}{(z-k)^2}$$
は複素平面から正の整数を除いた領域で広義一様収束することを証明せよ．

第2章

べき級数の世界

2.1. 収束半径

ワイエルシュトラスは(複素)解析学においては，べき級数や関数項の無限級数が最重要であると考えていたようである．この章の目的は，彼の立場から読者を複素解析学へ誘うことである．そのために，この節ではべき級数について比較的詳しく述べることにする．

定義 2.1.1 (べき級数) 次の形の無限級数を変数 z の**べき級数**と呼ぶ．

$$S(z) = \sum_{n=0}^{\infty} a_n z^n, \qquad a_n \in \mathbf{C}. \tag{2.1.1}$$

このべき級数 $S(z)$ に対して，正項級数

$$\sum_{n=0}^{\infty} |a_n| r^n, \qquad r > 0 \tag{2.1.2}$$

を同時に考えることにする．この「和」は，$+\infty$ に発散するか，負でない一定の数になる．さて，$\sum_{n=0}^{\infty} |a_n| r^n < +\infty$ となる $r \geq 0$ のなす集合は，$\mathbf{R}^+ = \{x \in \mathbf{R} : x \geq 0\}$ 上で区間 (1点だけかもしれない) となるが，0 を含み空集合ではない．この区間の上限を ρ としよう．

定義 2.1.2 (収束半径と収束円) $\rho = \sup\{r > 0 : \sum_{n=0}^{\infty} |a_n| r^n < +\infty\}$ とおき, この ρ をべき級数 $S(z)$ の **収束半径** という. また, 円板 $\{z \in \mathbf{C} : |z| < \rho\}$ をべき級数 $S(z)$ の **収束円** という.

次が基本的である.

定理 2.1.1 べき級数 $S(z)$ について次の性質がある.

1. $0 < r < \rho$ に対して, $S(z) = \sum_{n=0}^{\infty} a_n z^n$ は円板 $\{z : |z| \leq r\}$ 上で一様収束する. 特に, $|z| < \rho$ なるすべての z で絶対収束する.
2. $|z| > \rho$ のとき, $S(z) = \sum_{n=0}^{\infty} a_n z^n$ は発散する.
3. $|z| = \rho$ を満たす z に対しては, 収束することも発散することもある. つまり, 一般的な判定は不可能である.

これを示すため簡単な補題を用意しよう.

補題 2.1.1 (アーベルの補題) r と r_0 が $0 < r < r_0$ を満たしているとする. このとき, ある正数 M があって, すべての正整数 n に対して $|a_n| r_0^n \leq M$ が成立すれば, $\sum_{n=0}^{\infty} a_n z^n$ は円板 $\{z : |z| \leq r\}$ 上で一様収束する.

証明 $|z| \leq r$ として, 最後は, $r < r_0$ に注意すると

$$\left\| \sum_{n=0}^{\infty} a_n z^n \right\| \leq \sum_{n=0}^{\infty} |a_n| \|z^n\| \leq \sum_{n=0}^{\infty} |a_n| r^n$$

$$= \sum_{n=0}^{\infty} |a_n| r_0^n \left(\frac{r}{r_0} \right)^n \leq M \sum_{n=0}^{\infty} \left(\frac{r}{r_0} \right)^n < +\infty$$

となる. □

定理の証明 1. $r < \rho$ だから, $r < r_0 < \rho$ を満たす r_0 を一つとることができる. ρ の定義から $\sum_{n=0}^{\infty} |a_n| r_0^n$ は有限なので, これを M とおけば明らかにすべての n に対して $|a_n| r_0^n \leq M$ が成り立つ. よって, $|z| \leq r$ よりアーベルの補題により $\sum_{n=0}^{\infty} a_n z^n$ は円板 $\{z : |z| \leq r\}$ 上で一様収束する.

2. $|z| > \rho$ であれば, $|a_n z^n|$ は, $n \to \infty$ で 0 には収束しない. そうでなければ, $\rho < r' < |z|$ を満たすすべての r' について, $\sum_{n=0}^{\infty} |a_n|(r')^n$ が収束してしまい ρ が上限であることに反するからである. 一般項が 0 に収束しないから $\sum_{n=0}^{\infty} a_n z^n$ は発散する.

3. の例については下の演習 2.1.2 を見よ. □

上で与えた収束半径の定義は実際の計算には明らかに適していない. そこで, アダマールによる収束半径の表示式を与えておこう.

定理 2.1.2 (アダマールの表示式) ρ をべき級数 $S(z)$ の収束半径とすると次の公式が成立する.

$$\frac{1}{\rho} = \limsup_{n \to \infty} |a_n|^{\frac{1}{n}} \tag{2.1.3}$$

ここで, 右辺が 0 のときは $\rho = +\infty$, また右辺が $+\infty$ のときは $\rho = 0$ と約束するものとする.

証明 $u_n = |a_n| \cdot r^n$ とおくと, $\limsup_{n \to \infty} u_n^{\frac{1}{n}} = r \limsup_{n \to \infty} |a_n|^{\frac{1}{n}}$ となる. 次の簡単な補題を用いれば, $\sum_{n=0}^{\infty} |a_n| r^n$ は, $\frac{1}{r} > \limsup_{n \to \infty} |a_n|^{\frac{1}{n}}$ で収束し, 逆に $\frac{1}{r} < \limsup_{n \to \infty} |a_n|^{\frac{1}{n}}$ で発散することがわかる. □

補題 2.1.2 $u_n \geq 0, (n = 0, 1, 2, \ldots)$ とする. このとき $\limsup_{n \to \infty} u_n^{\frac{1}{n}} < 1$ ならば, $\sum_{n=0}^{\infty} u_n < +\infty$ である. 逆に, もし $\limsup_{n \to \infty} u_n^{\frac{1}{n}} > 1$ ならば, $\sum_{n=0}^{\infty} u_n = +\infty$ である.

演習 2.1.1 この補題を証明せよ.

演習 2.1.2 次のべき級数の収束・発散を調べよ. 但し, $0! = 1$ である.

(1) $\sum_{n=0}^{\infty} z^n$ (2) $\sum_{n=1}^{\infty} \frac{z^n}{n}$ (3) $\sum_{n=1}^{\infty} \frac{z^n}{n^2}$ (4) $\sum_{n=0}^{\infty} n! z^n$ (5) $\sum_{n=0}^{\infty} \frac{z^n}{n!}$

2.2. 和と積

複素数の全体 **C** と同様に，収束べき級数の全体も次の意味で代数的に閉じた世界になるのである．

定理 2.2.1 二つのべき級数 $A(z) = \sum_{n=0}^{\infty} a_n z^n$ と $B(z) = \sum_{n=0}^{\infty} b_n z^n$ の収束半径がいずれも ρ 以上であるとする．このとき，次が成立する．

1. $S(z) = \sum_{n=0}^{\infty} c_n z^n$, $c_n = a_n + b_n$ $(n = 0, 1, 2, \dots)$ とおくと $S(z)$ の収束半径は ρ 以上であり，$S(z) = A(z) + B(z)$ となる．
2. $P(z) = \sum_{n=0}^{\infty} d_n z^n$, $d_n = \sum_{p=0}^{n} a_p b_{n-p}$ $(n = 0, 1, 2, \dots)$ とおくと，$P(z)$ の収束半径は ρ 以上であり，$P(z) = A(z)B(z)$ となる．

証明 $\gamma_n = |a_n| + |b_n|, \delta_n = \sum_{p=0}^{n} |a_p||b_{n-p}|$ とおく．すると，$|c_n| \leq \gamma_n$ と $|d_n| \leq \delta_n$ は明らかである．従って，優級数原理を用いれば $S(z)$ の収束半径が ρ 以上であることはすぐにわかる．$P(z)$ に関しても，もし $0 < r < \rho$ ならば，

$$\sum_{n=0}^{\infty} \delta_n r^n = \sum_{n=0}^{\infty} \left(\sum_{p=0}^{n} |a_p||b_{n-p}| \right) r^n = \sum_{p=0}^{\infty} \sum_{n=p}^{\infty} |a_p||b_{n-p}| r^n$$
$$= \left(\sum_{p=0}^{\infty} |a_p| r^p \right) \left(\sum_{p=0}^{\infty} |b_p| r^p \right)$$
$$< +\infty$$

が成立するので，やはり優級数原理により $P(z)$ の収束半径も ρ 以上であることがわかる．$P(z) = A(z)B(z)$ を示すのは次の補題に任せよう．□

補題 2.2.1 無限級数 $\sum_{n=0}^{\infty} u_n, \sum_{n=0}^{\infty} v_n$ が絶対収束すれば，次の公式が成立する．

$$\sum_{n=0}^{\infty} w_n = \left(\sum_{n=0}^{\infty} u_n \right) \left(\sum_{n=0}^{\infty} v_n \right), \qquad w_n = \sum_{p=0}^{n} u_p v_{n-p}. \qquad (2.2.1)$$

証明 正項級数は和の順序を変えても同じ値に収束するので,

$$\sum_{n,m=0}^{\infty} |u_n v_m| = \sum_{n=0}^{\infty} \sum_{m=0}^{\infty} |u_n||v_m|$$

が成り立つが, 右辺は $\Bigl(\sum\limits_{n=0}^{\infty} |u_n|\Bigr)\Bigl(\sum\limits_{n=0}^{\infty} |v_n|\Bigr)$ に等しいから, 絶対収束の仮定から両辺は有限値である. よって $\sum\limits_{n,m=0}^{\infty} u_n v_m$ は絶対収束し, $\Bigl(\sum\limits_{n=0}^{\infty} u_n\Bigr)\Bigl(\sum\limits_{n=0}^{\infty} v_n\Bigr)$ に等しい. さらに, 和の順序を変えても同じ値に収束するので

$$\sum_{n,m=0}^{\infty} u_n v_m = \sum_{n=0}^{\infty} \sum_{p=0}^{n} u_p v_{n-p}$$

が成り立ち, 上の公式を得る. □

2.3. 代入

この節では, べき級数を他のべき級数に代入してみよう. 例えば等比級数 $\sum\limits_{n=0}^{\infty} z^n$ に, べき級数 1 を代入してみればすぐにわかるように, 一般には代入は不可能である. しかし, 次の定理が成立する. 標語的には「小さいべき級数は代入できる」ということである.

定理 2.3.1 (合成関数) べき級数 $S(z) = \sum\limits_{n=0}^{\infty} a_n z^n$ の収束半径を $\rho(S) > 0$ とし, べき級数 $T(z) = \sum\limits_{n=1}^{\infty} b_n z^n$ の収束半径を $\rho(T) > 0$ とする ($T(0) = 0$ であることに注意). このとき, $u(z) = (S \circ T)(z) = S(T(z))$ とおくと, $u(z)$ はべき級数となり, その収束半径は 0 でない.

証明 $0 < r < \rho(T)$ で $\sum\limits_{n=1}^{\infty} |b_n| r^n$, $\sum\limits_{n=1}^{\infty} |b_n| r^{n-1}$ は共に有限である. 従って, 十分小さな正数 r に対しては, $\sum\limits_{n=1}^{\infty} |b_n| r^n < \rho(S)$ となる. このとき, $\sum\limits_{p=0}^{\infty} |a_p| \bigl(\sum\limits_{n=1}^{\infty} |b_n| r^n\bigr)^p$ も有限となる. この正項級数はすぐにわかるように r のべき級数であり収束していることから, 優級数原理より $u(z)$ の収束半径もこの r 以上であることがわかるのである. 一方各 n で $u_n(z) = S_n(T(z))$,

$S_n(z) = \sum_{p=0}^{n} a_p z^p$ とおくと, $|z| < r$ のとき, 点 $w = T(z)$ で $S_n(w)$ は $n \to \infty$ で $S(w)$ に収束するので $u(z) = \lim_{n \to \infty} u_n(z) = S(T(z))$ となる. □

この定理の一つの応用として, 次の結果を紹介しておこう.

定理 2.3.2 (逆元の存在) べき級数 $S(z) = \sum_{n=0}^{\infty} a_n z^n$ の収束半径が $\rho(S) > 0$ で $a_0 \neq 0$ であるとする. そのとき, $S(z) \cdot T(z) = 1$ となるべき級数 $T(z)$ が存在し, その収束半径 $\rho(T)$ は正となる.

証明 $a_0 = 1$ として証明すれば十分である. まず, 恒等式

$$(1-z)(1 + z + z^2 + \cdots + z^n + \cdots) = 1, \qquad |z| < 1$$

を思い出そう. ここで, $S(z) = 1 - U(z)$ とおくと $U(0) = 0$ である. よって, 上の恒等式より, $T(z) = \sum_{n=0}^{\infty} U(z)^n$ とすればよい. 前定理より, このべき級数の収束半径が正であることがわかる. □

2.4. 微分

ここでは, 収束半径 ρ が 0 でないべき級数が, 実は $|z| < \rho$ で無限回微分可能であるという驚くべき事実を中心に紹介する.

定義 2.4.1 (形式的微分) べき級数 $S(z) = \sum_{n=0}^{\infty} a_n z^n$ の形式的微分を次のように定める.

$$S'(z) = \sum_{n=1}^{\infty} n a_n z^{n-1} \tag{2.4.1}$$

また,

定義 2.4.2 (収束べき級数の微分可能性) $\lim_{h \to 0} \dfrac{S(z+h) - S(z)}{h}$ が存在するとき, べき級数 $S(z)$ は微分可能であるという.

そのとき, 次の基本定理が成立する.

2.4. 微分

定理 2.4.1 べき級数 $S(z) = \sum_{n=0}^{\infty} a_n z^n$ の収束半径 ρ が正ならば, 形式的微分 $S'(z) = \sum_{n=1}^{\infty} n a_n z^{n-1}$ は同一の収束半径 ρ をもつ.

特に,
$$S'(z) = \lim_{h \to 0} \frac{S(z+h) - S(z)}{h}$$
が成立し, $S(z)$ は収束円の内部で実際に微分可能となる. 但し, この極限は $|z| < \rho, |z+h| < \rho$ の範囲で考えるものとする.

証明 前半はアダマールの収束半径表示式よりわかる. 後半を示そう. 正数 r と複素数 z を $|z| < r < \rho$ を満たすようにとる.
$$\frac{S(z+h) - S(z)}{h} - S'(z) = \sum_{n=1}^{\infty} u_n(z,h), \qquad 0 \neq |h| < r - |z|$$
とおくと,
$$u_n(z,h) = a_n[(z+h)^{n-1} + z(z+h)^{n-2} + \cdots + z^{n-1} - nz^{n-1}]$$
である. ここで, $|u_n(z,h)| \leq 2n|a_n|r^{n-1}$ に注意する. $\sum_{n=1}^{\infty} 2n|a_n|r^{n-1} < \infty$ だから, 任意の $\varepsilon > 0$ に対してある番号 N が存在して, $\sum_{n=N}^{\infty} 2n|a_n|r^{n-1} < \varepsilon$ とできる. 一方, $\sum_{n=1}^{N-1} u_n(z,h)$ は多項式で $h \to 0$ のとき, 0 に収束する. よって, ある $\eta > 0$ が存在し, $|h| < \eta$ ならば $\left|\sum_{n=1}^{N-1} u_n(z,h)\right| < \varepsilon$ となる. 以上で $|z| < r < \rho$, $0 \neq |h| < r - |z|$, $|h| < \eta$ のとき
$$\left|\frac{S(z+h) - S(z)}{h} - S'(z)\right| < \varepsilon + \varepsilon = 2\varepsilon$$
となり, ε が任意の正数であったので証明が終わる. □

この定理より, $S(z)$ は収束円の内部では何回でも微分できることがわかる. このとき, $S(z)$ を n 回微分すれば,
$$S^{(n)}(z) = n! a_n + T(z)$$

の形となり, $T(z)$ はべき級数で $T(0) = 0$ を満たすので, 次の公式が成立することがわかる.

$$S(z) = \sum_{n=0}^{\infty} \frac{S^{(n)}(0)}{n!} z^n.$$

この公式から, もし関数 $S(z)$ が 0 の近くでわかっていれば, べき級数 $S(z) = \sum_{n=0}^{\infty} a_n z^n$ の係数は完全に決定されることになる. 言い換えれば, $|z|$ が小さいときに定義されている関数の原点中心の収束べき級数展開は一意的であることがわかる. この節の最後に, 逆関数定理を紹介しておこう.

定理 2.4.2 (べき級数の逆関数) べき級数 $S(z) = \sum_{n=0}^{\infty} a_n z^n$ が正の収束半径 ρ をもち, $S(0) = 0, S'(0) \neq 0$ を満たせば, あるべき級数 $T(z) = \sum_{n=0}^{\infty} b_n z^n$ が存在し, その収束半径は正で $S(T(z)) = z$ かつ $T(0) = 0$ を満たす.

注意 2.4.1 この本では, この定理を積極的に用いることはないが, 次章でこの定理の適用例を見ることができる.

証明 2段階に分けて証明しよう.

第一段階 一般性を失うことなく, べき級数 $S(z)$ の収束半径は 2 で $a_1 = 1$ と仮定してよい. 実際, $S(z)$ の代わりに $\frac{1}{a_1} S\left(\frac{\rho(S) z}{2}\right)$ を考えればよいからである. 但し, $\rho(S)$ は $S(z)$ の収束半径である. そのとき, $\sum_{n=0}^{\infty} |a_n| < +\infty$ であるから, ある正数 M がとれて, $|a_n| \leq M$ とできる.

まず, 方程式

$$S(T(z)) = z$$

を形式的に満たすべき級数 $T(z)$ を構成しよう. そのためには, この式の両辺の係数を比較すればよい. 仮定から $a_1 = 1$ で $n \geq 2$ のときは, 右辺の z^n の係数が 0 であり, 左辺の係数は次のべき級数の z^n の係数に等しい.

$$a_1 T(z) + a_2 (T(z))^2 + \cdots + a_n (T(z))^n$$

2.4. 微分

従って, 正整数を係数とするある $2n-2$ 変数の多項式 P_n, $(n=2,3,\dots)$ が存在して

$$b_n + P_n(a_2, a_3, \dots, a_n, b_1, b_2, \dots, b_{n-1}) = 0$$

という形の漸化式が成立する. ここで, 多項式 P_n $(n=2,3,\dots)$ は $a_2, a_3, \dots, a_n$ に関しては一次式 (線形) であることに注意しておこう. この式から帰納的に b_n が決定され, べき級数 $T(z)$ が一意的に定まることがわかる. ここでは証明しないが, 読者は関係式 $T(S(z)) = z$ も成立していることを確かめられたい.

第二段階 第一段階で求めたべき級数 $T(z)$ が正の収束半径をもつことを示さなければならない. そのために優級数原理を用いよう. 次の優級数が有効である.

$$\overline{S}(z) = z - M\sum_{n=2}^{\infty} z^n = z - \frac{Mz^2}{1-z}, \quad (|z| < 1).$$

但し, M は第一段階ですべての n で $M \geq |a_n|$ を満たすように選ばれた正数である. この級数 $\overline{S}(z)$ に, 第一段階の結果を用いると

$$\overline{T}(z) = \sum_{n=1}^{\infty} B_n z^n$$

が対応して $\overline{S}(\overline{T}(z)) = z$ が成立する. このとき, 係数 B_n は漸化式

$$B_n - P_n(M, M, \dots, M, B_1, B_2, \dots, B_{n-1}) = 0$$

を満たしている. そのとき, 帰納的に

$$|b_n| \leq B_n, \quad n = 1, 2, 3, \dots$$

が容易に示される. 実際, $b_1 = 1$, $b_2 = -a_2$, $b_3 = -(a_3 + 2a_2 b_2), \dots$, $B_1 = 1$, $B_2 = M$, $B_3 = M + 2M^2, \dots$ と漸化的に決定できるからである.

さて十分小さな $r > 0$ に対して, $|z| < r$ のとき, べき級数 $\overline{T}(z)$ が実際に収束して方程式 $\overline{S}(\overline{T}(z)) = z$ を満たすことを証明しよう. $\overline{S}(z)$ の形から

$$(1+M)\overline{T}^2 - (1+z)\overline{T} + z = 0$$

を満たさなければならないが, $\overline{T}(0) = 0$ に注意して, 解の公式を用いると

$$\overline{T}(z) = \frac{1 + z - \sqrt{1 - 2z - 4Mz + z^2}}{2(1+M)}$$

を得る.これは明らかに十分小さな $r > 0$ に対して,$|z| < r$ のとき,収束べき級数に展開されることがわかる.従って,優級数原理によりべき級数 $T(z)$ も正の収束半径をもつことが示された. □

2.5. 章末問題　A

問題 2.1 次のべき級数の収束半径を求めよ．
(1) $\sum_{n=0}^{\infty} z^n$ 　(2) $\sum_{n=1}^{\infty} (-1)^n \frac{z^n}{n}$ 　(3) $\sum_{n=0}^{\infty} \frac{z^n}{n!}$

問題 2.2 次のべき級数の収束半径を求めよ．
(1) $\sum_{n=0}^{\infty} n(n+1)z^n$ 　(2) $\sum_{n=0}^{\infty} (2^n - 1)z^n$ 　(3) $\sum_{n=0}^{\infty} n! z^n$

問題 2.3 $\sum_{n=0}^{\infty} a_n z^n$, $\sum_{n=0}^{\infty} b_n z^n$ の収束半径を A, B とするとき，次のべき級数の収束半径と A, B との関係を調べよ．
(1) $\sum_{n=0}^{\infty} a_n b_n z^n$ 　(2) $\sum_{n=0}^{\infty} (a_n + b_n)z^n$

問題 2.4 級数 $\sum_{n=0}^{\infty} a_n$ が絶対収束し，数列 $\{b_n\}_{n=0}^{\infty}$ が有界であれば，級数 $\sum_{n=0}^{\infty} a_n b_n$ も絶対収束することを示せ．

問題 2.5 べき級数 $f(z) = \sum_{n=0}^{\infty} a_n z^n$ の収束半径を $\rho > 0$ とするとき，$f^{(m)}(z)$ の収束半径を求めよ．但し，m は正整数である．

問題 2.6 級数 $\sum_{n=0}^{\infty} a_n$ が絶対収束し，数列 $\{b_n\}$ について $\sum_{n=0}^{\infty} (b_{n+1} - b_n)$ が絶対収束するならば，級数 $\sum_{n=0}^{\infty} a_n b_n$ も収束することを示せ．

問題 2.7 微分方程式 $f'(z) + \alpha f(z) = 0$ (α は定数) を満たす中心 0 のべき級数 $f(z)$ を求めよ．また，その収束半径が無限大であることを示せ．

問題 2.8 微分方程式 $f'(z) - z f(z) = 0$ について同様の考察をせよ．

2.6. 章末問題　B

試練 2.1 次のべき級数の収束半径を求めよ．
(1) $\sum_{n=0}^{\infty} \binom{n+3}{n} z^n$ 　但し $\binom{n}{k} = \frac{n!}{k!(n-k)!}$ 　(2) $\sum_{n=1}^{\infty} \left(1 + \frac{1}{n}\right)^{n^2} z^n$
(3) $\sum_{n=1}^{\infty} \frac{(n!)^2 z^n}{n^n}$

試練 2.2 べき級数 $\sum_{n=0}^{\infty} a_n z^n$ が $z = z_0$ で絶対収束すれば, $|z| \leq |z_0|$ で一様収束することを示せ.

試練 2.3 べき級数 $\sum_{n=0}^{\infty} a_n z^n$ が $z = z_0$ で収束すれば, $|z| < |z_0|$ で収束し, z_1 で発散すれば, $|z| > |z_1|$ で発散することを示せ.

試練 2.4 $a_0 = 0, a_1 = 1, a_n = a_{n-1} + a_{n-2}$ によって定まる数列をフィボナッチ数列という. このとき, べき級数 $f(z) = \sum_{n=0}^{\infty} a_n z^n$ について以下の問いに答えよ.
(1) $f(z) = \dfrac{z}{1 - z - z^2}$ であることを示せ.
(2) a_n と $\lim_{n \to \infty} \dfrac{a_{n-1}}{a_n}$ を求めよ.

試練 2.5 級数 $\sum_{n=0}^{\infty} a_n$ において, $\lim_{n \to \infty} \left| \dfrac{a_{n+1}}{a_n} \right| = l$ とする. このとき, $l < 1$ ならば $\sum_{n=0}^{\infty} a_n$ は絶対収束であり, $l > 1$ ならば $\sum_{n=0}^{\infty} a_n$ は発散することを示せ.

試練 2.6 べき級数 $\sum_{n=0}^{\infty} a_n z^n$ の収束半径 R は右辺の極限が存在する限り,
$$\frac{1}{R} = \lim_{n \to \infty} \left| \frac{a_{n+1}}{a_n} \right|$$
によって与えられることを示せ.

試練 2.7 上の公式で定まる収束半径と定理 2.1.2 で定まる収束半径 (アダマールの表示式) との大小関係を比べよ.

第3章
べき級数で定義される関数の世界

ここでは，べき級数で定義される様々な関数を紹介し，その応用として1変数解析関数について述べる．すでに知っている多くの関数が実はべき級数であることがわかるであろう．特に指数関数と三角関数はべき級数による定義の方が自然であることがわかり興味深い．例えば，どうして指数関数 e^x は何度微分しても変化しないのだろうか？その答えは…

3.1. 指数関数

定義 3.1.1 (指数関数) 複素指数関数 e^z ($\exp z$ とも書く) を次で定義する．

$$e^z = \sum_{n=0}^{\infty} \frac{z^n}{n!}.$$

指数関数 e^z に関しては，次のような性質が成立する．

定理 3.1.1 (1) e^z の収束半径は無限大であり，すべての点 z で無限回微分可能である．特に，$\dfrac{d}{dz}e^z = e^z$ を満たす．
(2) 指数法則 $e^{z+w} = e^z e^w$ がすべての複素数 z と w で成立する．特に $e^z e^{-z} = 1$ を満たすので $e^z \neq 0$ である．

証明 (1) は前節の定理より明らか. (2) はまず $u_n = \dfrac{z^n}{n!}, v_n = \dfrac{w^n}{n!}$ とおき, w_n を $w_n = \displaystyle\sum_{p=0}^{n} u_p v_{n-p}$ と定める. 補題 2.2.1 より

$$\sum_{n=0}^{\infty} w_n = \sum_{n=0}^{\infty} \frac{z^n}{n!} \sum_{n=0}^{\infty} \frac{w^n}{n!} = e^z e^w.$$

一方, $w_n = \dfrac{(z+w)^n}{n!}$ であるから, 上は e^{z+w} にも等しい. □

3.2. 実数変数の指数関数 e^x と対数関数 $\log x$

$x \in \mathbf{R}$ に対して 通常の指数関数 e^x を上と同様に定義する. つまり,

$$e^x = 1 + \frac{x}{1!} + \frac{x^2}{2!} + \cdots + \frac{x^n}{n!} + \cdots$$

と定める. このとき $e^x > 1 + x$, $(x > 0)$ に注意すると, $\displaystyle\lim_{x \to +\infty} e^x = +\infty$ となり, 前定理の後半から, $\displaystyle\lim_{x \to -\infty} e^x = 0$ が成り立つこともわかる. さらに, $\dfrac{d}{dx} e^x = e^x > 0$ だから, 指数関数 e^x には逆関数が存在することがわかる. それを $y = \log x$ と定めよう. そのとき,

$$e^{\log x} = x, \qquad \log(e^x) = x$$

が成立する. さらに, 指数法則に対応して次の対数法則が導かれる. 任意の正数 x, y に対して,

$$\log(xy) = \log x + \log y$$

また, $\dfrac{d}{dx} \log x = \dfrac{1}{x}$ と $\log 1 = 0$ を満たすこともわかる. このことから $\log(1+x)$ を考えると, $|x| < 1$ のとき

$$\log(1+x) = \int_0^x \frac{1}{1+t} \, dt$$

と積分表示できる. また $\dfrac{1}{1+t} = \displaystyle\sum_{n=0}^{\infty} (-1)^n t^n$ とべき級数 (等比級数) に展開できるが, この級数の収束半径は 1 であるので $|x| < 1$ のとき項別積分がで

きて,
$$\log(1+x) = \sum_{n=1}^{\infty} (-1)^{n-1}\frac{x^n}{n}, \qquad x \in (-1, 1)$$
が成立する．ここで
$$\begin{cases} S(z) = e^z - 1 = \displaystyle\sum_{n=1}^{\infty} \frac{z^n}{n!}, & z \in \mathbf{C} \\ T(z) = \displaystyle\sum_{n=1}^{\infty} (-1)^{n-1}\frac{z^n}{n}, & |z| < 1 \end{cases}$$
とおく．これらはべき級数であり，変数 z を実数 x に制限すれば上で見たように通常の指数関数と対数関数に一致している．次の関係式が $|z|$ が小さいとき成立することを示そう．
$$S(T(z)) = e^{\log(1+z)} - 1 = z.$$
実際, $U(z) = S(T(z))$ とおくと収束半径が 0 でないべき級数になるが, z が実数 $x \in (-1, 1)$ のとき, $U(x) = x$ となり，前節で示した関数の収束べき級数展開の一意性より $U(z) = z$ が $|z|$ が小さいとき成立することがわかる．これらは互いに逆関数になっていることになる．以上のことは，定理 2.4.2 を用いても示すことができる．

演習 3.2.1 上の二つのべき級数 S と T が互いに逆関数の関係になっていることを定理 2.4.2 を用いて示せ．

3.3. 純虚数変数の指数関数

ここでは純虚数を変数とする指数関数を用いて，三角関数の新しい定義を与える．さらにその応用として，単位円周の長さが 2π であることの「意味」を考えてみよう．

y を任意の実数として, e^{iy} は次で定義される．
$$e^{iy} = \sum_{n=0}^{\infty} \frac{(iy)^n}{n!}.$$

ここで，共役複素数を考えると

$$\overline{e^{iy}} = \overline{\sum_{n=0}^{\infty} \frac{(iy)^n}{n!}} = \sum_{n=0}^{\infty} \frac{(-iy)^n}{n!} = e^{-iy}$$

となる．指数法則より，$e^{iy}e^{-iy} = 1$ が成り立つので，$|e^{iy}| = 1$ を得る．また e^{iy} を実数部分と虚数部分に分けると次のようになる．

$$e^{iy} = \sum_{n=0}^{\infty} (-1)^n \frac{y^{2n}}{(2n)!} + i \sum_{n=0}^{\infty} (-1)^n \frac{y^{2n+1}}{(2n+1)!}.$$

従って，次の定理が成り立つことになる．

定理 3.3.1 写像 $y \mapsto e^{iy}$ は $\mathbf{R}$ から複素平面の単位円周 S への写像で，

$$e^{iy} = \cos y + i \sin y \quad \text{(オイラーの公式)} \tag{3.3.1}$$

を満たす．ここで，$\cos y$ と $\sin y$ は次のべき級数で定義される関数とする．

$$\cos y = \sum_{n=0}^{\infty} (-1)^n \frac{y^{2n}}{(2n)!}, \quad \sin y = \sum_{n=0}^{\infty} (-1)^n \frac{y^{2n+1}}{(2n+1)!}. \tag{3.3.2}$$

関数のテイラー級数展開を思い出せば，よく知られている三角関数 $\cos y$ と $\sin y$ は定理のべき級数表示をもつことがわかるが，ここではもっと「積極的に」，三角関数 $\cos y$ と $\sin y$ がこのようにべき級数で定義されていると考えるのである．こうして定義された関数が実は三角関数 $\cos y$ と $\sin y$ に他ならないことを検証してみよう．まず，次の性質はすぐにわかる．

$$\begin{cases} \dfrac{d}{dy} \sin y = \cos y, \quad \dfrac{d}{dy} \cos y = -\sin y, \\ \sin 0 = 0, \quad \cos 0 = 1, \quad \cos^2 y + \sin^2 y = 1 \end{cases}$$

次に最も基本的な性質を確かめよう．

定理 3.3.2 実数直線 $\mathbf{R}$ 上の関数として $\cos y$ と $\sin y$ は 2π 周期の関数である．従って，e^{iy} も 2π 周期であり，写像 $y \mapsto e^{iy}$ は $(-\pi, \pi]$ から単位円周 S への 1 対 1 の写像となる．ここで，π は下の定義 3.3.1 で与えられるものとする．

3.3. 純虚数変数の指数関数

証明 $\cos y$ を中心に考えていこう. まず, ある正数 y で $\cos y = 0$ となることを示そう. そのために, ある $a > 0$ があって, $0 \leq y \leq a$ のとき $\cos y > 0$ であるとしてみる. $\dfrac{d}{dy} \sin y = \cos y > 0$ であるから $[0, a]$ で $\sin y$ は単調増加である. $\sin a = b > 0$ とおく. $c > a$ として, もし $a \leq y \leq c$ で $\cos y > 0$ ならば

$$\cos c - \cos a = -\int_a^c \sin t\, dt \leq -b(c-a)$$

が成り立つので, $\cos c > 0$ に注意して,

$$c - a < \frac{\cos a}{b}$$

が満たされる. よって, $\cos y$ は区間 $\left[a, a + \dfrac{\cos a}{b}\right]$ に零点をもつことになる. 証明の途中だが, ここで π の定義をしておこう.

定義 3.3.1 (π の定義) $\cos y = 0$ を満たす最小の正数 y を $\dfrac{\pi}{2}$ と定める.

このとき, $e^{i\frac{\pi}{2}} = \cos\dfrac{\pi}{2} + i\sin\dfrac{\pi}{2} = i$ となることに注意する. すると, 写像 $y \mapsto e^{iy}$ は $\left[0, \dfrac{\pi}{2}\right]$ から $\{u + iv : u^2 + v^2 = 1, u, v \geq 0\}$ への 1 対 1 の写像となることがわかる. 指数法則より,

$$e^{iy} = e^{i(y-\frac{\pi}{2})+i\frac{\pi}{2}} = ie^{i(y-\frac{\pi}{2})}$$

が成り立つ. ここで, 純虚数 i を掛けることは 90 度回転をさせることであることを思い出そう (定理 1.3.2). すると, 写像 $y \mapsto e^{iy}$ は $\left[\dfrac{\pi}{2}, \pi\right]$ から $\{u + iv : u^2 + v^2 = 1, u \leq 0, v \geq 0\}$ への 1 対 1 の写像となることがわかる. そこで $\sin z$ は奇関数で, $\cos z$ が偶関数であることを用いれば, 写像 $y \mapsto e^{iy}$ は $(-\pi, \pi]$ から $\{u + iv : u^2 + v^2 = 1\}$ への 1 対 1 の写像となることが証明される. 以上により, $\cos y$ と $\sin y$ が 2π 周期の関数であることがわかった.

最後に曲線の長さを求める公式によれば, 単位円周の長さは,

$$\int_0^{2\pi} \sqrt{\left(\frac{d}{dy}\cos y\right)^2 + \left(\frac{d}{dy}\sin y\right)^2}\, dy = 2\pi$$

で与えられる. □

3.4. 対数関数

この節では，複素対数を定義しよう．まず，絶対値が 1 である点 $w \in \mathbf{C}$ をとる．そのとき，前節の定理 3.3.2 により $-\pi < y \leq \pi$ の範囲に y が一意的に存在し，$w = e^{iy}$ を満たすことがわかる．この y は複素数 w の **偏角の主値** とよばれ，$y = \mathrm{Arg}\, w$ と書くことはすでに述べたとおりである．そのとき，w の偏角は次で与えられる．

$$\arg w = \{y + 2k\pi : k \text{ は整数}\}, \quad y = \mathrm{Arg}\, w.$$

一般の複素数 $z \neq 0$ に対しては $\arg z = \arg\left(\dfrac{z}{|z|}\right)$ とする．そのとき，

$$z = |z|e^{i \arg z}$$

が成立する．以上の準備のもとで，次の問題を考えよう．

問題 $z \in \mathbf{C} \setminus \{0\}$ に対して，方程式 $e^w = z$ の解 w をすべて求めよ．

直前に準備したことから問題の解答は次のようになる．$z = |z|e^{i \arg z} = e^{\log_e |z| + i \arg z}$ となるので 解は $w = \log_e |z| + i \arg z$ となる．但し，複素対数と区別するために，$x > 0$ の e を底とする自然対数を $\log_e x$ で表すことにする．

従って，次のように複素対数を定義することが自然である．

定義 3.4.1 (複素対数とその主値) 複素数 $z \in \mathbf{C} \setminus \{0\}$ に対して，z の **複素対数** を

$$\log z = \log_e |z| + i \arg z \tag{3.4.1}$$

と定める．また，偏角のときと同様に

$$\mathrm{Log}\, z = \log_e |z| + i \mathrm{Arg}\, z \tag{3.4.2}$$

とおき，$\log z$ の **主値** という．

3.4. 対数関数

もちろん複素対数は関係式 $e^{\log z} = z$ を満足するが，それ以外にも次の対数法則が成り立つ．0 でない複素数 z, z_1, z_2 に対して

$$\begin{aligned}
\log e^z &\equiv z \\
\log(z_1 z_2) &\equiv \log z_1 + \log z_2 \\
\log \frac{z_1}{z_2} &\equiv \log z_1 - \log z_2 \\
\log z^m &\equiv m \log z, \quad (m \text{ は整数}).
\end{aligned} \tag{3.4.3}$$

ここで，記号 $\equiv$ は $2\pi i$ の整数倍の差を除いて等しいことを示している (偏角のときは 2π であった)．証明は複素対数の定義と偏角の性質を用いれば容易である．同様にして，次も成立する．

$$\mathrm{Log}\, z \equiv \log z$$

次の概念も有効である．

定義 3.4.2 (対数の分枝) 原点を含まないある領域 $\Omega \subset \mathbf{C}$ の中で定義された連続関数 $f(z)$ で，すべての $z \in \Omega$ に対して $e^{f(z)} = z$ を満たすものを，$\log z$ の一つの **分枝** という．

注意 3.4.1 ここで領域とは連結な開集合のことであった．例えば，$\Omega = \{z : -\pi < \mathrm{Arg}\, z < \pi, z \neq 0\}$ (全平面より原点と負の実軸を除いた領域) のとき，$\mathrm{Log}\, z$ は主値という名の一つの分枝となるわけである．また Ω において，$\mathrm{Log}\, z$ は指数関数 e^z の逆関数となるので，z の関数として微分可能である (詳しくは，7.1 節を参照せよ)．

定理 3.4.1 領域 Ω において，$\log z$ の一つの分枝 $f(z)$ が存在すれば，他のすべての分枝は，$f(z) + 2k\pi i$ (k は整数) の形である．逆に $f(z) + 2k\pi i$ は $\log z$ の一つの分枝となる．

証明 f, g が分枝であれば，関数 $h(z) = \dfrac{f(z) - g(z)}{2\pi i}$ は Ω で連続かつ $e^{2\pi i h(z)} = e^{f(z) - g(z)} = 1$ を満たすので，$h(z) \equiv$ 整数の定数 となる．□

演習 3.4.1 複素対数 $\log(-1), \log i, \log(1+i)$ の値を計算せよ．

演習 3.4.2 次の方程式を解け.
(1) $\log z = -\dfrac{\pi i}{2}$, (2) $\log z = 1 + \pi i$

3.5. 複素べき乗根とリーマン面

複素対数を用いると, 次の複素べきの定義ができる.

定義 3.5.1 (複素べきとその主値) $z, \alpha \in \mathbf{C}$ で $z \neq 0$ とするとき

$$z^\alpha = e^{\alpha \log z}$$

と定める. 複素対数として主値をとったときの $e^{\alpha \operatorname{Log} z}$ を z^α の主値という.

例 1 i^i を考えてみよう. 定義によれば,

$$i^i = e^{i \log i} = e^{i(\frac{\pi i}{2} + 2n\pi i)} = e^{-\frac{\pi}{2} - 2n\pi}, \, n = 0, \pm 1, \pm 2, \ldots$$

となる. また, i^i の主値は $e^{-\frac{\pi}{2}}$ (実数) となる.

例 2 分数べきを考えてみよう. $\alpha = \dfrac{n}{m}$ $(m = 1, 2, \cdots; n = \pm 1, \pm 2, \cdots)$ を既約分数とするとき, $z^{\frac{n}{m}}$ は $w^m = z^n$ の m 個の解である. 従って, m 価関数となる. 例えば,

$$z^{\frac{2}{3}} = e^{\frac{2}{3} \log z} = \sqrt[3]{|z|^2} e^{\frac{2}{3} \operatorname{Arg} z} e^{\frac{4}{3} n \pi i}, \quad n = 0, \pm 1, \pm 2, \ldots$$

となる.

演習 3.5.1 複素べき $1^i, (-1)^i$ の値を計算せよ.

このように簡単な分数べきを考えるだけで, いわゆる多価関数が登場してくることがわかる. 適当な領域で分枝を考えれば一価関数となることが前節の考察でわかったが, すべての分枝を同時に取り扱うことは可能であろうか? それには, 少し発想を転換し, 複素平面 $\mathbf{C}$ の代わりに, いわゆる **リーマン面** を考えればよいことが知られている. ここでは, $z = w^2$ の逆関数 (二価関数) である分数べき $z^{\frac{1}{2}}$ を例にとってリーマン面を構成してみる.

まず, 複素平面 $\mathbf{C}$ の実軸の負の部分に **スリット** を入れたものを, Ω_0, Ω_1 の 2 枚用意する. Ω_0 と Ω_1 の原点を一致させ, 各 Ω_k $(k = 0, 1)$ の境界であ

3.5. 複素べき乗根とリーマン面   47

る実軸の上岸と下岸を利用して Ω_0 の上岸を Ω_1 の下岸に, Ω_0 の下岸を Ω_1 の上岸に貼り合わせる. こうして **リーマン面** と呼ばれる一つの面 S が得られた. 一方, w 平面を二つの領域

$$D_0 = \left\{w; w \neq 0, -\frac{\pi}{2} < \arg w < \frac{\pi}{2}\right\} \quad (右半平面),$$

$$D_1 = \left\{w; w \neq 0, \frac{\pi}{2} < \arg w < \frac{3\pi}{2}\right\} \quad (左半平面)$$

に分け, Ω_k には D_k の点を対応させる. Ω_0 のスリットの下岸には $\arg w = -\frac{\pi}{2}$ を, 上岸には $\arg w = \frac{\pi}{2}$ の点を対応させ, Ω_1 のスリットの下岸には $\arg w = \frac{\pi}{2}$ を, 上岸には $\arg w = \frac{3\pi}{2}$ の点を対応させる. この対応により, $z = w^2$ の逆関数は S 上で定義された一価関数となる. この S は $z = w^2$ の逆関数を一価関数とするリーマン面といわれる. この例でわかるように, $z = w^2$ の逆関数として $z^{\frac{1}{2}}$ は原点を一周するたびに次の分枝に移る. この意味で, 原点を $z^{\frac{1}{2}}$ の **分岐点** という.

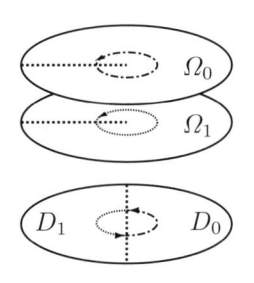

図 3.1. $w = \sqrt{z}$ のリーマン面

演習 3.5.2 $z = w^3$ の逆関数を一価関数にするリーマン面を構成せよ.

複素対数に関しても, 原点が分岐点になっている. しかし, 複素対数の分岐は無限にあり, 原点の周りを何回まわっても, もとの点に戻ることはない. 対数関数のリーマン面を構成してみる. 上で用いた Ω_0 の無限個のコピー

$$\ldots, \Omega_{-3}, \Omega_{-2}, \Omega_{-1}, \Omega_0, \Omega_1, \Omega_2, \Omega_3, \ldots$$

を用意する.前と同様に,各 Ω_k ($k = 0, \pm1, \pm2, \dots$) の境界である実軸の上側とした側を利用して Ω_k の下岸を Ω_{k-1} の上岸に,Ω_k の上岸を Ω_{k+1} の下岸に貼り合わせる.こうしてリーマン面 S が得られた.このリーマン面においては,複素平面 $\mathbf{C}$ とは異なり,点 $re^{i(\theta+2m\pi)}$ と $re^{i(\theta+2n\pi)}$ は $m \neq n$ のとき互いに異なる点を表すのである.そのとき,変数 z がリーマン面上を動くと考えれば,$\log z$ は一価関数となるわけである.

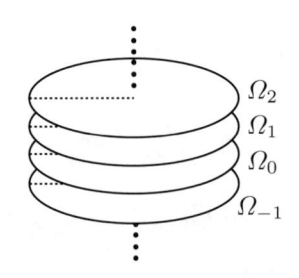

図 3.2. $w = \log z$ のリーマン面

3.6. 三角関数

三角関数も対数と同様に複素数値関数に拡張されることを見よう.まず,オイラーの公式より三角関数が次のべき級数に等しいことを思い出そう.

$$\cos y = \sum_{n=0}^{\infty}(-1)^n \frac{y^{2n}}{(2n)!}, \quad \sin y = \sum_{n=0}^{\infty}(-1)^n \frac{y^{2n+1}}{(2n+1)!}. \tag{3.6.1}$$

従って,次のように複素三角関数を定義するのが最も自然である.

$$\cos z = \sum_{n=0}^{\infty}(-1)^n \frac{z^{2n}}{(2n)!}, \quad \sin z = \sum_{n=0}^{\infty}(-1)^n \frac{z^{2n+1}}{(2n+1)!}. \tag{3.6.2}$$

そのとき,次のオイラーの公式の一般形が成立することは見やすい.

$$e^{iz} = \cos z + i\sin z \tag{3.6.3}$$

これを用いて,複素三角関数を表そう.

3.6. 三角関数

定義 3.6.1 (複素三角関数) $z \in \mathbf{C}$ に対して,

$$\cos z = \frac{e^{iz} + e^{-iz}}{2}, \quad \sin z = \frac{e^{iz} - e^{-iz}}{2i} \tag{3.6.4}$$

と定め複素三角関数という.

簡単に複素三角関数の性質をまとめておこう. まず, 次の公式が成立することは, 上の定義を用いれば簡単な計算でわかる.

$$\sin^2 z + \cos^2 z = 1$$

同じ原理により, 実は三角関数に関する加法定理がすべて成立するのである. すべてを確かめるわけにはいかないので次の例だけを検証しておこう.

例 $\sin 2z = 2 \sin z \cos z$ がすべての $z \in \mathbf{C}$ で成立する.

証明 次のように計算すればよい.

$$\sin 2z = \frac{e^{i2z} - e^{-i2z}}{2i} = 2\left(\frac{e^{iz} - e^{-iz}}{2i}\right)\left(\frac{e^{iz} + e^{-iz}}{2}\right)$$
$$= 2 \sin z \cos z. \quad \Box$$

以上は, 複素数値に拡張しても遺伝する性質であるが, 次に失われる性質をあげておこう. オイラーの公式より $e^{iz} = e^{-y}(\cos x + i \sin x)$ となるので, e^{iz} は z に関しては周期的ではない. 従って, $\sin z$ と $\cos z$ も z に関しては周期関数ではない (x に関しては周期関数である). また次の不等式を見れば, 有界関数でもないことがわかる.

$$|\sin z| \geq \frac{|e^y - e^{-y}|}{2}, \quad |\cos z| \geq \frac{|e^y - e^{-y}|}{2}.$$

演習 3.6.1 上の不等式を示し, $\sin z, \cos z$ は有界関数でないことを示せ.

演習 3.6.2 方程式 $\sin z = 2i$ を解け.

3.7. 1 変数解析関数

Ω を複素平面上の領域とする.すなわち,次の 2 条件を満たすとする.

1. Ω は開集合である.
2. Ω 内の任意の 2 点が Ω 内で折れ線で結べる.

つまり,**領域**とは連結な開集合のことであった.この節では,一般の領域で解析関数の解説をするが,依然として円板 **D** の場合と本質的には変わらない.また,1 点の**近傍**とは,その点を中心とするある円板を内部に含む集合のことであった.

まず,次の定義から始めよう.

定義 3.7.1 (べき級数展開可能性) 点 a の近傍で定義された関数 $f(z)$ が,点 a でべき級数に展開されるとは,収束半径 $\rho(S)$ が 0 でないべき級数 $S(z) = \sum\limits_{n=0}^{\infty} a_n z^n$ が存在して

$$f(z) = S(z-a), \qquad |z-a| < \rho(S)$$

が成立することである.

もし,$f(z)$ が点 a でべき級数に展開されれば,収束べき級数の和として,$f(z)$ は無限回微分可能になる.ここで,次のように**解析関数**を定義する.Ω を複素平面上の領域とする.

定義 3.7.2 (解析関数) 領域 Ω で定義された関数 $f(z)$ が Ω で**解析的**であるとは,各点 $a \in \Omega$ に対して,$f(z)$ が点 a で収束半径が 0 でないべき級数に展開されることである.また,解析的な関数を**解析関数**と呼ぶ.

解析的な関数が次の性質をもつことはすぐにわかる.

命題 3.7.1 f と g を Ω で解析的であるとする.
(1) f は無限回微分可能で,その導関数も解析的である.
(2) $f(a) \neq 0$ であれば,$\dfrac{1}{f}$ も a のある近傍で解析的である.

(3) f の原始関数 F も解析的である. 但し, F が f の原始関数であるとは $F' = f$ を満たすことである.

(4) $f+g$ と fg も解析的である.

次に, 解析性の判定条件を一つ与えておこう.

定理 3.7.1 べき級数 $S(z) = \sum\limits_{n=0}^{\infty} a_n z^n$ の収束半径 $\rho(S)$ が 0 でないならば, 関数 $S(z)$ は $|z| < \rho(S)$ で解析的である. 正確には, $|a| < \rho(S)$ を満たす a に対して,

$$S(z) = \sum_{n=0}^{\infty} \frac{S^{(n)}(a)}{n!}(z-a)^n, \qquad |z-a| < \rho(S) - |a|$$

が成立する.

証明 べき級数 $\sum\limits_{n=0}^{\infty} \frac{S^{(n)}(a)}{n!}(z-a)^n$ の収束半径が $\rho(S) - |a|$ 以上であることをしばらく認めよう. そのときには, このべき級数は絶対収束するから項の順序交換ができる. そこで,

$$S^{(p)}(a) = \sum_{q=0}^{\infty} \frac{(p+q)!}{q!} a_{p+q} a^q$$

を用いて和を並べ替え, 二項定理に注意すると

$$\sum_{n=0}^{\infty} \frac{S^{(n)}(a)}{n!}(z-a)^n = \sum_{p=0}^{\infty} \frac{(z-a)^p}{p!} \sum_{q=0}^{\infty} \frac{(p+q)!}{q!} a_{p+q} a^q$$

$$= \sum_{p,q=0}^{\infty} \frac{(p+q)!}{p!q!} a_{p+q} a^q (z-a)^p$$

$$= \sum_{n=0}^{\infty} a_n \sum_{p+q=n} \frac{(p+q)!}{p!q!} a^q (z-a)^p$$

$$= S(z)$$

となり, $S(z)$ が点 a でべき級数に展開されることがわかる. さて, 収束半径が $\rho(S) - |a|$ 以上であることを示そう. $|z| = r$ かつ $|a| \leq r < \rho(S)$ とする.

すると, 上とまったく同じようにして

$$\sum_{n=0}^{\infty} \frac{|S^{(n)}(a)|}{n!}(r-|a|)^n \le \sum_{p=0}^{\infty} \frac{(r-|a|)^p}{p!} \sum_{q=0}^{\infty} \frac{(p+q)!}{q!}|a_{p+q}||a|^q$$
$$= \sum_{n=0}^{\infty} |a_n| r^n < \infty$$

となり, r はいくらでも $\rho(S)$ に近くとれるので, 収束半径は $\rho(S) - |a|$ 以上となる. □

最後に, この定理は有効であるが, 収束半径に関しては必ずしもベストな結果ではないことを示す例を一つあげておこう.

例 等比級数の和の公式より $\sum_{n=0}^{\infty} (iz)^n = \frac{1}{1-iz}$, $|z| < 1$ が成り立つ. ここで, a を実数として, 右辺を a でべき級数に展開してみよう.

$$\frac{1}{1-iz} = \frac{1}{1-ia}\left(1 - i\frac{z-a}{1-ia}\right)^{-1} = \sum_{n=0}^{\infty} \frac{i^n}{(1-ia)^{n+1}}(z-a)^n.$$

すると, すぐにわかるように収束半径は $\sqrt{1+|a|^2}$ で, この値は $1 - |a|$ よりも大きいのである.

演習 3.7.1 原点の近傍で解析的な関数 $f(z)$ で微分方程式 $f'(z) = zf(z)$ を満足するものを求めよ. また, その収束半径を求めよ.

3.8. 解析接続

次の, 美しい結果が成立する.

定理 3.8.1 領域 Ω で解析的な関数 f と $z_0 \in \Omega$ に対して, 次の三つの主張は互いに同値である.
  (a) すべての負でない整数 n に対して, $f^{(n)}(z_0) = 0$ となる.
  (b) f は z_0 中心のある円板の中で 0 となる.
  (c) f は Ω 全体で 0 となる.

3.8. 解析接続

証明 (c) → (a), (c) → (b), (a) → (b) は明らかであるので, (b) → (c) のみを示す. これは重要な性質であるので, 二通りの方法で証明しておこう.

(直観的証明) z_0 と z_1 を 領域 Ω 内の任意の2点としよう. Ω が領域であるので, この2点が折れ線で結べることを思い出そう. この折れ線に沿って, 2点を条件 (b) を満たす互いに内点を共有する円板で結ぶことができる. このことを読者は確かめられたい. 従って, (c) が成立することになる. □

(別証明) $\Omega' = \{z \in \Omega; f(w) = 0$ が z 中心のある円板の内部で成立する $\}$ と定める. まず, Ω' はその定義により開集合である. また次のように, Ω' は Ω における閉集合であることもわかり, 結局 $\Omega' = \Omega$ となり, 主張が示される.

Ω' が閉集合であることの証明 実際, $z_0 \in \Omega$ が $\overline{\Omega'}$ (Ω' の Ω における閉包) に属すれば, $z_0 \in \Omega'$ であることをいえばよい. $z_0 \in \overline{\Omega'}$ ならば, z_0 のどんな近くにも Ω' の点 z, つまり $f^{(n)}(z) = 0$ $(n = 0, 1, 2, \ldots)$ を満たす z が存在することになるが, $f^{(n)}$ の連続性より $f^{(n)}(z_0) = 0$ がでる. 従って, f は z_0 中心のある円板の中で 0 となる. 従って, $z_0 \in \Omega'$ が示された. □

系 3.8.1 f, g が $\mathbf{D}$ で解析的であるとする. もし, fg が恒等的に 0 ならば, f か g が恒等的に 0 である.

証明 ある z_0 で $f(z_0) \neq 0$ としよう. すると, 連続性から z_0 中心のある円板の上で 0 でない. 従って, その円板の上で $g = 0$ となる. すると, 前定理より g は恒等的に 0 である. □

系 3.8.2 (一致の定理) f, g が Ω で解析的であるとする. もし, $f = g$ が 1点の近傍で成立すれば Ω 全体で $f = g$ となる.

証明 $h = f - g$ と定め, 前定理を用いればよい. □

一致の定理によれば, 解析的な関数の場合, 領域内のある1点の近傍での挙動から領域全体での挙動も完全に決定される. そこで, 逆にある点の近傍 U で挙動が知られている関数を, その外にまで拡張することを考えてみよう.

定義 3.8.1 (解析接続) $k=1,2$ として,関数 f_k は,領域 D_k で解析的で,$D_1 \cap D_2 \neq \emptyset$, かつ $D_2 \setminus D_1 \neq \emptyset$ であり,共通部分 $D_1 \cap D_2$ において $f_1 = f_2$ となっているとする.そのとき,関数 f_2 を関数 f_1 の D_1 から D_2 への **解析接続** という.

関数 f_2 と g_2 が共に関数 f_1 の D_1 から D_2 への解析接続であるとしよう.共通部分 $D_1 \cap D_2 \neq \emptyset$ において $f_2 = g_2$ となるので,一致の定理により,領域 D_2 においても $f_2 = g_2$ となる.すなわち,解析接続は一意的である.しかし,接続を繰り返して行う場合は,その接続経路によっては結果が異なる場合があるので注意が必要である.例えば,$z^{\frac{1}{2}}$ は原点を分岐点とする 2 価関数なので,実軸上の点 $z=1$ から出発し原点中心の単位円周を時計回りに一周して元に戻ったとき,その値は $e^{\pi i}$ 倍されて,もとの値とは異なるのである.

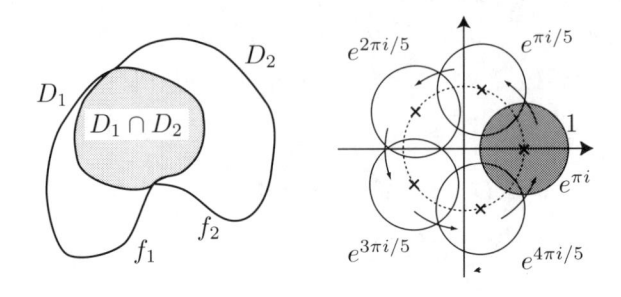

図 3.3. 解析接続

f_2 が f_1 の D_1 から D_2 への解析接続であるとき,

$$f(z) = \begin{cases} f_1(z), & z \in D_1 \\ f_2(z), & z \in D_2 \end{cases}$$

として,関数 $f(z)$ を定義すれば,もとの関数 $f_1(z)$ の定義域を,解析関数として $D_1 \cup D_2$ に拡張することができる.このように,ある領域で定義された解析関数から,ありとあらゆる方向に可能な限り解析接続を行い,最終的に得られる関数を **ワイエルシュトラスの意味で解析的な関数** ということがある.

演習 3.8.1 開円板 $\{z; |z+1| < 1\}$ 上で, 次の二つの関数 f と g は一致することを示せ.

(1) $f(z) = \dfrac{1}{z}, \quad g(z) = -\sum_{n=0}^{\infty}(z+1)^n$

(2) $f(z) = \dfrac{1}{z^2}, \quad g(z) = \sum_{n=0}^{\infty}(n+1)(z+1)^n$

3.9. 関数の零点と極

関数 f の零点 z_0 が **孤立** しているとは, $f(z_0) = 0$ であり, z_0 中心の十分小さな円板を考えれば, その中には z_0 以外に零点がないようにできることである. 孤立点の集合を **粗な集合** ということがある.

まず, 次の定理から始めよう.

定理 3.9.1 Ω で解析的な関数 f が恒等的に 0 でなければ, f の零点の全体は Ω 内で孤立点の集合 (粗な集合) となる.

証明 $z_0 \in \Omega$ を零点の一つとする. 十分小さな正数 r をとると, $|z-z_0| < r$ のとき, f はべき級数に展開できる. a_k を零でない最初の係数とすると

$$f(z) = (z-z_0)^k \Big(\sum_{n=k}^{\infty} a_n(z-z_0)^{n-k}\Big) = (z-z_0)^k g(z)$$

と因数分解できる. ここで, g は $|z-z_0| < r$ で解析的な関数であり, $g(z_0) = a_k \neq 0$ である. 必要ならば, r をさらに小さくとり直すことにより, $|z-z_0| < r$ で $g(z) \neq 0$ とあるとしてよい. これで定理の主張は示された. □

定義 3.9.1 (零点の位数) 解析的な関数 f の零点 z_0 を中心とするべき級数展開で最初に現れる 0 でない係数の番号 $k \geq 1$ を零点 z_0 の **位数** という. また, z_0 を k 位の零点という.

特に, $\mathbf{K}$ を Ω の有界閉部分集合 (コンパクト集合) とすれば, 恒等的には 0 でない解析関数 f の零点は $\mathbf{K}$ には有限個しか含まれないのである. この事実の応用として, 複素三角関数の一意性を示してみよう. 実際 $s(z)$ を実軸上で $\sin x$ に一致する解析関数をすると, $f(z) = \sin z - s(z)$ は, 実軸上の任意の有限区間に無限個の零点をもつことになる. 従って, f は恒等的に零である.

演習 3.9.1 (1) $f(z) = e^z - 1 - z$ の零点とその位数を求めよ．
(2) $f(z) = \sin z$ の零点とその位数を求めよ．

演習 3.9.2 $f(z)$ を実軸上で e^x に一致する解析関数とすれば，$f(z) = e^x(\cos y + i\sin y)$ であることを証明せよ．

次に極を定義しよう．

定義 3.9.2 (極) $\lim_{z \to z_0} |f(z)| = +\infty$ であるとき，点 $z_0 \in \Omega$ で関数 $f(z)$ が **極** をもつという．

そのとき，次のような関数にも「市民権」を与えよう．

定義 3.9.3 (有理型) Ω から，孤立点だけからなるある部分集合 **F** を除いてできる開集合 Ω' で定義され，Ω' で解析的な関数 f が **F** の各点で極をもつとき，f は，Ω で **有理型** であるという．

極にも次のように位数が定まる．

定義 3.9.4 (極の位数) f が Ω で有理型であるとする．点 z_0 が f の極であるとき，ある正整数 k と，点 z_0 中心のある円板の上で解析的で，0 にならない関数 g があって，$f(z) = (z-z_0)^{-k}g(z)$ がこの円板の上で成立するとき，k を **極 z_0 の位数** という．また，z_0 を関数 f の k **位の極** という．

解析的な関数 f が，z_0 で k 位の零点を持てば，関数 $\dfrac{1}{f(z)}$ は，k 位の極をもつことがわかる．従って，f, g が解析的であれば，$h = \dfrac{f}{g}$ は有理型になるわけである．また明らかに，有理型関数は局所的には $\dfrac{f}{g}$ の形 (f, g は解析的) となるのである．

3.10. 章末問題　A

問題 3.1 次の公式を示せ.
(1) $e^{2n\pi i} = 1$ (n は整数)　(2) $\overline{e^z} = e^{\bar{z}}$

問題 3.2 任意の z に対して, $e^z \neq 0$ を示せ.

問題 3.3 (3.6.4) で定義した複素三角関数について, 次の公式を示せ.
(1) $\sin^2 z + \cos^2 z = 1$
(2) $\sin(z_1 + z_2) = \sin z_1 \cos z_2 + \cos z_1 \sin z_2$
(3) $\cos(z_1 + z_2) = \cos z_1 \cos z_2 - \sin z_1 \sin z_2$
(4) $(\sin z)' = \cos z, \quad (\cos z)' = -\sin z$
(5) $\sin(z + 2n\pi) = \sin z, \quad \cos(z + 2n\pi) = \cos z \quad$ (n は整数)

問題 3.4 双曲線関数も指数関数を用いて次のように定義される.
$$\cosh z = \frac{e^z + e^{-z}}{2}, \qquad \sinh z = \frac{e^z - e^{-z}}{2}$$
このとき, 次の公式を示せ. 但し, n は整数とする.
(1) $\cosh^2 z - \sinh^2 z = 1$
(2) $\sinh(z_1 + z_2) = \sinh z_1 \cosh z_2 + \cosh z_1 \sinh z_2$
(3) $\cosh(z_1 + z_2) = \cosh z_1 \cosh z_2 + \sinh z_1 \sinh z_2$
(4) $(\sinh z)' = \cosh z, \quad (\cosh z)' = \sinh z$
(5) $\sinh(z + 2n\pi i) = \sinh z, \quad \cosh(z + 2n\pi i) = \cosh z$
(6) $\sinh iz = i \sin z, \quad \cosh iz = \cos z$

問題 3.5 次の値が実数になるのは, z が複素平面上でどこにあるときか?
(1) e^z　(2) $\sin z$　(3) $\cosh z$

問題 3.6 次の方程式を解き, その解を図示せよ.
(1) $e^z = -1$　(2) $\cos z = 5$

問題 3.7 極限 $\lim_{|y| \to \infty} \sin z$ を求めよ. 但し, $z = x + iy$ とする.

問題 3.8 次の方程式を解け.
(1) $\log z = 2 + 3\pi i$　(2) $\log z^2 = \pi i$

問題 3.9 次の値を求めよ.

(1) $(-1)^i$ (2) i^i (3) 1^i

問題 3.10 多価関数 $w = \sqrt{z-1}$ のリーマン面を構成せよ.

問題 3.11 次の f と g は解析接続の関係にあることを示せ. 但し, $\alpha \neq 0$.

$$f(z) = \sum_{n=0}^{\infty} \alpha^n z^n, \quad g(z) = \sum_{n=0}^{\infty} \frac{(-1)^n (1-\alpha)^n z^n}{(1-z)^{n+1}}$$

問題 3.12 次の関数が有理型関数であることを示せ. また, 極における位数を計算せよ. (1) $\dfrac{z}{z^2+1}$ (2) $\dfrac{1}{\sin z}$

3.11. 章末問題 B

試練 3.1 指数関数「e^z」と複素べき「e の z 乗」の違いを述べよ.

試練 3.2 $\alpha = \dfrac{p}{q}$ (p, q は互いに素な正の整数) のとき, z^α は q 価関数であることを示せ.

試練 3.3 多価関数 a^b ($a \neq 0$) の値がすべて実数であるための条件を求めよ.

試練 3.4 $|a^b|$ ($a \neq 0$) の値が一定であるための条件を求めよ.

試練 3.5 等式 $\log z^2 = 2 \log z$ は正しいか？

試練 3.6 不等式 $|e^z - 1| \leq e^{|z|} - 1 \leq |z| e^{|z|}$ を示せ.

試練 3.7 べき級数 $\sum_{n=0}^{\infty} z^{2^n}$ は単位円周 $|z| = 1$ を越えて解析接続できないことを示せ. (このような境界を **自然境界** ということがある)

試練 3.8 次の二つの関数は解析接続の関係にあることを示せ.

$$f(z) = \sum_{n=1}^{\infty} \frac{(-1)^{n-1} z^n}{n}, \quad g(z) = \operatorname{Log} \frac{1}{2} - \sum_{n=1}^{\infty} \frac{(1-z)^n}{n 2^n}$$

試練 3.9 $f(z) = e^{\frac{1}{z}}$ は $z = 0$ を極としないことを説明せよ.

第4章

正則関数の世界

4.1. 2変数微分可能関数

ここでは，xy 平面上の関数の微分について簡単に復習しておこう．次節において，それは直ちに複素平面上の関数に翻訳されるのである．Ω を複素平面内の領域とする．1対1対応 $\mathbf{C} \ni z = x+iy \longleftrightarrow (x,y) \in \mathbf{R}^2$ による Ω の像を Ω^* としよう．Ω^* は $\mathbf{R}^2$ 内の領域である．

定義 4.1.1 (微分可能性) Ω^* 上の関数 $F(x,y)$ が点 (x_0, y_0) で微分可能であるとは，ある定数 a, b が存在して，十分に小さい h, k に対して，

$$F(x_0+h, y_0+k) - F(x_0, y_0) = ah + bk + \varepsilon(\sqrt{h^2+k^2}), \qquad (4.1.1)$$

が成り立つことである．但し，$\varepsilon(h)$ は $\displaystyle\lim_{h\to 0}\frac{\varepsilon(h)}{h} = 0$ を満たすある量である．記号的には，$a = \dfrac{\partial F}{\partial x}(x_0, y_0)$ と $b = \dfrac{\partial F}{\partial y}(x_0, y_0)$ とおき，それぞれを点 (x_0, y_0) における関数 F の x に関する偏微分係数と y に関する偏微分係数と呼ぶ．

さらに，各点 $(x,y) \in \Omega^*$ で F が微分可能であるときには，偏導関数 $\dfrac{\partial F}{\partial x}(x,y)$ と $\dfrac{\partial F}{\partial y}(x,y)$ が存在して，上の関係式を満たすことになる．このとき，

第 4 章　正則関数の世界

定義 4.1.2 (連続的微分可能性)　偏導関数 $\dfrac{\partial F}{\partial x}(x,y)$ と $\dfrac{\partial F}{\partial y}(x,y)$ が x と y の連続関数となるとき, $F(x,y)$ は, Ω^* で連続的微分可能であるという.

演習 4.1.1　関数 $F(x,y) = x^2 + y^2$, $G(x,y) = x + iy$ が Ω^* で連続的微分可能であることを証明せよ.

4.2. 正則性の定義

さて, Ω 上の関数 f が, 複素関数として微分可能であるという定義を直観的に次のようにしよう.

定義 4.2.1 (複素微分可能性)　f が $z_0 \in \Omega$ で微分可能であるとは,
$$\lim_{w \to 0} \frac{f(z_0 + w) - f(z_0)}{w} \tag{4.2.1}$$
が存在することとする. また, この極限を $f'(z_0)$ と書き, f の z_0 における **微分係数** という.

前節の定義をまねて, このことは次のようにも書ける.

定義 4.2.2 (微分可能性)　Ω 上の関数 $f(z)$ が点 z_0 で微分可能であるとは, ある定数 c が存在して, 十分に小さい w に対して,
$$f(z_0 + w) - f(z_0) = cw + \varepsilon(w) \tag{4.2.2}$$
が成り立つこととする. 但し, $\varepsilon(h)$ は $\lim\limits_{h \to 0} \dfrac{\varepsilon(h)}{h} = 0$ を満たすある量である. 記号的には, $c = f'(z_0)$ と書き, f の点 z_0 における **微分係数** という.

実際, 上の二つの定義は完全に同値である. さらに, 各点 $z \in \Omega$ で f が微分可能であるときには, 関数 $f'(z)$ を導関数という. 最後に, 連続的微分可能性に対応する概念として, f の **正則性** を定める. つまり,

定義 4.2.3 (正則性)　導関数 $f'(z)$ が z の連続関数となるとき, $f(z)$ は Ω で **正則** であるという.

演習 4.2.1　$f(z) = z^2$, $g(z) = e^z$ は $\mathbf{C}$ で正則であることを証明せよ.

4.2. 正則性の定義

演習 4.2.2 $f(z) = |z|^2$, $g(z) = \bar{z}$ が $\mathbf{C}$ で正則でないことを示し, その理由を考えよ.

ここで, 正則関数 $f(z) = f(x + iy)$ を x と y の 2 変数関数とみなして

$$F(x, y) = f(x + iy)$$

とおいてみよう. z_0 と w も $z_0 = x_0 + iy_0$ と $w = h + ik$ とする. すると, 微分可能性の定義 4.2.2 より,

$$F(x_0 + h, y_0 + k) - F(x_0, y_0) = f(z_0 + w) - f(z_0)$$
$$= c(h + ik) + \varepsilon(h + ik)$$

となり, $F(x, y)$ は微分可能となっている (f が正則ならば, F は連続的微分可能になる). 特に, 簡単な計算で

$$\frac{\partial F}{\partial x}(x_0, y_0) = c, \quad \frac{\partial F}{\partial y}(x_0, y_0) = ic$$

が成り立つことがわかる. これをもとの f に翻訳すると,

$$\frac{\partial f}{\partial x}(z_0) = c, \quad \frac{\partial f}{\partial y}(z_0) = ic$$

を得る. つまり, 次の関係式が示された.

$$\frac{\partial f}{\partial x}(z_0) + i\frac{\partial f}{\partial y}(z_0) = 0.$$

この関係式を **コーシー・リーマンの関係式** という. 逆に, この関係式が成立すれば, f は z_0 で微分可能となる (F が連続的微分可能ならば f は正則になる). 以上をまとめると, 次の定理を示したことになるのである.

定理 4.2.1 関数 $f(z)$ が Ω で正則であるための必要十分条件は, $f(z)$ を実数の変数 x と y の関数とみなしたとき, $f(z)$ が Ω で連続的微分可能で, コーシー・リーマンの関係式

$$\frac{\partial f}{\partial x}(z) + i\frac{\partial f}{\partial y}(z) = 0 \qquad (4.2.3)$$

が成立することである. また,

$$f'(z) = \frac{\partial f}{\partial x}(z) = \frac{1}{i}\frac{\partial f}{\partial y}(z) \tag{4.2.4}$$

が成り立つ.

さて, $f(z) = u(x, y) + iv(x, y)$ と実数部分と虚数部分に分解すると, コーシー・リーマンの関係式は,

$$\frac{\partial u}{\partial x} = \frac{\partial v}{\partial y}, \quad \frac{\partial u}{\partial y} = -\frac{\partial v}{\partial x} \tag{4.2.5}$$

の二つの式となるが, これも**コーシー・リーマンの関係式**といわれる.

演習 4.2.3 $f(z) = u(x, y) + iv(x, y)$ とおいて, 正則性の定義より, 上の関係式を導いてみよ.

演習 4.2.4 $f(z) = x^2 - y^2 + 2ixy$ と $g(z) = e^x(\cos y + i\sin y)$ が, 正則であることをコーシー・リーマンの関係式を確かめることにより示せ.

演習 4.2.5 領域 Ω 上の正則関数 $f(z)$ に対して次の問に答えよ.
(1) $f(z)$ の実数部分または虚数部分が恒等的にある定数に等しければ, $f(z)$ 自身が定数であることを示せ.
(2) $|f(z)|$ が恒等的にある定数に等しければ, $f(z)$ 自身が定数であることを示せ.

演習 4.2.6 領域 Ω 上の正則関数 $f(z)$ が恒等的に $f'(z) = 0$ を満たせば, 定数値関数であることを示せ.

4.3. 研究:変数としての z と $\bar{z}$

複素数 $z = x + iy$ と平面上の点 (x, y) が 1 対 1 に対応していたように, $(z, \bar{z})$ と (x, y) は, 関係 $z = x + iy$ と $\bar{z} = x - iy$ で 1 対 1 に対応している. そこで, 通常の変数変換にならって, 変数変換 $T : (x, y) \longrightarrow (z, \bar{z})$ を次のように定めよう.

$$(z, \bar{z}) = T(x, y) = (x + iy, x - iy) \tag{4.3.1}$$

逆変換を T^{-1} とすると,

$$(x,y) = T^{-1}(z,\overline{z}) = \left(\frac{z+\overline{z}}{2}, \frac{z-\overline{z}}{2i}\right) \qquad (4.3.2)$$

さらに, 二つの偏微分演算子 (偏微分作用素) を

$$\frac{\partial}{\partial z} = \frac{1}{2}\left(\frac{\partial}{\partial x} - i\frac{\partial}{\partial y}\right), \quad \frac{\partial}{\partial \overline{z}} = \frac{1}{2}\left(\frac{\partial}{\partial x} + i\frac{\partial}{\partial y}\right) \qquad (4.3.3)$$

と定めよう. $f(z)$ を正則関数としよう. すると, 前節の定理よりコーシー・リーマンの関係式を満足するので,

$$\frac{\partial f}{\partial \overline{z}}(z) = 0 \qquad (4.3.4)$$

が成立する. 微分に関する関係式 (4.3.3) は, 変数変換 (4.3.1), (4.3.2) から自然に導かれることに注意しておこう. 実は, 関数の全微分という概念をもちだせば, 以上のことは次のように数学的に説明ができるのである. 以下は, 初学者の人は飛ばして読み進んでもよい (将来, 必要になったときに戻ってくればよいから).

研究

正則関数 $f(z) = f(x+iy)$ を実 2 変数 x, y の関数とみて, 連続的微分可能関数としての**全微分**を次で定める.

$$df = \frac{\partial f}{\partial x}dx + \frac{\partial f}{\partial y}dy.$$

$z = x+iy, \overline{z} = x-iy$ に対しても全微分を考えると

$$dz = dx + idy, \quad d\overline{z} = dx - idy$$

となる. これらを, dx と dy について解き, f の全微分に代入すると

$$\begin{aligned}
df &= \frac{1}{2}\left(\frac{\partial f}{\partial x} - i\frac{\partial f}{\partial y}\right)dz + \frac{1}{2}\left(\frac{\partial f}{\partial x} + i\frac{\partial f}{\partial y}\right)d\overline{z} \qquad (4.3.5)\\
&= \frac{\partial f}{\partial z}dz + \frac{\partial f}{\partial \overline{z}}d\overline{z}\\
&= \frac{\partial f}{\partial z}dz \quad (\text{コーシー・リーマンの関係式 (4.3.4) より})
\end{aligned}$$

つまり,変数 x と y について連続的微分可能である $f(z)$ が正則であることと,その全微分 df が dz に比例することが同値になるのである.この全微分が比例することを,正則関数の変数 z についての **等角性** ということがある.その正確な意味を理解するためには,微分形式の初等的な知識があれば十分ではあるが,ここではこれ以上深入りしないことにしよう.なお,等角性については第7章を参照されたい.

4.4. 複素積分

まず,複素数値関数の実数直線上の積分を考えることからスタートしよう.

$$f(t) = u(t) + iv(t)$$

を実数変数の複素数値連続関数とする.u と v は実数値連続関数である.この関数の区間 $[a, b]$ 上での積分を

$$\int_a^b f(t)\,dt = \int_a^b u(t)\,dt + i\int_a^b v(t)\,dt$$

で定めよう.
そのとき,次が基本的である.

定理 4.4.1 f と g を $[a, b]$ 上の連続関数,$c \in \mathbf{C}$ とすると,次が成り立つ.

$$\int_a^b cf(t)\,dt = c\int_a^b f(t)\,dt \tag{4.4.1}$$

$$\int_a^b (f(t) + g(t))\,dt = \int_a^b f(t)\,dt + \int_a^b g(t)\,dt \tag{4.4.2}$$

$$\left|\int_a^b f(t)\,dt\right| \leq \int_a^b |f(t)|\,dt. \tag{4.4.3}$$

4.4. 複素積分

証明 最後の主張だけを証明しておこう. $\theta = \arg\left(\int_a^b f(t)\,dt\right)$ とすると,

$$\left|\int_a^b f(t)\,dt\right| = e^{-i\theta}\int_a^b f(t)\,dt = \operatorname{Re}\left(e^{-i\theta}\int_a^b f(t)\,dt\right) \quad (4.4.4)$$

$$= \operatorname{Re}\left(\int_a^b e^{-i\theta}f(t)\,dt\right) = \int_a^b \operatorname{Re}\left(e^{-i\theta}f(t)\right)dt$$

$$\leq \int_a^b |f(t)|\,dt. \quad \square$$

この積分を一般の曲線上の積分に拡張することを考えよう. まず, なめらかな曲線について話を進めることにする. 閉区間 $[a,b]$ 上で定義された複素数値関数

$$C: z(t) = x(t) + iy(t), \quad a \leq t \leq b$$

を考える. t が閉区間 $[a,b]$ 上を a から b に向かって動くとき, $z(t)$ は複素平面上を点 $z(a)$ から点 $z(b)$ まで動き, ある図形が複素平面上に描かれることになる. このとき, この関数 $z(t)$ ($a \leq t \leq b$) のことを**曲線** C といい, 複素平面上にできる図形をこの曲線の軌跡と呼ぶことにする. また, $z(a)$ を曲線の始点, $z(b)$ を終点と呼ぶ.

定義 4.4.1 (なめらかな曲線 C) 曲線 $C: z(t) = x(t) + iy(t)$ ($a \leq t \leq b$) が, **なめらかな曲線**であるとは, 関数 $z(t)$ が閉区間 $[a,b]$ 上で連続的微分可能であることとする. ただし, a では右微分, b では左微分をとる.

C をなめらかな曲線とし, この曲線 C 上で連続な関数 f に対して, この曲線に沿った積分を定義しよう.

定義 4.4.2 (なめらかな曲線に沿った積分) f をなめらかな曲線 $C: z(t)$ ($a \leq t \leq b$) 上の連続関数とする. このとき, 曲線 C に沿った積分を

$$\int_C f(z)\,dz = \int_a^b f(z(t))z'(t)\,dt \quad (4.4.5)$$

と定める.

次の性質が最も基本的である.

定理 4.4.2 (積分のパラメーターへの非依存性) $C : z(t)$ $(a \leq t \leq b)$ をなめらかな曲線とし, 実数値関数 $t(\tau)$ $(c \leq \tau \leq d)$ は単調増加かつ連続的微分可能で $t(c) = a$, $t(d) = b$ を満たすとする. このとき, 曲線 $C' : \zeta(\tau) = z(t(\tau))$ $(c \leq \tau \leq d)$ も曲線 C と同じ軌跡をもつなめらかな曲線となり, かつ

$$\int_C f(z)\,dz = \int_{C'} f(\zeta)\,d\zeta$$

が成立する.

証明 積分の定義より

$$\int_{C'} f(\zeta)\,d\zeta = \int_c^d f(z(t(\tau)))\frac{d}{d\tau}z(t(\tau))\,d\tau \qquad (4.4.6)$$
$$= \int_c^d f(z(t(\tau)))z'(t(\tau))t'(\tau)\,d\tau = \int_a^b f(z(t))z'(t)\,dt$$
$$= \int_C f(z)\,dz$$

となり, 主張は証明された. □

曲線に沿った積分の値は, 一見, 曲線のパラメーターの取り方 (曲線の描かれ方) に依存しそうであるが, この定理からわかるように, 実はまったく依存しないのである. 従って同じ軌跡を与える曲線であれば, 積分値は不変であるので, なるべく簡単な曲線に沿って計算すればよいことになるのである.

演習 4.4.1 $I = [0,1]$ とし, 次の三つの曲線を考える. $C_1 : z(t) = t$ $(t \in I)$, $C_2 : z(t) = t^{99}$ $(t \in I)$, $C_3 : z(t) = \sin(\frac{\pi t}{2})$ $(t \in I)$. このとき, 次の積分を実行せよ.

(1) $\int_{C_k} z\,dz$, (2) $\int_{C_k} \mathrm{Re}(z^2)\,dz$ 但し, $k = 1, 2, 3$.

4.5. 区分的になめらかな曲線に沿った積分

なめらかな曲線だけではいかにも不自由であるので, 折れ線など, なめらかな曲線を有限個つないでできる曲線にも市民権を与えよう. あわせて, 積分の基本性質を説明する.

4.5. 区分的になめらかな曲線に沿った積分

定義 4.5.1 (区分的になめらかな曲線) 曲線 $C : z(t)$ $(a \leq t \leq b)$ において, 関数 $z(t)$ が有限個の点を除いてなめらかであるとき, この曲線 C を **区分的になめらかな曲線** と呼ぶ.

なめらかな曲線 C_1 の終点と C_2 の始点が同じ点であれば, 二つの曲線の軌跡はつながっている. そこで, 区分的になめらかな曲線が次のように定まる.

定義 4.5.2 (曲線の和) $C_1 : z_1(t)$ $(a \leq t \leq b)$ と $C_2 : z_2(t)$ $(b \leq t \leq c)$ が $z_1(b) = z_2(b)$ を満たすとき, これらをつないでできる区分的になめらか曲線を $C = C_1 + C_2$ で表し, 曲線 C_1 と C_2 の **和** という. 但し,

$$C = C_1 + C_2 : z(t) = \begin{cases} z_1(t), & a \leq t \leq b, \\ z_2(t), & b \leq t \leq c. \end{cases} \tag{4.5.1}$$

例 (向き付けられた三角形) 複素平面上で原点 0 と 1 と i をこの順に巡る曲線 C を次のように定める.

$$C : z(t) = \begin{cases} t, & 0 \leq t \leq 1, \\ 1 + (i-1)(t-1), & 1 \leq t \leq 2, \\ i(3-t), & 2 \leq t \leq 3. \end{cases}$$

この曲線は区分的になめらかであり, 次の三つのなめらかな曲線

$$\begin{aligned} C_1 &: z_1(t) = t & (0 \leq t \leq 1), \\ C_2 &: z_2(t) = 1 + (i-1)(t-1) & (1 \leq t \leq 2), \\ C_3 &: z_3(t) = i(3-t) & (2 \leq t \leq 3) \end{aligned}$$

の和 $C = C_1 + C_2 + C_3$ として表すこともできる.

この例のように, 始点と終点が同じである曲線を **閉曲線** という. また始点と終点以外で, 自分自身と交わらない曲線を **単純** であるという. 従って, この例の曲線は **単純閉曲線** というわけである. また, 次の定義も有用である.

定義 4.5.3 (逆向きの曲線) $C: z(t)$ $(a \leq t \leq b)$ を (区分的に) なめらかな曲線とするとき, $-C: w(t) = z(a+b-t)$ $(a \leq t \leq b)$ で定まる曲線を, C の **向きを逆にした曲線** と呼ぶ.

曲線 C とその逆向き曲線 $-C$ は軌跡が同じで, その和 $C + (-C)$ はある 2 点間を往復する道を表していることに注意しよう. また単純閉曲線は必ずある図形を囲むが, 逆に「**単純な図形**」が与えられたとき, それを単純閉曲線の軌跡と考え, 向きを与えることができる. そこで次の定義を採用しよう.

定義 4.5.4 (正の向き) 単純閉曲線が **正の向き** をもつとは, それ自身の向き (曲線を定義する関数のパラメーターの増加する向き) が, それ自身が囲む図形の内部を左側に見ながら進む向きと一致することである. また, これと逆の向きを**負の向き**という.

例えば, 円板の周を反時計回りに進む向きは正の向きである. **特に断らなければ, 単純閉曲線の向きはいつも正としておくことにしよう**. 一般の領域 Ω を考えると, その境界はいくつかの成分 (連結成分) に分かれることがある. そのとき, それぞれをある曲線の軌跡と考えるとその曲線の向きが考えられるが, やはり特に断らなければ正の向きを与えておくことにする. 例えば, 円環領域 $\Omega = \{z; 1 < |z| < 2\}$ を考えると, 境界は二つの円周になるが, 外側は反時計周り, 内側は時計回りが正の向きとなるのである.

さて, 区分的になめらかな曲線に沿った積分を定義しよう.

定義 4.5.5 (区分的になめらかな曲線に沿った積分) $C = C_1 + C_2 + \cdots + C_n$ を n 個のなめらかな曲線の和としてできる区分的になめらかな曲線とし, f を C 上の連続関数とする. このとき,

$$\int_C f(z)\,dz = \sum_{k=1}^n \int_{C_k} f(z)\,dz \qquad (4.5.2)$$

とおき, f の区分的になめらかな曲線 C に沿った積分という.

演習 4.5.1 C を例 (向き付けられた三角形) の中の曲線とするとき, $\int_C z\,dz$, $\int_C \mathrm{Re}\, z\,dz$ を計算せよ.

ここで, 積分の基本的な性質を定理としてまとめておこう.

定理 4.5.1 C を区分的になめらかな曲線, f と g を C 上の連続関数とする. そのとき, 次が成立する. (1) 任意の $\alpha \in \mathbf{C}$ に対して,
$$\int_C \alpha f(z)\,dz = \alpha \int_C f(z)\,dz.$$
(2)
$$\int_C (f(z)+g(z))\,dz = \int_C f(z)\,dz + \int_C g(z)\,dz$$
(3) 曲線 C が $C = C_1 + C_2$ と区分的になめらかな二つの曲線の和になれば,
$$\int_C f(z)\,dz = \int_{C_1} f(z)\,dz + \int_{C_2} f(z)\,dz.$$
(4) 特に,
$$\int_{-C} f(z)\,dz = -\int_C f(z)\,dz.$$

証明 積分の定義により, (1), (2) と (3) は実 1 変数の積分のよく知られた性質に帰着する. そこで, (4) を見ておこう. 向きを逆にした曲線 $-C$ は定義 4.5.3 で与えられるので, 変数変換 $a+b-t=s$ により,

$$\int_{-C} f(z)\,dz = \int_a^b f(z(a+b-t))\frac{d}{dt}z(a+b-t)\,dt \qquad (4.5.3)$$
$$= -\int_a^b f(z(a+b-t))z'(a+b-t)\,dt$$
$$= \int_b^a f(z(s))z'(s)\,ds = -\int_C f(z)\,dz. \quad \square$$

特に, 同じ道を往復すれば積分値が 0 になるから, これからは
$$C + (-C) = 0$$
と書くことにしよう. ここで, 0 は長さのない曲線というわけである. 最後に,

定義 4.5.6 (弧長に関する積分) $C: z(t)$ $(a \leq t \leq b)$ をなめらかな曲線, f をその上の連続関数とする. そのとき,

$$\int_C f(z)\,|dz| = \int_a^b f(z(t))|z'(t)|\,dt \tag{4.5.4}$$

と定め, 関数 f の曲線 C に沿う **弧長に関する積分** という. 特に, $f \equiv 1$ のとき,

$$L(C) = \int_C |dz| = \int_a^b |z'(t)|\,dt \tag{4.5.5}$$

とおき, 曲線 C の **長さ** という.

これに関しては, 次のような性質がある.

定理 4.5.2 $C: z(t)$ $(a \leq t \leq b)$ をなめらかな曲線, f をその上の連続関数とするとき, 次が成立する.

$$\int_C f(z)\,|dz| = \int_{-C} f(z)\,|dz| \tag{4.5.6}$$

$$\left|\int_C f(z)\,dz\right| \leq \int_C |f(z)|\,|dz| \leq \max_{z \in C} |f(z)| L(C) \tag{4.5.7}$$

演習 4.5.2 この定理を証明せよ. 曲線が区分的になめらかである場合はどうか?

演習 4.5.3 $C: z(t) = e^{it}$ $(0 \leq t \leq 2\pi)$ に対して次の積分を実行せよ.

(1) $\int_C z^k\,dz$, (2) $\int_C z^k\,|dz|$, k は整数とする.

4.6. 曲線の関数としての積分

曲線 C に沿う積分において, この曲線の形に積分値はどのように依存するのであろうか? この節では, この問題を考えてみよう.

定義 4.6.1 (原始関数) 領域 Ω で連続関数 $f(z)$ が **原始関数** $F(z)$ をもつとは, Ω で $\dfrac{d}{dz}F(z) = f(z)$ が成立することをいう. 従って, $f(z)$ の原始関数 $F(z)$ は連続的微分可能になり, 定義から $F(z)$ は Ω 上で正則になる.

次の定理が最初の手がかりである.

4.6. 曲線の関数としての積分

定理 4.6.1 (微積分の基本定理) 領域 Ω で連続関数 $f(z)$ が原始関数 $F(z)$ をもつとする. C は Ω 内の区分的になめらかな曲線で, 始点が α, 終点が β であるとする. そのとき

$$\int_C f(z)\,dz = F(\beta) - F(\alpha) \tag{4.6.1}$$

が成立する.

証明 曲線を $C: z(t)\ (a \leq t \leq b)$ とするとき, $\dfrac{d}{dt}F(z(t)) = f(z(t))z'(t)$, $\alpha = z(a), \beta = z(b)$ が成立することに注意すれば,

$$\int_C f(z)\,dz = \int_a^b f(z(t))z'(t)\,dt = \int_a^b \frac{d}{dt}F(z(t))\,dt$$
$$= F(\beta) - F(\alpha)$$

となることがわかる. □

この定理より, もし f が原始関数をもてば積分の値は曲線の始点と終点のみに依存して決まることがわかる. 実は, この逆が成立するのである.

定理 4.6.2 (曲線の両端のみに依存する積分) 領域 Ω で関数 $f(z)$ が連続であるとする. そのとき, 任意の区分的になめらかな曲線に沿った f の積分の値が, 曲線の始点と終点のみに依存して決まるための必要十分条件は, $f(z)$ が Ω で原始関数 $F(z)$ をもつことである.

証明 十分性は前定理で示したので, 必要性を示そう. 点 $z_0 \in \Omega$ を一つ固定して, C_z を点 z_0 から点 z へ至る区分的になめらかな任意の曲線とする.

$$F(z) = \int_{C_z} f(w)\,dw$$

と定めると, 仮定より $F(z)$ は z の関数となる. 仮定から積分値は経路に依存しないので, $\gamma: w(t) = z + th, (0 \leq t \leq 1)$ とすると

$$\frac{F(z+h) - F(z)}{h} = \frac{1}{h}\int_\gamma f(w)\,dw$$

となる.すると,f の連続性から
$$\lim_{h\to 0}\frac{1}{h}\int_\gamma f(w)\,dw = \lim_{h\to 0}\int_0^1 f(w(t))\,dt = f(w(0)) = f(z)$$
を得るので,$f(z)$ は原始関数 $F(z)$ をもつことがわかる. □

次のように言い換えることもできる.

系 4.6.1 領域 Ω 上の連続関数 $f(z)$ が原始関数 $F(z)$ をもつための必要十分条件は,Ω 内の任意の区分的になめらかな閉曲線 C に対して
$$\int_C f(z)\,dz = 0 \tag{4.6.2}$$
となることである.

証明 必要性は定理 4.6.1 からわかる.十分性は,前定理から次のようにしてでる.実際,「すべての区分的になめらかな閉曲線に沿った積分が 0 になること」と,「区分的になめらかな曲線に沿った積分の値が始点と終点のみに依存して決まること」は同値である.何故ならば,C_1 と C_2 が共に,点 α から点 β に至る曲線であれば,曲線 $C_1 + (-C_2)$ は閉曲線となり,それに沿った積分は 0 であるからである.よって,定理 4.6.2 から結論がでる. □

演習 4.6.1 曲線 C が,(1) 点 α から点 β に至るなめらかな曲線,(2) 原点中心,半径 1 の正の向きの円周,の場合に,それぞれ次の積分を実行せよ.
$$\int_C z^n\,dz, \quad n = 0, 1, 2, \ldots$$

演習 4.6.2 次の積分を実行せよ.
$$\int_{|z|=1} z^{-n}\,dz, \quad n = 1, 2, 3, \ldots$$

4.7. 章末問題　A

問題 4.1 次の関数の導関数を求めよ．
(1) $(z-i)(z+i)$　(2) $\dfrac{z}{1-z}$　(3) $(z^2-3z+1)^2$

問題 4.2 次の関数は正則か？もし正則ならば導関数を求めよ．但し $z=x+iy$．
(1) $x^2+2ixy-y^2+1$　(2) $x^3-y^3+2ix^2y^2$　(3) $e^x(\cos y+i\sin y)$
(4) $\overline{z}$　(5) $|z|^2$　(6) $\sin x\cosh y+i\cos x\sinh y$

問題 4.3 $f(z)=u(x,y)+iv(x,y)$ が領域 D で正則であり，次の条件の一つがすべての点 z で満たされれば $f(z)$ は D で定数となることを示せ．
(1) $f'(z)=0$　(2) $\mathrm{Re}\,f(z)=$ 定数　(3) $\mathrm{Im}\,f(z)=$ 定数　(4) $|f(z)|=$ 定数

問題 4.4 $f(z)=u(x,y)+iv(x,y)$ が正則であれば，次が成り立つことを示せ．
$$\left(\frac{\partial^2}{\partial x^2}+\frac{\partial^2}{\partial y^2}\right)|f(z)|^2=4|f'(z)|^2$$

問題 4.5 $0,1,i$ を，この順に結んでできる曲線を C として，次の積分を計算せよ．
(1) $\displaystyle\int_C \mathrm{Re}\,z\,dz$　(2) $\displaystyle\int_C (x-iy)\,dz$

問題 4.6 次の積分を実行せよ．
(1) $\displaystyle\int_C (z^2+iz-1)\,dz,\quad C:z(t)=2e^{it}\ (0\le t\le\pi)$
(2) $\displaystyle\int_C \cos z\,dz,\quad C:z(t)=it\ (0\le t\le\pi)$
(3) $\displaystyle\int_C |z|\,dz,\quad C:z(t)=e^{it}\ (0\le t\le\pi)$
(4) $\displaystyle\int_C e^z\,dz,\quad C:\dfrac{\pi}{2}$ と $(1+i)\pi$ を結ぶ曲線

問題 4.7 m を整数，$r>0$ とする．積分 $\displaystyle\int_{|z-\alpha|=r}\dfrac{1}{(z-\alpha)^m}\,dz$ を求めよ．

問題 4.8 C を中心 α，半径 1 の円周とするとき，次の積分を実行せよ．
(1) $\displaystyle\int_C (z-1)\,dz$　(2) $\displaystyle\int_C (z-1)\,|dz|$

問題 4.9 C を i と $2+i$ を結ぶ線分とするとき，次の不等式を示せ．
$$\left|\int_C \frac{1}{z^2}\,dz\right|\le 2$$

4.8. 章末問題　B

試練 4.1　$f(z) = u + iv$ が $z = r(\cos\theta + i\sin\theta)$ について正則であることを表すコーシー・リーマンの関係式は次であることを示せ.

$$\frac{\partial u}{\partial r} = \frac{1}{r}\frac{\partial v}{\partial \theta}, \qquad \frac{\partial u}{\partial \theta} = -r\frac{\partial v}{\partial r}$$

試練 4.2　$f(z) = u + iv$ において, $z, \bar{z}$ を独立変数とみなせばコーシー・リーマンの関係式は $\dfrac{\partial f}{\partial \bar{z}} = 0$ となり, さらに次の式が成り立つことを示せ.

$$\frac{\partial^2 f}{\partial x^2} + \frac{\partial^2 f}{\partial y^2} = 4\frac{\partial^2 f}{\partial z \partial \bar{z}}$$

試練 4.3　f が正則であれば, 任意の実数 m に対して

$$\left(\frac{\partial^2}{\partial x^2} + \frac{\partial^2}{\partial y^2}\right)|f|^m = m^2|f(z)|^{m-2}|f'(z)|^2$$

成立することを示せ. 但し, $f(z) = 0$ となる点 z は除外する.

試練 4.4　次の関数を実数部分とするような正則関数を求めよ.

(1) 　$u = x^2 - y^2 + 1$　(2) 　$u = (x - y)(x^2 + 4xy + y^2)$

(3) 　$u = e^x(x\cos y - y\sin y)$

試練 4.5　実数値関数に対して成立する平均値定理は, 複素数値関数に対しては, 一般には成り立たないことを説明せよ.

Hint: $f(x) = e^{ix}$ に対して, もし平均値定理を適用すれば, ある $\zeta \in (0, \pi)$ で $f(\pi) - f(0) = i\pi e^{i\zeta}$ が成立することになるが $\cdots$

試練 4.6　$\displaystyle\int_{|z|=1} |z - 1|\,|dz| = 8$ を示せ.

試練 4.7　$f(z)$ が正則で $f(0) = 0$ を満たせば次が成り立つことを示せ.

$$\lim_{r \to 0} \frac{1}{\pi r^2} \int_{|z|=r} f(z)\,dz = 0$$

試練 4.8　$f(z)$ と $g(z)$ が領域 D で正則であるとする. D の 2 点 α, β を D 内で結ぶ積分路上の積分に対して

$$\int_\alpha^\beta f'(z)g(z)\,dz = [f(z)g(z)]_\alpha^\beta - \int_\alpha^\beta f(z)g'(z)\,dz$$

が成り立つことを示せ.

第5章

コーシーの積分定理

5.1. 曲線のホモトピー

この節では,Ω 上で定義される曲線について,もう少し考察しよう.目的は曲線を自由に変形できるようになることである.積分の値は曲線のパラメーターには依存しないので,以下の定義では曲線はすべて一定の閉区間 $I = [a,b]$ で定義されているとする.

定義 5.1.1 (閉曲線としてのホモトープ) 領域 Ω 内の二つの閉曲線 C_0 : $z_0(t)$ $(t \in I)$ と C_1 : $z_1(t)$ $(t \in I)$ に対して,$[0,1] \times I = \{(s,t); s \in [0,1], t \in I\}$ から領域 Ω への連続写像 $\gamma : (s,t) \mapsto \gamma(s,t)$ が存在して,

$$\begin{cases} \gamma(0,t) = z_0(t) \\ \gamma(1,t) = z_1(t) \end{cases}, \ t \in I \ \text{かつ} \ \gamma(s,a) = \gamma(s,b), \ s \in [0,1] \quad (5.1.1)$$

が成立するとき,C_0 と C_1 は **閉曲線としてホモトープ** であるという.特に,C_1 が1点であるときには,C_0 は **1点にホモトープ** であるという.

つまり,閉曲線 C_0 と 閉曲線 C_1 がホモトープであるとは,C_0 を連続的に変形して C_1 に等しくできるということである.また,1点に連続的に縮めることができるとき,1点にホモトープというのである.例えば,円板の内部では,区分的になめらかな単純閉曲線は任意の1点にホモトープであることが簡単な考察でわかる.

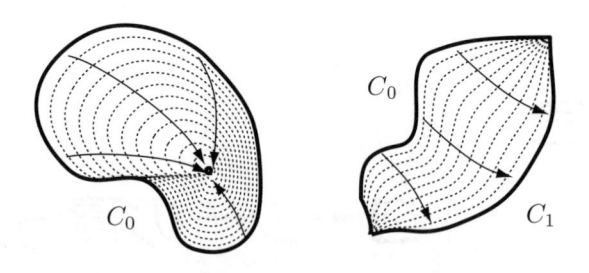

図 5.1. 閉曲線としてホモトープ，端点を固定してホモトープ

閉曲線以外では次の「端点を固定したホモトープ」が重要である．

定義 5.1.2 (端点を固定したホモトープ) 領域 Ω 内の二つの曲線 $C_0 : z_0(t)$ $(t \in I)$ と $C_1 : z_1(t)$ $(t \in I)$ が同一の始点と終点をもつとする．$[0,1] \times I$ から領域 Ω への連続写像 $(s,t) \mapsto \gamma(s,t)$ が存在して，

$$\begin{cases} \gamma(0,t) = z_0(t) \\ \gamma(1,t) = z_1(t) \end{cases}, t \in I \quad \text{かつ} \quad \begin{cases} \gamma(s,a) = z_0(a) \\ \gamma(s,b) = z_0(b) \end{cases}, s \in [0,1] \quad (5.1.2)$$

が成立するとき，C_0 と C_1 は **端点を固定してホモトープ** であるという．

次に，単連結領域 の定義をしよう．

定義 5.1.3 (単連結領域) 領域 Ω が **単連結** であるとは，Ω 内のすべての閉曲線が 1 点にホモトープであることをいう．

例えば，円板の内部などに代表される凸な開集合はこの性質をもつ．

演習 5.1.1 単連結でない領域の例を挙げよ．

演習 5.1.2 領域 $\Omega = \{z; |z| < 2\}$ において，次の曲線がそれぞれ 1 点にホモトープであることを示せ．

$C_1 : z(t) = e^{it}$ $(0 \leq t \leq 2\pi)$, $C_2 : \Omega$ 内の区分的になめらかな閉曲線

演習 5.1.3 次の二つの曲線が互いに $\mathbf{C}$ 内でホモトープであることを示せ．

(1) $z_0(t) = \dfrac{(1+i)t}{2}, \quad t \in [0,2], \quad z_1(t) = \begin{cases} t, & t \in [0,1], \\ 1 + i(t-1), & t \in [1,2] \end{cases}$

(端点を固定して)

(2) $z_0(t) = e^{it}\ (0 \le t \le 2\pi), \quad z_1(t) = 1 + 2e^{it}\ (0 \le t \le 2\pi)$

(閉曲線として)

(3) $z_0(t) = e^{it} + 1\ (0 \le t \le 2\pi), \quad z_1(t) = 0\ (0 \le t \le 2\pi)$

(閉曲線として)

演習 5.1.4 円環領域 $\Omega = \{z; \dfrac{1}{2} < |z| < 2\}$ において, 次の二つの閉曲線は互いにホモトープか？

$C_1 : z(t) = e^{it}\ (0 \le t \le 2\pi), \quad C_2 : z(t) = e^{2it}\ (0 \le t \le 2\pi).$

5.2. コーシーの積分定理

この節では, 正則関数 f が局所的に原始関数をもつことを保証する有名なコーシーの定理を我々の立場から証明しよう. まず前節の準備のもとに, コーシーの定理を述べることにする.

定理 5.2.1 (コーシーの定理) Ω を領域とし, $f(z)$ を Ω で定義される正則関数とする. このとき, Ω 内で 1 点にホモトープである任意の区分的になめらかな閉曲線 C に対して, 次が成立する.

$$\int_C f(z)\,dz = 0. \tag{5.2.1}$$

Ω が単連結領域である場合には, すべての区分的になめらかな閉曲線が 1 点にホモトープであるので, この定理と系 4.6.1 により, 正則関数の積分は経路には依存しない. すなわち, 次が成り立つ.

系 5.2.1 $f(z)$ が単連結領域 Ω で正則であれば, Ω で原始関数をもつ.

単連結でない場合にも, 各点のある近傍で局所的には原始関数が存在することがいえることを注意しておこう.

コーシーの定理は非常に重要であるので, Ω が単連結領域である場合に初等的な証明を与え, その応用として一般の場合を証明することにする. まず,

閉曲線 C が囲む図形が複素平面上の座標軸に平行な辺をもつ長方形の場合に定理を証明しよう．

定理 5.2.2 (理論の鍵)　Ω を単連結領域とする．C を Ω 内の座標軸に平行な辺をもつ長方形を，正の向きに回る曲線とする．このとき，次が成立する．

$$\int_C f(z)\,dz = 0. \tag{5.2.2}$$

証明　一般性を失うことなく，C を 4 点 $0, a, a+bi$ と bi を順に結んでできる長方形としてよい．これを $C = C_1 + C_2 + C_3 + C_4$ と分解する．但し，

$C_1 : z_1(t) = t\,(0 \leq t \leq a),\qquad C_2 : z_2(t) = a + it\,(0 \leq t \leq b),$

$C_3 : z_3(t) = a - t + ib\,(0 \leq t \leq a),\quad C_4 : z_4(t) = (b-t)i\,(0 \leq t \leq b).$

わかりやすくするため，$f(z) = u(x,y) + iv(x,y)$ と実数部分と虚数部分に分けよう．そのとき，$I = \int_C f(z)\,dz$ とおき，C の分解に合わせて $I = \sum_{k=1}^{4} I_k$ と分解しよう．そのとき，各積分を定義により計算すると，

$$I_1 = \int_{C_1} f(z)\,dz = \int_0^a (u(x,0) + iv(x,0))\,dx.$$

ここでは，積分変数を t から x に変えてある．同様に

$$I_2 = \int_{C_2} f(z)\,dz = i\int_0^b (u(a,y) + iv(a,y))\,dy,$$

$$I_3 = \int_{C_3} f(z)\,dz = -\int_0^a (u(x,b) + iv(x,b))\,dx,$$

$$I_4 = \int_{C_4} f(z)\,dz = -i\int_0^b (u(0,y) + iv(0,y))\,dy$$

5.2. コーシーの積分定理

となる.さて,積分値 I の実数部分は

$$\mathrm{Re}\, I = \int_0^a (u(x,0) - u(x,b))\, dx + \int_0^b (v(0,y) - v(a,y))\, dy$$
$$= -\int_0^a dx \int_0^b \frac{\partial u}{\partial y}(x,y)\, dy - \int_0^b dy \int_0^a \frac{\partial v}{\partial x}(x,y)\, dx$$
$$= -\int_0^a dx \int_0^b \left[\frac{\partial u}{\partial y}(x,y) + \frac{\partial v}{\partial x}(x,y)\right] dy = 0.$$

ここで,最後の等式はコーシー・リーマンの関係式によるものである.また,虚数部分も同様の計算により

$$\mathrm{Im}\, I = \int_0^a (v(x,0) - v(x,b))\, dx + \int_0^b (u(a,y) - u(0,y))\, dy$$
$$= -\int_0^a dx \int_0^b \frac{\partial v}{\partial y}(x,y)\, dy + \int_0^b dy \int_0^a \frac{\partial u}{\partial x}(x,y)\, dx$$
$$= \int_0^a dx \int_0^b \left[\frac{\partial u}{\partial x}(x,y) - \frac{\partial v}{\partial y}(x,y)\right] dy = 0$$

となることがわかる.従って,$I = 0$ が示された. □

(第一段階) Ω が単連結領域の場合の証明 前定理を用いて,単連結領域 Ω 内の区分的になめらかな任意の閉曲線 C に対しても積分値が 0 となることを示そう.原始関数の存在を示して系 4.6.1 に帰着するのがポイントである.

単連結領域 Ω 内の 1 点 z_0 を任意に固定する.そして,任意の $z \in \Omega$ に対して,次のように関数 $F(z)$ を定めよう.

$$F(z) = \int_\gamma f(\zeta)\, d\zeta.$$

ここで,曲線 γ は,定点 z_0 と点 z を結ぶ座標軸に平行な折れ線とする.前定理により,そのような折れ線の選び方には積分は依存しないことに注意しよう.(実際,座標軸に平行な別の折れ線を γ' とすれば,$\gamma + (-\gamma')$ は区分的になめらかな閉曲線となり,その内部は Ω に含まれることになる.この図形は明らかに有限個の座標軸に平行な辺をもつ長方形に分解でき,一つ一つの長方形の周に対して前定理が成り立つことと,重複する辺に沿った積分は互い

に打ち消しあうことに注意すれば, 結局 $\gamma+(-\gamma')$ に沿う f の積分は 0 となるのである.) 従って, F は z のみの関数となる.

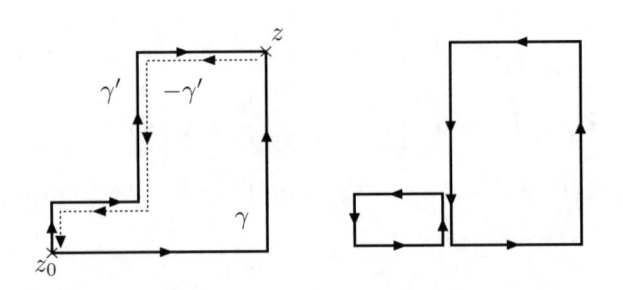

図 5.2. 座標軸に平行な折れ線の場合

次に, この関数が正則であることを示そう. h と k を実数とすると, F の定義より

$$F(z+h) - F(z) = \int_x^{x+h} f(t+iy)\,dt \tag{5.2.3}$$

$$F(z+ik) - F(z) = i\int_y^{y+k} f(x+it)\,dt \tag{5.2.4}$$

が成立する. 従って, f の連続性から, 次のように積分記号下で極限が計算できる.

$$\lim_{h\to 0}\frac{F(z+h)-F(z)}{h} = \lim_{h\to 0}\frac{1}{h}\int_x^{x+h} f(t+iy)\,dt \tag{5.2.5}$$
$$= \lim_{h\to 0}\int_0^1 f(z+th)\,dt = f(z).$$

同様にして

$$\lim_{k\to 0}\frac{F(z+ik)-F(z)}{k} = \lim_{k\to 0}\frac{i}{k}\int_y^{y+k} f(x+it)\,dt = if(z). \tag{5.2.6}$$

以上によって，$\frac{\partial F}{\partial x}(z) = f(z)$ と $\frac{\partial F}{\partial y}(z) = if(z)$ が成立し，従って，コーシー・リーマンの関係式 $\frac{\partial F}{\partial x}(z) + i\frac{\partial F}{\partial y}(z) = 0$ が満たされるので，$F(z)$ は正則関数となることが示された．定理 4.2.1 より，$F'(z) = f(z)$ がわかり，F は f の原始関数である．従って，系 4.6.1 より，一般の区分的になめらかな閉曲線 C に対しても積分値が 0 となるのである．□

(第二段階) Ω **が一般の領域である場合の証明** Ω が単連結である場合の議論から，この場合にも局所的には f の原始関数が存在することがわかる．つまり，Ω の各点 z_0 に対して，Ω に含まれる z_0 中心のある円板の中では f は原始関数をもつことがわかる．従って，証明は次の定理に帰着する．□

定理 5.2.3 領域 Ω 内の二つの区分的になめらかな閉曲線 C_0 と C_1 が閉曲線としてホモトープであるとする．そのとき，Ω 上の連続関数 f が各点のある近傍で局所的に原始関数をもてば，次が成立する．
$$\int_{C_0} f(z)\,dz = \int_{C_1} f(z)\,dz.$$
特に，C_0 が 1 点であれば，共通の積分値は 0 である．

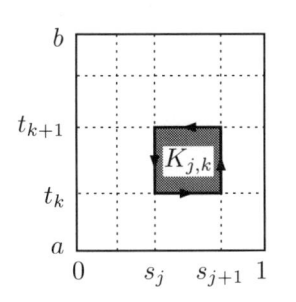

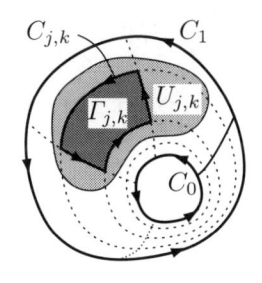

図 5.3. 一般の場合

証明 $I = [0,1], J = [a,b]$ と置き，区間 I と J を $I = \bigcup_{j=1}^{m-1}[s_j, s_{j+1}]$ と $J = \bigcup_{k=1}^{n-1}[t_k, t_{k+1}]$ と細分する．但し，$0 = s_1 < s_2 < \cdots < s_m = 1, a = t_1 <$

$t_2 < \cdots < t_n = b$ とする. さらに, $K_{j,k} = [s_j, s_{j+1}] \times [t_k, t_{k+1}]$ と置くと, $I \times J = \bigcup_{j,k} K_{j,k}$ となる. 二つの曲線 C_0 と C_1 は領域 Ω 内でホモトープであるので, 定義 5.1.1 により, $[0,1] \times [a,b]$ から Ω への連続写像 $\gamma(s,t)$ が存在する. また, $K_{j,k}$ のこの写像 $\gamma(s,t)$ による像を $\Gamma_{j,k} = \{\gamma(s,t); (s,t) \in K_{j,k}\}$ で表そう. 直積集合 $I \times J$ は 2 次元の有界閉集合であることに注意する. 仮定より十分細かい細分に対して, 任意の j, k で像 $\Gamma_{j,k}$ が, その中で f の原始関数 $F_{j,k}$ が存在するような開円板 $U_{j,k}$ の中に含まれるとしてよい. さて, 像 $\Gamma_{j,k}$ の周を軌跡とする閉曲線 $C_{j,k}$ を長方形 $K_{j,k}$ の周を軌跡とする正の向きの単純閉曲線の写像 γ による像として定義しよう. 必要ならば少し変形することにより, この閉曲線 $C_{j,k}$ は, 区分的になめらかであるとしてよい. 各 $U_{j,k}$ の中では 系 4.6.1 が成立するので, 曲線 $C_{j,k}$ に対して,

$$\int_{C_{j,k}} f(z)\,dz = 0$$

が成り立つ. ここで, $\sum_{j,k} C_{j,k} = C_1 + (-C_0)$ が成立することもすぐにわかるので,

$$\int_{C_1} f(z)\,dz - \int_{C_0} f(z)\,dz = \int_{C_1+(-C_0)} f(z)\,dz \qquad (5.2.7)$$
$$= \sum_{j,k} \int_{C_{j,k}} f(z)\,dz = 0$$

が成り立つ. 特に, C_0 が 1 点であれば $\int_{C_1} f(z)\,dz = 0$ となる. □

演習 5.2.1 定理 5.2.3 にならって, 次の事実を証明してみよ.

領域 Ω 内の二つの区分的になめらかな曲線 C_0 と C_1 が両端を固定してホモトープであるとする. そのとき, Ω 上の連続関数 f が各点のある近傍で局所的に原始関数をもてば, 次が成立する.

$$\int_{C_0} f(z)\,dz = \int_{C_1} f(z)\,dz.$$

5.2. コーシーの積分定理

補足 1 コーシーの定理において，もし対象とする曲線を区分的になめらかな単純閉曲線に限れば，次のように微積分学で有名なグリーンの定理にコーシー・リーマンの関係式を用いて，結論を導くことができる．

定理 5.2.4 (グリーンの定理) C を区分的になめらかな単純閉曲線で，C が囲む図形を含むある領域で $f(z) = u(x,y) + iv(x,y)$ が 2 変数 x, y の関数として連続的微分可能であるとする．そのとき，グリーンの公式 (参考書 [1] p.323 参照)

$$\int_C P\,dy - \int_C Q\,dx = \iint_{\overline{C}^*} \left(\frac{\partial P}{\partial x} + \frac{\partial Q}{\partial y} \right) dxdy \tag{5.2.8}$$

を用いれば，次の形の **グリーンの公式** が成り立つ．

$$\int_C [u(x,y) + iv(x,y)]\,dz \tag{5.2.9}$$
$$= \iint_{\overline{C}^*} \left[-\frac{\partial u}{\partial y} - \frac{\partial v}{\partial x} \right] dxdy + i \iint_{\overline{C}^*} \left[\frac{\partial u}{\partial x} - \frac{\partial v}{\partial y} \right] dxdy$$
$$= 2i \iint_{\overline{C}^*} \frac{\partial}{\partial \overline{z}}(u + iv)\,dxdy.$$

但し，C^* が囲む図形を $\overline{C}^*$ で表した．C^* は，1 対 1 対応 $z = x+iy \leftrightarrow (x,y)$ による C の像である．

定理 5.2.2 はこの特別な場合であることに注意しておこう．

補足 2 すでに見たように，コーシーの定理の証明は，閉曲線 C が囲む図形が複素平面上の座標軸に平行な辺をもつ長方形の場合に帰着するわけである．言い換えれば，定理 5.2.2 が **理論の鍵** となっている．この定理は，実はもっと弱い仮定の下でも成立することが知られている．正確には，導関数 $f'(z)$ の連続性は必要ではなく，ただその存在が仮定されれば十分なのである．しかし，後ですぐにわかるように正則関数は無限回微分可能になるので，ここではこれ以上立ち入らないことにする．

5.3. 一般化されたコーシーの積分定理

ここでは，前節で得られたコーシーの定理を少し一般化してみよう．但し，話を簡単にするため C を区分的になめらかな単純閉曲線に限ることにする．

定義 5.3.1　単純閉曲線 C が囲む図形の閉包を $\overline{C}$，その内部を $\overset{\circ}{C}$ で表そう．$\overline{C}$ は閉集合，$\overset{\circ}{C}$ は開集合で $\overline{C} = \overset{\circ}{C} \cup C$ である．

そのとき，次が成立する．

定理 5.3.1 (コーシーの定理 II)　$n+1$ 個の区分的になめらかな単純閉曲線 $C_0, C_1, C_2, \ldots, C_n$ があり，$C_1, C_2, \ldots, C_n$ はすべて C_0 の内部にあり，各 $C_1, C_2, \ldots, C_n$ が囲む図形は互いに交わらないとする．そのとき，閉集合 $\overline{C}_0 \setminus \left(\bigcup_{k=1}^{n} \overset{\circ}{C}_k \right)$ を含むようなある領域で定義される任意の正則関数 $f(z)$ に対して，次が成立する．

$$\int_{C_0} f(z)\, dz = \sum_{k=1}^{n} \int_{C_k} f(z)\, dz.$$

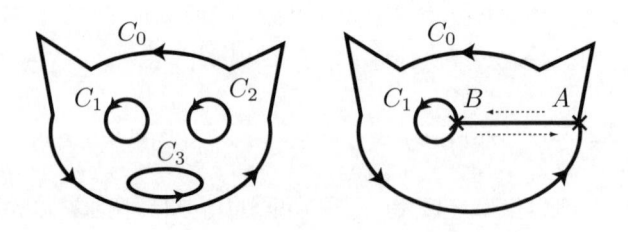

図 5.4. コーシーの定理 II

証明　$n=1$ の場合を考えればよい．Ω を閉集合 $\overline{C}_0 \setminus \overset{\circ}{C}_1$ を含む領域とし，そこで f が正則であるとしよう．閉曲線 C_0 の終点と C_1 の終点をそれぞれ，A と B とする．2 点 A と B を Ω 内で向き付きの折れ線 $\overline{AB}$ で結ぶ．

こうして，区分的になめらかな閉曲線

$$C' = C_0 + \overline{AB} + (-C_1) + (-\overline{AB})$$

が定まる．この C' は Ω 内で 1 点にホモトープである．コーシーの定理を用いれば，折れ線 $\overline{AB}$ と $-\overline{AB}$ に沿った積分は互いに打ち消しあうので，

$$\int_{C'} f(z)\,dz = \int_{C_0 + \overline{AB} + (-C_1) + (-\overline{AB})} f(z)\,dz \qquad (5.3.1)$$
$$= \int_{C_0} f(z)\,dz - \int_{C_1} f(z)\,dz = 0$$

となり，定理は証明された．□

次に，関数 f が弱い特異性をもつ場合を考えておこう．

定理 5.3.2 (コーシーの定理 III) Ω を単連結領域とする．Ω から有限個の点 $z_1, z_2, \ldots, z_n$ を除いた領域を Ω' とする．このとき，$f(z)$ が Ω' で正則かつ $\lim_{z \to z_j} f(z)(z - z_j) = 0 \ (j = 1, 2, \ldots, n)$ であれば，Ω' 内の任意の単純閉曲線 C に対して次が成立する．

$$\int_C f(z)\,dz = 0$$

証明 $n = 1$ の場合を考えればよい．前定理より，C は z_1 中心の半径 r の正の向きの円周としてよい．仮定から，任意の $\varepsilon > 0$ に対して，十分小さく r を選べば，$\overline{C}$ 上で $|f(z)| \leq \dfrac{\varepsilon}{|z - z_1|}$ としてよい．よって，

$$\left| \int_C f(z)\,dz \right| \leq \varepsilon \int_C \frac{|dz|}{|z - z_1|} = 2\pi\varepsilon$$

という評価ができ，ε の任意性から定理の結論が従うことになる．□

5.4. 閉曲線の指数

まず，**点に対する閉曲線の指数**と呼ばれるものを紹介しよう．これは次節のコーシーの積分公式の特別な場合であるが，それ自身数学的に興味深いものである．

定義 5.4.1 (点に対する閉曲線の指数)　任意の点 $a \in \mathbf{C}$ と a を通らない区分的になめらかな閉曲線 C に対して,

$$I(C,a) = \frac{1}{2\pi i} \int_C \frac{dz}{z-a}$$

とおき, 点 a に対する閉曲線 C の**指数** という.

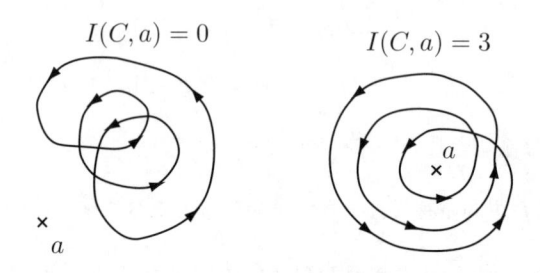

図 5.5. 閉曲線の指数

指数に関しては, 次の性質が基本的である.

基本的性質

(1) $I(C,a)$ の値は常に整数である.

(2) $I(-C,a) = -I(C,a)$ である.

(3) C_1, C_2 が a を通らない区分的になめらかな閉曲線で C_1 の終点と C_2 の始点が等しければ,

$$I(C_1 + C_2, a) = I(C_1, a) + I(C_2, a).$$

(4) 点 a が固定されたとき, 閉曲線 C を点 a を通ることなく連続的に変形しても $I(C,a)$ の値は不変である. このことを, **ホモトピー不変性** という.

(5) 特に, C がある円の内側に, a が円の外側にあれば $I(C,a) = 0$ である.

(6) C が単純閉曲線であれば, 次が成立する.

$$I(C,a) = \begin{cases} 1, & a \text{ が } C \text{ の内側} \\ 0, & a \text{ が } C \text{ の外側} \end{cases}$$

証明 (1) だけを証明しよう. (2), (3) は積分の性質から明らか. (4) から (5) は容易に検証でき, (6) もコーシーの定理 II を用いれば容易である. さて, $C : z(t)$ $(0 \leq t \leq 1)$ として, 次のように f を定義すると

$$f(t) = \int_0^t \frac{z'(s)}{z(s) - a} \, ds, \quad 0 \leq t \leq 1,$$

$f(1) = 2\pi i I(C, a)$, $f(0) = 0$ である. また, $\dfrac{d}{dt}[e^{-f(t)}(z(t) - a)] = 0$ より, $e^{-f(t)}(z(t) - a)$ は定数なので $e^{-f(t)}(z(t) - a) = e^{-f(0)}(z(0) - a)$ となり,

$$e^{f(t)} = \frac{z(t) - a}{z(0) - a}$$

が成り立つ. 一方, $z(1) = z(0)$ より $e^{f(1)} = 1$ なので $f(1)$ は $2\pi i$ の倍数となる. よって, $I(C, a)$ は整数であることがわかった. □

演習 5.4.1 上の基本性質 (2) から (5) を証明せよ.

演習 5.4.2 C_r を原点中心, 半径 r の円周として, 次の積分を計算せよ.
(1) $\displaystyle\int_{C_r} \frac{dz}{z(z-1)}$ $(0 < r < 1)$ (2) $\displaystyle\int_{C_r} \frac{dz}{z(z-1)}$ $(r > 1)$

5.5. コーシーの積分公式

ここでは, 有名なコーシーの積分公式を紹介する. 前節で導入した, 点 a に対する閉曲線 C の指数

$$I(C, a) = \frac{1}{2\pi i} \int_C \frac{dz}{z - a}$$

を用いれば, 次の定理が成立する.

定理 5.5.1 (コーシーの積分公式) $f(z)$ は領域 Ω で正則であるとし, $a \in \Omega$ とする. このとき, C が点 a を通らない区分的になめらかな閉曲線で, Ω 内で 1 点にホモトープであれば, 次の公式が成立する.

$$I(C, a) f(a) = \frac{1}{2\pi i} \int_C \frac{f(z)}{z - a} \, dz \tag{5.5.1}$$

特に, C が点 a を正の向きに囲む区分的になめらかな単純閉曲線であれば,

$$f(a) = \frac{1}{2\pi i} \int_C \frac{f(z)}{z-a} dz \qquad (5.5.2)$$

が成立する.

証明 次のように $F(z)$ を定めると, $F(z)$ は $\Omega \setminus \{a\}$ で正則となる.

$$F(z) = \begin{cases} \dfrac{f(z)-f(a)}{z-a}, & z \neq a \\ f'(a), & z=a. \end{cases}$$

また, $\lim_{z \to a}(z-a)F(z) = 0$ であるから, コーシーの定理 **III** より

$$\int_C F(z)\,dz = \int_C \frac{f(z)-f(a)}{z-a}\,dz = 0$$

を得るが, これを書き換えれば定理の証明が終わる. □

この定理より, 正則関数が実は無限回微分可能であることが容易に示される. ここでは, 単純閉曲線の場合に話を限ることにしよう.

定理 5.5.2 (一般化されたコーシーの積分公式) $f(z)$ が領域 Ω で正則であるとする. C を Ω 内で 1 点にホモトープな単純閉曲線とする. このとき, 任意の非負整数 n と点 $z \in \overset{\circ}{C}$ に対して, 次の公式が成立する.

$$f^{(n)}(z) = \frac{n!}{2\pi i} \int_C \frac{f(\zeta)}{(\zeta-z)^{n+1}} d\zeta. \qquad (5.5.3)$$

証明 まず, $n=1$ の場合を考えてみよう. 十分小さな h に対して

$$\frac{f(z+h)-f(z)}{h} = \frac{1}{2\pi i h} \int_C f(\zeta) \left[\frac{1}{\zeta-z-h} - \frac{1}{\zeta-z} \right] d\zeta \qquad (5.5.4)$$

$$= \frac{1}{2\pi i} \int_C f(\zeta) \frac{d\zeta}{(\zeta-z-h)(\zeta-z)}.$$

ここで, 両辺で $h \to 0$ としてみよう. 右辺では, 被積分関数が曲線 C 上で, 一様収束し, 積分とこの極限操作の順序を交換できるので,

$$\lim_{h \to 0} \frac{f(z+h)-f(z)}{h} = \frac{1}{2\pi i} \int_C \frac{f(\zeta)}{(\zeta-z)^2} d\zeta$$

となる.従って,この場合には定理は証明された.一般の場合の証明は数学的帰納法を用いれば容易であるので省略する.　□

演習 5.5.1 数学的帰納法を用いて,この定理を完全に証明せよ.

演習 5.5.2 次の積分を計算せよ.但し,曲線はすべて正の向きとする.

(1) $\int_{\{z;|z|=1\}} \dfrac{e^z}{z^n} dz \, (n=1,2,\dots)$ (2) $\int_{\{z;|z|=2\}} \dfrac{1}{z^2+1} dz$

5.6. 鏡像の原理

この節では,コーシーの定理の応用として,解析接続の一つの方法であるシュワルツの鏡像の原理を紹介しよう.

定理 5.6.1 (シュワルツの鏡像の原理) 領域 D_1 は上半平面 $\{z; \operatorname{Im} z > 0\}$ にあり,∂D_1 が実軸上の開区間 (a,b) を含むとする.$f(z)$ が D_1 で正則かつ $D_1 \cup (a,b)$ で連続で (a,b) 上で実数値をとるとする.D_2 を実軸に関し D_1 と対称な領域とし,

$$g(z) = \begin{cases} f(z), & z \in D_1 \cup (a,b) \\ \overline{f(\overline{z})}, & z \in D_2 \end{cases} \tag{5.6.1}$$

とおくと,$g(z)$ は $D_1 \cup (a,b) \cup D_2$ で正則となる.

証明 $z \in D_2 \cup (a,b)$ に対し $f_2(z) = \overline{f(\overline{z})}$ とおく.この $f_2(z)$ は開区間 (a,b) 上では $f(z)$ と一致する.まず,$f_2(z)$ が D_2 で正則であることを示そう.$z, \xi \in D_2$ $(z \neq \xi)$ とする.

$$\frac{f_2(\xi) - f_2(z)}{\xi - z} = \overline{\left(\frac{f(\overline{\xi}) - f(\overline{z})}{\overline{\xi} - \overline{z}}\right)}$$

において,$\overline{z}, \overline{\xi} \in D_1$ であるから,

$$\lim_{\xi \to z} \frac{f_2(\xi) - f_2(z)}{\xi - z} = \overline{f'(\overline{z})}.$$

従って,$f_2(z)$ は D_2 で正則である.また,$f_2(z)$ の (a,b) における連続性は明らかである.後は,$g(z)$ が (a,b) 内の各点 z_0 で正則であることをいえば

よい. そのためには z_0 を含む長方形 $R = (\alpha, \beta) \times (-\gamma, \gamma)$ でその閉包が $D_1 \cup (a,b) \cup D_2$ に含まれるものを任意にとり, 次の等式を示せばよい.

$$\int_{\partial R} g(z)\, dz = 0.$$

そのとき, $R_+ = (\alpha, \beta) \times (0, \gamma)$, $R_- = (\alpha, \beta) \times (-\gamma, 0)$ とおけば

$$\int_{\partial R} g(z)\, dz = \int_{\partial R_+} g(z)\, dz + \int_{\partial R_-} g(z)\, dz$$

が成立する. さらに $R_+^\varepsilon = (\alpha, \beta) \times (\varepsilon, \gamma), R_-^\varepsilon = (\alpha, \beta) \times (-\gamma, -\varepsilon)$ とおけば, $g(z)$ の連続性により

$$\int_{\partial R_+} g(z)\, dz = \lim_{\varepsilon \to 0} \int_{\partial R_+^\varepsilon} g(z)\, dz, \quad \int_{\partial R_-} g(z)\, dz = \lim_{\varepsilon \to 0} \int_{\partial R_-^\varepsilon} g(z)\, dz$$

が成り立つ. ところが, 仮定により $g(z)$ は $D_1 \cup D_2$ で正則であるので,

$$\int_{\partial R_+^\varepsilon} g(z)\, dz = \int_{\partial R_-^\varepsilon} g(z)\, dz = 0, \quad (\varepsilon > 0)$$

が成り立ち, 主張が正しいことが示された. □

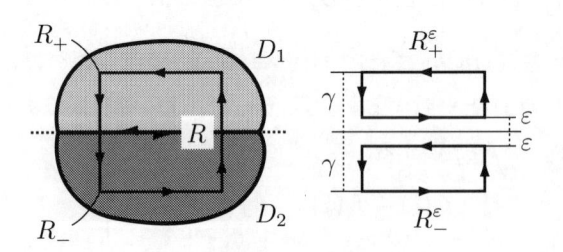

図 5.6. 鏡像の原理

注意 5.6.1 この鏡像の原理は次のように一般化される. なめらかな曲線 Γ によって境を接する二つの領域 D_1 と D_2 があり, それぞれの領域で正則な関数 $f_1(z), f_2(z)$

が, 曲線 $\varGamma$ 上では連続で, しかも $f_1(z) = f_2(z)\ (z \in \varGamma)$ となっているとする. そのとき

$$g(z) = \begin{cases} f_1(z), & z \in D_1 \\ f_1(z) = f_2(z), & z \in \varGamma \\ f_2(z), & z \in D_2 \end{cases} \tag{5.6.2}$$

によって関数 $g(z)$ を定義すれば, $g(z)$ は領域 $D_1 \cup \varGamma \cup D_2$ において正則になる. これは **パンルヴェの定理** といわれる. ここでは証明は省略するが, 正則写像による変換で $\varGamma$ を直線に変換し証明される.

演習 5.6.1 閉曲線 $C: z(t) = e^{it}\ (0 \le t \le 2\pi)$ と $C_n : z_n(t) = \left(1 - \dfrac{1}{n}\right)e^{it}$ $(0 \le t \le 2\pi)\ n = 1, 2, \ldots$ という閉曲線の列を考える. $|z| < 1$ で正則かつ $|z| \le 1$ で連続な関数 $f(z)$ に対して次を証明せよ.

$$\lim_{n \to \infty} \int_{C_n} f(z)\, dz = \int_C f(z)\, dz.$$

演習 5.6.2 $f(z)$ が閉円板 $\{z; |z| \le 1\}$ で連続かつ, 開円板 $\{z; |z| < 1\}$ で正則であれば次が成立することを証明せよ.

$$f(z) = \frac{1}{2\pi i} \int_{\{\zeta; |\zeta|=1\}} \frac{f(\zeta)}{\zeta - z}\, d\zeta.$$

5.7. 正則関数のテイラー級数展開

この節では, 正則関数がテイラー級数展開をもつことを明らかにし, その結果として, 正則性と解析性が実は同値な概念であることを示す.

定理 5.7.1 f が開円板 $D = \{z; |z| < \rho\}$ で正則ならば, f は D 内で収束べき級数に展開できる. 言い換えれば, f は D 内で解析的である.

証明 $0 < r < r_0 < \rho$ を満たす r と r_0 を任意にとる. 原点中心で半径 r_0 の正の向きの円周を C とすると, コーシーの積分公式より

$$f(z) = \frac{1}{2\pi i} \int_C \frac{f(\zeta)}{\zeta - z}\, d\zeta \quad (|z| < r)$$

が成り立つ. $|z| < r < r_0 = |\zeta|$ だから, 等比級数の公式から

$$\frac{1}{\zeta - z} = \frac{1}{\zeta}\frac{1}{1 - \frac{z}{\zeta}} = \frac{1}{\zeta}\left[1 + \frac{z}{\zeta} + \left(\frac{z}{\zeta}\right)^2 + \cdots\right]$$

と展開できる. これは ζ に関して C 上一様収束するので, 上のコーシーの積分公式に代入したときに, 積分と無限和の順序交換ができて, $f(z)$ は次のようにべき級数展開できることがわかる.

$$f(z) = \sum_{n=0}^{\infty} a_n z^n, \quad (|z| < r), \tag{5.7.1}$$

$$a_n = \frac{1}{2\pi i}\int_C \frac{f(\zeta)}{\zeta^{n+1}}\,d\zeta = \frac{f^{(n)}(0)}{n!}. \tag{5.7.2}$$

これを f の (原点中心の) **テイラー級数展開** という (一般の点中心の場合は演習 5.7.1 参照). $r < \rho$ は任意だったから, (5.7.1) は $|z| < \rho$ で成り立つ. 定理 3.7.1 より $f(z)$ は D で解析的であることがわかる. □

従って, 次の定理が成立することがわかった.

定理 5.7.2 領域 Ω において, $f(z)$ が正則であることと解析的であることは同値である.

さらに次も成立する.

定理 5.7.3 領域 Ω で $f(z)$ が連続であるとする. このとき, $f(z)$ が Ω で正則であるための必要十分条件は, Ω 内で 1 点にホモトープかつ区分的になめらかな任意の閉曲線 C に対して $\int_C f(z)\,dz = 0$ となることである.

証明 十分性の証明だけが残っている. 正則性は局所的な性質であることに注意しよう. そこで, 任意の点 $z \in \Omega$ をとり, この点中心の十分小さな円板 D を Ω 内にとる. すると, コーシーの定理の証明と同様にして, $f(z)$ は D で原始関数 $F(z)$ をもつことがわかる. $F(z)$ は正則であるから解析的であり, その導関数 $f(z)$ も解析的となる. 従って $f(z)$ は正則でもあることがわかった. □

5.7. 正則関数のテイラー級数展開

最後に, 応用として次の結果 (リューヴィルの定理) を紹介しよう.

定理 5.7.4 (リューヴィルの定理) 全平面 $\mathbf{C}$ で有界な正則関数は定数値関数しかない.

証明 $\sup_{z \in \mathbf{C}} |f(z)| = M < +\infty$ とおこう. 任意に点 a をとる. そのとき正数 r が $r > 2|a|$ を満たせば, 一般化されたコーシーの積分公式により,

$$|f^{(n)}(a)| = n! \left| \frac{1}{2\pi i} \int_{\{z;|z|=r\}} \frac{f(z)}{(z-a)^{n+1}} dz \right|$$

$$\leq n! \sup_{z \in \mathbf{C}} |f(z)| \frac{1}{2\pi} \int_{\{z;|z|=r\}} \frac{|dz|}{|z-a|^{n+1}}$$

$$\leq 2n! M \left(\frac{2}{r} \right)^n, \quad (n = 0, 1, 2, \ldots) \tag{5.7.3}$$

が成り立つ. ここで, $n = 1$ として, $r \to \infty$ とすると, $f'(a) = 0$ がすべての点 a で成り立つ. 従って $f(z)$ は定数でなければならない. □

この定理を用いると, 代数学の基本定理 (ガウスの定理) を簡単に証明することができる.

定理 5.7.5 (代数学の基本定理) 正整数 $n \geq 1$ に対して, n 次方程式

$$P(z) = a_0 + a_1 z + \cdots + a_{n-1} z^{n-1} + z^n = 0, \quad a_j \in \mathbf{C}$$

は少なくとも一つの解をもつ.

証明 もし解が一つも存在しなければ, $Q(z) = \dfrac{1}{P(z)}$ は全平面で正則な関数である. さらに, $|z| \to \infty$ のとき $Q(z) \to 0$ だから $Q(z)$ は有界である. ところが, 前定理からそれは定数となり $n \geq 1$ に矛盾する. □

演習 5.7.1 (テイラー級数展開) $f(z)$ を領域 Ω で正則な関数とする. 点 $a \in \Omega$ を正の向きにまわる区分的になめらかな任意の単純閉曲線 $C \subset \Omega$ と, その内部の点 ($z \in \overset{\circ}{C}$) に対して, 次の公式を示せ.

$$f(z) = \sum_{n=0}^{\infty} a_n (z-a)^n, \quad a_n = \frac{1}{2\pi i} \int_C \frac{f(\zeta)}{(\zeta-a)^{n+1}} d\zeta = \frac{f^{(n)}(a)}{n!} \tag{5.7.4}$$

5.8. 平均値の性質と最大値原理

この節では，正則関数を少し別の角度から眺めてみよう．べき級数 $f(z) = \sum_{n=0}^{\infty} a_n z^n$ の収束半径を $\rho > 0$ としよう．$|z| < \rho$ のとき，$z = re^{i\theta}$ とおけば，$f(re^{i\theta}) = \sum_{n=0}^{\infty} a_n r^n e^{in\theta}$ となる．この両辺に，$e^{-in\theta}$ を掛けて，0 から 2π まで θ について積分すれば，

$$\int_0^{2\pi} e^{ik\theta}\,d\theta = \begin{cases} 2\pi, & k = 0 \\ 0, & k \neq 0 \end{cases}$$

より

$$a_n = \frac{1}{2\pi r^n} \int_0^{2\pi} f(re^{i\theta}) e^{-in\theta}\,d\theta = \frac{f^{(n)}(0)}{n!}, \quad (0 < r < \rho)$$

を得ることになる．ここで，$M(r) = \max_{|z| \leq r} |f(z)|$ とおくと，

$$|a_n| \leq \frac{M(r)}{r^n}, \quad (0 < r < \rho)$$

という前節の不等式 (5.7.3) が再び得られる．この不等式を **コーシーの不等式** という．ここで，$n = 0$ の場合を考えると次の定理が得られる．

定理 5.8.1 (平均値の定理) 領域 Ω で $f(z)$ が正則であれば，

$$f(z) = \frac{1}{2\pi} \int_0^{2\pi} f(z + re^{i\theta})\,d\theta \tag{5.8.1}$$

がすべての正数 $r < \mathrm{dist}(z, \partial\Omega)$ に対して成立する．但し，$\mathrm{dist}(z, \partial\Omega)$ は点 z と領域 Ω の境界との距離とする．

証明 コーシーの積分公式により，曲線 $C : \zeta(\theta) = z + re^{i\theta}, (0 \leq \theta \leq 2\pi)$ に対して，$d\zeta = ire^{i\theta}\,d\theta$ より

$$f(z) = \frac{1}{2\pi i} \int_C \frac{f(\zeta)}{\zeta - z}\,d\zeta = \frac{1}{2\pi} \int_0^{2\pi} f(\zeta(\theta))\,d\theta$$

となる．従って定理が示された．□

5.8. 平均値の性質と最大値原理

定義 5.8.1 「領域 Ω 内の円板の中心における f の値が円板の周上での f の平均値に等しい」というこの性質を，**平均値の性質** という．f が平均値の性質をもてば f の実数部分と虚数部分も平均値の性質をもつことがわかる．

さらに，平均値の性質をもつ関数は次の **最大値の原理** を満たすのである．

定理 5.8.2 (最大値の原理) 領域 Ω で連続な関数 $f(z)$ が平均値の性質をもち，$|f(z)|$ が Ω の 1 点 a で極大値をとれば，$f(z)$ は a のある近傍で定数である．

証明 一般性を失うことなく $f(a) > 0$ と仮定できる．さて，
$$M(r) = \sup_{0 \le \theta \le 2\pi} |f(a + re^{i\theta})|$$
とおこう．すると仮定より，十分小さな $r > 0$ に対して
$$M(r) \le f(a) = \frac{1}{2\pi} \int_0^{2\pi} f(a + re^{i\theta})\, d\theta \le M(r)$$
が成り立つ．従って，$M(r) = f(a)$ が十分小さいすべての $r > 0$ で成立することになり，そこで $f(z)$ は定数となることがわかる．実際，$F(z) = \mathrm{Re}(f(a) - f(z))$ とおくと，$|z - a| = r$ が小さいとき非負で $F(z) = 0$ となるのは $f(z) = f(a)$ となるときに限る．さらに，連続関数 $F(z)$ は平均値の性質をもち円周上での平均は 0 であるから $F(z)$ は恒等的に 0 となる．そのことから，$f(z) = f(a)$ が従うのである．□

このことから，さらに次がいえる．

系 5.8.1 Ω が有界な領域で $f(z)$ が $\overline{\Omega}$ で連続関数で，Ω 内で平均値の性質をもつとする．$M = \sup\limits_{z \in \partial\Omega} |f(z)|$ とおく．但し，$\partial\Omega$ は Ω の境界とする．このとき，任意の $z \in \Omega$ で $|f(z)| \le M$ が成立する．また特に，ある $a \in \Omega$ で $|f(a)| = M$ が成立すれば，$f(z)$ は定数値関数である．

証明 $\overline{\Omega}$ における $|f(z)|$ の上限を M' とすると，$|f(z)|$ は連続関数なので，M' はある点 a で実現されることになる．もしこの点が $\partial\Omega$ にあれば

$M' \leq M$ が成立し, 証明が終わるので, $a \in \Omega$ としよう. すると, 前定理より a 中心のある円板上で f は定数となる. Ω は (有界) 領域であるから a と 任意の点 $z \in \Omega$ が折れ線で結べる. この折れ線は有界閉集合であるから, その中で $f(z)$ が定数であるような有限個の円板で覆うことができ, 結局 $f(z) = f(a)$ となる. 明らかにこれは仮定に矛盾しているので, $M' \leq M$ が示された. 後半の主張は上の議論から明らかである. □

演習 5.8.1 上の系の後半の主張を, 集合 $\Omega' = \{z; |f(z)| = M\}$ が Ω の中で閉集合かつ開集合であることを示すことにより証明せよ.

最後に, 最大値の原理の応用として, **シュワルツの補題** を述べよう.

補題 5.8.1 $\mathbf{D} = \{z; |z| < 1\}$ で $f(z)$ が正則かつ $|f(z)| < 1, f(0) = 0$ ならば, $|f(z)| \leq |z|$ となる. 特に, ある a で等号が成立すれば, ある $\theta \in \mathbf{R}$ があって, $f(z) = e^{i\theta}z$ となる.

証明 仮定より, 原点は f の零点なので,

$$F(z) = \begin{cases} \dfrac{f(z)}{z}, & z \neq 0, \\ f'(0), & z = 0, \end{cases}$$

は $\mathbf{D}$ で正則である. すると $|z| = r$ $(0 < r < 1)$ のとき,

$$|F(z)| \leq \frac{\max_{|w|=r} |f(w)|}{|z|} \leq \frac{1}{r},$$

さらに最大値原理により, この不等式は $|z| \leq r$ でも成立する. ここで $r \to 1$ とすると, $|f(z)| \leq |z|$ が得られる. また, ある $a \in \mathbf{D}$ で $|f(a)| = |a|$ ならば, $|F(z)|$ が領域内部で最大値をとることになり, $F(z)$ は絶対値が 1 の定数となる. □

5.9. 章末問題　A

問題 5.1　$0, 1, i$ を，この順に結んでできる曲線を C とするとき，積分を実際に計算することにより $\int_C dz = \int_C z\,dz = \int_C z^2\,dz = 0$ を確かめよ．

問題 5.2　次の積分を実行せよ．
(1)　$\displaystyle\int_C \frac{1}{z^2+1}\,dz, \quad C: z(t) = 2e^{it}, 0 \leq t \leq 2\pi$
(2)　$\displaystyle\int_C \frac{1}{z^2+1}\,dz, \quad C: z(t) = i + e^{it}, 0 \leq t \leq 2\pi$

問題 5.3　積分 $\displaystyle\int_C \frac{z-1}{z^2+z}\,dz$ を，次の各積分路に対して実行せよ．
(1)　$C = \{z : |z| = \frac{1}{4}\}$　(2)　$C = \{z : |z - \frac{1}{2}| = \frac{1}{4}\}$
(3)　$C = \{z : |z+1| = \frac{1}{4}\}$　(4)　$C = \{z : |z| = 2\}$

問題 5.4　次の積分を実行せよ．但し，$C = \{z : |z| = 2\}$ とする．
(1)　$\displaystyle\int_C \frac{\sin z}{z-i}\,dz$　(2)　$\displaystyle\int_C \frac{ze^z}{(z-i)^3}\,dz$　(3)　$\displaystyle\int_C \frac{\cos z}{(z-\pi)^{100}}\,dz$

問題 5.5　原点中心の半径 $r > 0$ $(r \neq 1, 2)$ の正の向きの円周 C に沿って次の積分の値を計算せよ．
$$\int_C \frac{1}{z^2(z-1)(z-2)}\,dz$$

問題 5.6　$|z| < 2R$ で $f(z)$ が正則であるとき，次を示せ．
$$f(z) = \frac{R^2 - r^2}{2\pi} \int_{|\zeta|=R} \frac{f(\zeta)}{(\zeta - z)(R^2 - \overline{z}\zeta)}\,d\zeta$$

問題 5.7
$$\int_{|z|=1} \left(z + \frac{1}{z}\right)^{2n} \frac{dz}{z}$$
を計算せよ．また，これを極座標で表して
$$\int_0^{2\pi} \cos^{2n}\theta\,d\theta = 2\pi \frac{1 \cdot 3 \cdot 5 \cdots (2n-1)}{2 \cdot 4 \cdot 6 \cdots (2n)}$$
を導け．但し，n は正整数とする．

問題 5.8　次の関数を指定された点を中心としてテイラー展開せよ．
(1) $z^3 + z^2 + z + 1$ $(z = 1)$　(2) e^z $(z = 1)$　(3) $\dfrac{1}{z}$ $(z = 1)$

問題 5.9 長さが有限ななめらかな曲線 C 上で連続な関数 $g(\zeta)$ に対して，

$$G(z) = \frac{1}{2\pi i} \int_C \frac{g(\zeta)}{\zeta - z} \, d\zeta$$

と定める．この関数を C 上にない点 α を中心としテイラー展開せよ．

問題 5.10 次の関数を原点を中心にテイラー展開し，最初の 3 項を求めよ．
(1) $\sin z^2$ (2) $\sin^2 z$ (3) $\dfrac{z^3}{(1-z^2)^2}$ (4) $\sin^{-1} z$ (主値) (5) e^{e^z}
(6) $\sin\left(\dfrac{1}{1-z}\right)$ (7) $\dfrac{1-z}{1+z+z^2}$ (8) $\dfrac{\sin z}{1+z^2}$ (9) $\dfrac{z}{e^z - 1}$

問題 5.11 関数 $\mathrm{Log}(1+z)$ を原点を中心としてテイラー展開し，$z=1$ での収束性を調べよ．

問題 5.12 $|z| < R$ において正則な関数 $f(z)$ の，原点を中心とするテイラー展開を $f(z) = \sum\limits_{n=0}^{\infty} a_n z^n$ とするとき，次の Parseval の等式を示せ．

$$\frac{1}{2\pi} \int_0^{2\pi} |f(re^{i\theta})|^2 \, d\theta = \sum_{n=0}^{\infty} |a_n|^2 r^{2n} \qquad (0 \leq r < R)$$

問題 5.13 $f(z)$ が $|z| > R$ で正則であれば，$M(r) = \max\limits_{|z|=r} |f(z)|$ は $r > R$ で連続かつ単調減少関数であることを示せ．

問題 5.14 $f(z)$ が領域 D で正則かつ零点をもたなければ，$|f(z)|$ は D で狭義の極小値をとらないことを示せ．

問題 5.15 複素平面上の有界閉集合 D 内を動点 z が動くとき，n 個の定点 $Q_1, Q_2, \ldots, Q_n$ からの距離の積 $L(z) = \prod\limits_{k=1}^{n} |z - Q_k|$ の最大値は D の境界でとられることを示せ．

問題 5.16 $f(z)$ が領域 $|z| < R$ で正則ならば，$0 < r < R$ として

$$|f(0)| \leq \frac{1}{2\pi} \int_0^{2\pi} |f(re^{i\theta})| \, d\theta \leq \max_{|z|=r} |f(z)|$$

が成立することを示せ．

5.10. 章末問題　B

試練 5.1　$\phi(z)$ が曲線 C 上で連続ならば，正整数 n に対して
$$f_n(z) = \int_C \frac{\phi(\zeta)}{(\zeta - z)^n} d\zeta$$
は C 上にない任意の点 z で正則であり
$$f_n'(z) = n f_{n+1}(z)$$
であることを示せ．

試練 5.2　$f(z)$ が $|z| < \infty$ で正則で，$\mathrm{Re} f(z) < M$ となる正数 M が存在すれば $f(z)$ は定数であることを示せ．
Hint: $e^{f(z)}$ を考えることは有効かも知れない．

試練 5.3　f が $|z| < R$ で正則であれば，$|z| \leq \rho < R$ において一様に
$$\lim_{w \to z} \frac{f(w) - f(z)}{w - z} = f'(z)$$
が成立することを示せ．

試練 5.4　$|z| < R$ で $f(z)$ が正則で $|f(z)| \leq M$ であれば，$|f'(0)| \leq \dfrac{M}{R}$ である．

試練 5.5　全平面で正則な関数 $f(z)$ に対して，$\displaystyle\lim_{z \to \infty} \left| \frac{f(z)}{z^n} \right| = A$ となる正整数 n と正定数 A が存在すれば $f(z)$ は n 次の多項式であることを示せ．

試練 5.6
$$\left(\frac{z^n}{n!} \right)^2 = \frac{1}{2\pi i} \int_{|\zeta|=1} \frac{z^n e^{z\zeta}}{n! \zeta^{n+1}} d\zeta$$
を示し，次の公式を導け．
$$\sum_{n=0}^{\infty} \left(\frac{z^n}{n!} \right)^2 = \frac{1}{2\pi} \int_0^{2\pi} e^{2z \cos \theta} d\theta$$

試練 5.7　$f(z)$ を実軸に関して対称な領域で正則であるとすれば，$\overline{f(\bar{z})}$ は正則であることを示せ．

試練 5.8 $f(z)$ が $|z|<1$ で正則ならば，次が成り立つことを示せ．

$$\frac{1}{2\pi i}\int_{|\zeta|=1}\frac{\overline{f(\zeta)}}{\zeta-z}\,d\zeta=\begin{cases}\overline{f(0)}, & z<1 \\ \overline{f(0)}-\overline{f(\frac{1}{\bar{z}})}, & z>1\end{cases}$$

試練 5.9 $f(z)$ が $|z|<1$ において正則で $|f(z)|\leq 1$ ならば

$$\frac{|f(0)|-|z|}{1-|f(0)||z|}\leq|f(z)|\leq\frac{|f(0)|+|z|}{1+|f(0)||z|}$$

が成り立つことを示せ．

Hint: $g(z)=\dfrac{f(z)-f(0)}{1-\overline{f(0)}f(z)}$ にシュワルツの補題を用いよ．

試練 5.10 $f(z)$ が $|z|<1$ において正則で $\operatorname{Re}f(z)\geq 0$ かつ $f(0)=1$ ならば

$$\frac{1-|z|}{1+|z|}\leq|f(z)|\leq\frac{1+|z|}{1-|z|}$$

が成り立つことを示せ．

Hint: $g(z)=\dfrac{f(z)-1}{f(z)+1}$ にシュワルツの補題を用いよ．

第6章

特異点をもつ関数の世界

6.1. ローラン展開

さて,べき級数 $F(w) = \sum_{n=1}^{+\infty} a_{-n} \cdot w^n$ を考える. ここで,この級数の収束半径を $|w| < \dfrac{1}{\rho}$ $(\rho > 0)$ としよう. $z = \dfrac{1}{w}$ とおけば, $f(z) = F\left(\dfrac{1}{z}\right) = \sum_{n<0} a_n z^n$ が得られ, $F(w)$ が $|w| < \dfrac{1}{\rho}$ で収束することと, $f(z)$ が $|z| > \rho$ で収束することとは同値になる. またさらに,

$$f'(z) = \sum_{n<0} na_n z^{n-1} = \sum_{n<0} na_n w^{1-n} = -\sum_{n>0} na_{-n} w^{n+1} \qquad (6.1.1)$$
$$= -F'(w)w^2.$$

が成立することから, f' についても同様に収束半径は $\geq \rho$ となることが容易にわかる. ここで,次の定義を採用しよう.

定義 6.1.1 (ローラン級数) $\alpha \in \mathbf{C}$, $0 \leq \rho_1 < \rho_2$ とするとき,

$$f(z) = \sum_{n=-\infty}^{+\infty} a_n(z-\alpha)^n \quad (\rho_1 < |z-\alpha| < \rho_2) \qquad (6.1.2)$$

の形の級数を **ローラン級数**という.

上の考察により,ローラン級数は収束すれば,テイラー展開と同様に無限回微分可能となることがわかる.

定義 6.1.2 (ローラン展開可能) $\alpha \in \mathbf{C}, 0 \leq \rho_1 < \rho_2$ とする.円環領域 $\rho_1 < |z - \alpha| < \rho_2$ で定義された無限回微分可能な関数 $f(z)$ は,あるローラン級数 $\sum_{n=-\infty}^{+\infty} a_n(z-\alpha)^n$ が存在して $f(z) = \sum_{n=-\infty}^{+\infty} a_n(z-\alpha)^n$ となるとき,**ローラン展開可能** であるという.

ローラン展開に関しては,次の定理が最も基本的である.

定理 6.1.1 (ローラン展開可能定理) $f(z)$ が円環 $\rho_1 < |z - \alpha| < \rho_2$ で正則ならばローラン展開可能である.

証明 一般性を失わないので,$\alpha = 0$ として証明しよう.正数 r_1 と r_2 と $z \in \mathbf{C}$ を $0 \leq \rho_1 < r_1 < |z| < r_2 < \rho_2$ を満たすように任意にとる.C_1 と C_2 をそれぞれ原点中心の半径が r_1 と r_2 の正の向きの円周とする.このと

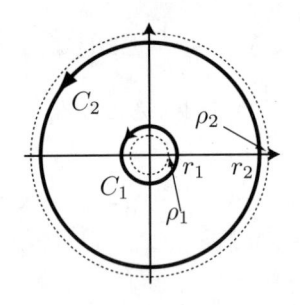

図 6.1. ローラン展開

き,円周 C_1 と C_2 が互いにホモトープであることに注意すればコーシーの積分公式 (定理 5.5.1) より,

$$f(z) = \frac{1}{2\pi i} \int_{C_2 - C_1} \frac{f(\zeta)}{\zeta - z} d\zeta$$

が成り立つことがわかる.実際,二つの円周の間にスリットを入れれば 1 点にホモトープな閉曲線となるからである.従って $2\pi i f(z) = I + J$,

$$I = \int_{C_2} \frac{f(\zeta)}{\zeta - z} d\zeta, \quad J = -\int_{C_1} \frac{f(\zeta)}{\zeta - z} d\zeta$$

6.1. ローラン展開

と二つに分解されることになった．さて，以下では I を z の正のべき級数 (テイラー展開) に, J を負のべき級数に展開することを考える．まず, I については, $\zeta \in C_2$ であるから, $|z| < |\zeta| = r_2$ となり，公比 $\dfrac{z}{\zeta}$ として等比級数の公式を用いれば

$$\frac{1}{1-\dfrac{z}{\zeta}} = 1 + \frac{z}{\zeta} + \left(\frac{z}{\zeta}\right)^2 + \cdots \qquad (|z| < r_2 \text{ で一様収束})$$

を得る．これを I に代入して項別積分を実行すれば，

$$I = \int_{C_2} \frac{f(\zeta)}{\zeta} \frac{1}{1-\dfrac{z}{\zeta}} \, d\zeta = \sum_{n \geq 0} \int_{C_2} \frac{f(\zeta)}{\zeta^{n+1}} \, d\zeta \cdot z^n$$

を得る．次に, J に移ると, $\zeta \in C_1$ であるので, $r_1 = |\zeta| < |z|$ が成立する．そこで今回は，次の公式を用いよう．

$$\frac{1}{1-\dfrac{\zeta}{z}} = 1 + \frac{\zeta}{z} + \left(\frac{\zeta}{z}\right)^2 + \cdots \qquad (|z| > r_1 \text{ で一様収束})$$

前と同様にして，

$$I = \int_{C_1} \frac{f(\zeta)}{z} \frac{1}{1-\dfrac{\zeta}{z}} \, d\zeta = \sum_{n \geq 0} \int_{C_1} \frac{f(\zeta)}{\zeta^{-n}} \, d\zeta \cdot z^{-n-1}$$

$$= \sum_{n < 0} \int_{C_1} \frac{f(\zeta)}{\zeta^{n+1}} \, d\zeta \cdot z^n$$

を得る．r_1, r_2 は任意だったから, $\rho_1 < |z| < \rho_2$ で I, J は共に収束する．以上をまとめると, $f(z)$ は

$$f(z) = \sum_{n=-\infty}^{+\infty} a_n z^n, \quad (\rho_1 < |z| < \rho_2),$$

$$a_n = \begin{cases} \dfrac{1}{2\pi i} \displaystyle\int_{C_2} f(\zeta) \zeta^{-n-1} \, d\zeta & (n \geq 0), \\ \dfrac{1}{2\pi i} \displaystyle\int_{C_1} f(\zeta) \zeta^{-n-1} \, d\zeta & (n < 0) \end{cases} \qquad (6.1.3)$$

と表される．これで $f(z)$ はローラン展開されることがわかった．□

この定理で,もし f が円板 $|z-\alpha|<r_2$ 内で正則ならば,z の負のべきの係数はすべて 0 となり,点 α 中心のテイラー展開と完全に一致することに注意しよう.このことと関連して,一般に次が成立する.

定理 6.1.2 (ローラン展開の一意性) f が円環 $\rho_1<|z-\alpha|<\rho_2$ でローラン展開可能ならば,この展開は一意的である.

証明 (6.1.3) により,a_n は f の値から一意的に決まるからである. □

演習 6.1.1 次の関数を,原点を中心にローラン展開せよ.
$f(z)=e^{\frac{1}{z}}, \quad g(z)=\sin\frac{1}{z}, \quad h(z)=\frac{\sin z}{z^n} \quad$ (n は整数)

演習 6.1.2 関数 $f(z)=\dfrac{1}{(z-1)(2-z)}$ を,(1) $|z|<1$ で,(2) $1<|z|<2$ で,それぞれローラン展開せよ.

6.2. 特異点の分類

今までは,正則関数を中心に話を進めてきたが,ここでは正則でない関数に焦点を当ててみよう.すでに正則関数がすべての点でテイラー展開できることを見たが,同様なことが非正則な関数に対しても可能であろうか? 一般には無理であるが,次のような場合にはこのことが可能になるのである.

定義 6.2.1 (孤立特異点) $\alpha\in\mathbf{C}$ とする.このとき,ある正数 ρ があって,$0<|z-\alpha|<\rho$ で正則な関数 f が $|z-\alpha|<\rho$ では正則にならないとき,点 α を f の **孤立特異点** という.

つまり,ここで導入された**孤立特異点**とは,f がその点では定義されていないか,または変数 z に関して微分可能でない点で,上の意味で孤立している点のことである.例えば,$f(z)=\dfrac{1}{z(1-z)}$ は点 $z=0$ と $z=1$ を孤立特異点としてもつことになるわけである.このときは,$\rho=1$ とすればよい.

6.2. 特異点の分類

さて,点 α を $f(z)$ の孤立特異点としよう.ここで定理 6.1.1 において,$\rho_1 = 0$ としてもよいことに注意すれば,ある正数 ρ が存在して,

$$f(z) = \sum_{n=-\infty}^{+\infty} a_n(z-\alpha)^n \quad (0 < |z-\alpha| < \rho)$$

とローラン展開される.ここで,前のように級数を二つに分解する.

$$f(z) = P(z) + F(z) \tag{6.2.1}$$

但し,

$$P(z) = \sum_{n<0} a_n(z-\alpha)^n = \sum_{n=1}^{+\infty} a_{-n}(z-\alpha)^{-n}$$

$$F(z) = \sum_{n=0}^{+\infty} a_n(z-\alpha)^n.$$

定義 6.2.2 (ローラン展開の主要部) 上の分解 (6.2.1) で,$P(z)$ をローラン展開の **主要部**,$F(z)$ を **正則部** という.

この名前は,$P(z)$ は関数 $f(z)$ の特異性のある部分で,$F(z)$ は定理 6.1.1 で述べたように正則関数であることに由来している.特異点の分類の前に次のリーマンによる基本定理を紹介しよう.

定理 6.2.1 (リーマンの基本定理) $\alpha \in \mathbf{C}, \rho > 0$ とする.$0 < |z-\alpha| < \rho$ において正則な関数 $f(z)$ が $|z| < \rho$ 全体で正則な関数に拡張できるための必要十分条件は,$f(z)$ が点 α の近傍で有界になることである.

証明 必要性は明らかなので,十分性を $\alpha = 0$ として証明しよう.ローラン展開より,$f(z) = \sum_{-\infty}^{\infty} a_n z^n \ (0 < |z| < \rho)$ となる.ここで n が負であれば係数 a_n は消えることを示そう.f は原点の近傍で有界であるので,十分小さい $r > 0$ に対して一様に,ある正数 M があって,$|f(z)| \leq M \ (|z| \leq r)$ が成立するとしてよい.このとき,定理 6.1.1 (6.1.3) より

$$|a_n| \leq \left| \frac{1}{2\pi i} \int_{|z|=r} f(\zeta) \zeta^{-n-1} d\zeta \right| \leq M r^{-n}$$

が成り立ち, n は負だから $r \to 0$ とすれば, $a_n = 0$ $(n < 0)$ がわかる. □

さて, いよいよ孤立特異点を分類しよう.

定義 6.2.3 (孤立特異点の分類) 点 α を関数 $f(z)$ の孤立特異点とし, α 中心の f のローラン展開の主要部を $P(z) = \sum_{n<0} a_n(z-\alpha)^n$ とする. このとき, 次のように孤立特異点を分類する.

(1) $P(z)$ が無い場合, 孤立特異点 α を **除去可能な特異点** という.

(2) 有限個の $n < 0$ に対してのみ $a_n \neq 0$ である場合, 孤立特異点 α を **極** (pole) という.

(3) $a_n \neq 0$ となる $n < 0$ が無限個ある場合, 孤立特異点 α を **真性特異点** という.

それぞれの特異点の性質を調べよう. まず, 点 α が関数 f の除去可能な特異点であるとしよう. すると, 点 α 中心のローラン展開は主要部をもたず, テイラー展開で表される正則関数 $F(z)$ と α の近くで完全に一致することになる. 従って, 定理 6.2.1 より $f(z)$ は α の近傍で正則な関数 $F(z)$ に拡張できる. その結果として, もし,

$$\lim_{z \to \alpha} f(z) = F(\alpha)$$

が満たされれば $f(z)$ 自身が正則ということになることになる. この意味で, 点 α は除去可能な特異点といわれるのであった. 一つ例を挙げておこう.

$$f(z) = \begin{cases} z, & z \neq 0, \\ 100, & z = 0. \end{cases}$$

この関数は原点で不連続であるが, そのローラン展開 (原点中心) は $F(z) = z$ であり, $f(0) = F(0) = 0$ と修正すれば正則となるわけである.

次に, 点 α が関数 f の極であるとしよう. そのローラン展開の主要部 $P(z)$ は, ある正整数 m があり, 次の形となる.

$$P(z) = \frac{a_{-m}}{(z-\alpha)^m} + \frac{a_{-m+1}}{(z-\alpha)^{m-1}} + \cdots + \frac{a_{-1}}{z-\alpha}, \quad (a_{-m} \neq 0). \quad (6.2.2)$$

6.2. 特異点の分類

零点の位数にならって，極の位数を次のように定めよう．

定義 6.2.4 (極の位数) 点 α が関数 f の極で，α 中心のローラン展開の主要部 $P(z)$ が (6.2.2) で与えられるとき，正整数 m を極 α の **位数** という．

以上をまとめると，次の定理となる．

定理 6.2.2 (極) 点 α が関数 f の極ならば，ある正整数 m と複素数 $\beta \neq 0$ が一意的に定まり，次が成立する．

$$\lim_{z \to \alpha}(z-\alpha)^m f(z) = \beta. \tag{6.2.3}$$

証明 極 α の位数を m とすれば，(6.2.1) より

$$\lim_{z \to \alpha}(z-\alpha)^m f(z) = \lim_{z \to \alpha}(z-\alpha)^m P(z). \tag{6.2.4}$$

一方 (6.2.2) から $\lim_{z \to \alpha}(z-\alpha)^m P(z) = a_{-m} \neq 0$. □

一つ例を挙げておこう．

$$f(z) = \frac{\sin z}{z^2}.$$

この関数の原点中心のローラン展開は次のようになる．

$$\begin{aligned} f(z) &= \frac{1}{z^2}\left(z - \frac{z^3}{3!} + \cdots + (-1)^{k-1}\frac{z^{2k-1}}{(2k-1)!} + \cdots\right) \\ &= \frac{1}{z} + F(z). \end{aligned} \tag{6.2.5}$$

ここで，$F(z)$ は原点の近傍で正則であるから，原点は 1 位の極である．

最後に，α が関数 f の真性特異点であるとしよう．そのローラン展開の主要部 $P(z)$ は次の形となる．

$$P(z) = \sum_{m=1}^{\infty} \frac{a_{-m}}{(z-\alpha)^m}.$$

この場合に関しては，次のワイエルシュトラスによる結果があまりにも有名である．

定理 6.2.3 (ワイエルシュトラス) $0 < |z-\alpha| < \rho$ で正則な関数 $f(z)$ が点 α を真性特異点とするならば,任意の正数 ε で 集合 $E = \{z; 0 < |z-\alpha| < \varepsilon\}$ の $f(z)$ による像 $f(E)$ は $\mathbf{C}$ で稠密である.つまり

$$\mathbf{C} = \overline{f(E)}.$$

但し,右辺は,集合 $f(E)$ の閉包である.

証明 結論を否定し背理法で証明しよう.すなわち,ある点 γ と十分小さな正数 r が存在して,集合 $\{z; |z-\gamma| \leq r\}$ が $f(E)$ と交わらないと仮定する.すると,$|f(z)-\gamma| \geq r$ が E 上で成立することになり,関数

$$g(z) = \frac{1}{f(z)-\gamma}$$

は E 上で正則かつ有界となる.従ってリーマンの基本定理により,$g(z)$ は $|z-\alpha| < \varepsilon$ で正則な関数に拡張される.この拡張を $G(z)$ とすれば $\frac{1}{G(z)}$ は $|z-\alpha| < \varepsilon$ で有理型関数となり,特異点は高々極のみだから,今度は

$$f(z) = \gamma + \frac{1}{G(z)} \tag{6.2.6}$$

も有理型となって,真性特異点をもつという仮定と矛盾するのである. □

真性特異点をもつ関数の典型的な例を挙げておこう.

$$f(z) = e^{\frac{1}{z}}$$

は原点を真性特異点としている.実際,

$$f(z) = 1 + \frac{1}{1!z} + \frac{1}{2!z^2} + \cdots + \frac{1}{n!z^n} + \cdots$$

とローラン展開されるからである.単純に考えると,z が 0 に近づくと $|f(z)|$ が無限大になりそうであるが,それは誤りである.例えば,z が純虚数であれば,常に $|f(z)| = 1$ となるからである.さらに,ワイエルシュトラスの定理によれば,任意の複素数 w に対して,0 に収束する適当な点列 z_n がとれて,$\lim_{n \to \infty} f(z_n) = w$ とできる.これが真性特異点といわれるゆえんである.実

は, ほとんどの複素数に対して lim なしで $f(z_n) = w$ とさえできるのである. 証明なしで, 次の定理を紹介しておこう.

定理 6.2.4 (ピカール) 定理 6.2.3 と同じ条件の下で, $E = \{z; 0 < |z - \alpha| < \varepsilon\}$ の $f(z)$ による像は, $\mathbf{C}$ 全体か $\mathbf{C}$ からただ 1 点を除いた集合となる.

例えば, 関数 $f(z) = e^{\frac{1}{z}}$ では, $f(z) \neq 0$ である.

演習 6.2.1 次の関数の孤立特異点を分類し, 極については位数も求めよ.

(1) $\begin{cases} \dfrac{\sin z}{z}, & z \neq 0 \\ 0, & z = 0 \end{cases}$ (2) $\dfrac{1}{\sin z}$ (3) $\sin \dfrac{1}{z}$

6.3. リーマン球面

この節では, 複素平面 $\mathbf{C}$ に無限遠点 ∞ を付け加えて, いわゆる「拡張された複素平面」$\mathbf{C}^*$ を定義しよう. この $\mathbf{C}^*$ 上では, 極をもつ関数 (有理型関数) が連続関数のように扱えるのである. さて, 2 次元球面 (3 次元球の表面) を

$$\mathbf{S}^2 = \{(x, y, u) \in \mathbf{R}^3; x^2 + y^2 + u^2 = 1\}$$

と定め, 各 $P \in \mathbf{S}^2$ に対して, 複素数 z と z' を次のように定めよう.

$$z = \frac{x + iy}{1 - u}, \quad z' = \frac{x - iy}{1 + u} \qquad P = (x, y, u)$$

幾何学的には, 次のようになっている. 2 次元球面 $\mathbf{S}^2$ の北極を $N = (0, 0, 1)$, 南極を $S = (0, 0, -1)$ としたとき, z は北極と $\mathbf{S}^2$ 上の点 P を結ぶ直線が複素平面 $\mathbf{C}$ と交わる点を表し, z' は南極と点 P を結ぶ直線が $\mathbf{C}$ と交わる点を表している. 明らかに z と z' は一意的に決まり, 次を満たしている.

$$z \cdot z' = \frac{x^2 + y^2}{1 - u^2} = 1$$

定義 6.3.1 (立体射影) 点 P と二つの複素数 z と z' が前述の関係式を満たしているとする. このとき,

$$\begin{cases} I: P \to z \\ J: P \to z' \end{cases} \tag{6.3.1}$$

で定まる写像 I, J を **立体射影** という.

立体射影 I が 1 対 1(単射) であることから, 複素平面 $\mathbf{C}$ と 2 次元球面 $\mathbf{S}^2$ から北極を除いた集合 $\mathbf{S}^2 \setminus N$ が代数的に同型となるわけである. ここで, 2 次元球面 $\mathbf{S}^2$ に通常の距離で位相 (3 次元ユークリッド空間 $\mathbf{R}^3$ としての通常の位相を球面上に制限した位相) を入れ, この球面をリーマン球面 $\mathbf{S}^2$ と呼ぶことにする. このとき, リーマン球面 $\mathbf{S}^2$ 上の点列が北極にこの位相で収束することと, この点列を立体射影で複素平面上に写してできる点列が無限大に発散することが同値になることがわかる. そこで, $\mathbf{C}$ に無限遠点 ∞ を付け加えてできる「**拡張された複素平面**」を $\mathbf{C}^*$ と書くことにする. $\mathbf{C}^*$ の位相はリーマン球面 $\mathbf{S}^2$ から導入された位相で考えることにする. 例えば, この拡張された平面 $\mathbf{C}^*$ において, ∞ の近傍は次のように定められる.

定義 6.3.2 (無限遠点の近傍) 拡張された平面 $\mathbf{C}^*$ において, ∞ の近傍はリーマン球面 $\mathbf{S}^2$ で N を含む近傍の I による像となっているものの全体とする. つまり, ∞ の近傍はある正数 M に対して, $\{z; |z| > M\}$ の形の集合を含むことになる.

注意 6.3.1 拡張された複素平面 $\mathbf{C}^*$ においては, (外部) 領域 $\{z; |z| > M\} \cup \infty$ は単連結領域となることに注意しよう. 実際, この領域は立体射影 I の逆写像により, リーマン球上の北極を含む開集合に写るからである.

関数 $f(z)$ が無限遠点の近傍で正則であることを次のように定める.

定義 6.3.3 (無限遠点 ∞ の近傍での正則性) 関数 $f(z)$ が無限遠点の近傍で正則であるとは, 関数 $f\left(\dfrac{1}{z}\right)$ が原点の近傍で正則であることとする.

すると, 次の性質も明らかとなる.

定理 6.3.1 (無限遠点での極) $r > 0$ とする. ローラン級数 $f(z) = \sum_{n=-\infty}^{\infty} a_n z^n$ $(|z| > r)$ が ∞ を極とする必要十分条件は, $n > 0$ では有限個の番号を除いて $a_n = 0$ となることである.

証明 $f\left(\dfrac{1}{z}\right)$ が原点を極とすることと同じだからである. □

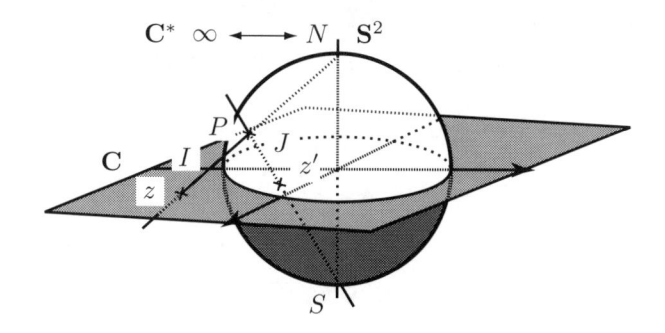

図 6.2. リーマン球面

6.4. 留数定理

まず, 留数の定義から始めよう. 関数 $f(z)$ が領域 $0 < |z - \alpha| < \rho$ で正則であれば, f は点 α を中心としてローラン展開できたことを思い出そう (定理 6.1.1). すなわち, $f(z) = \sum_{-\infty}^{\infty} a_n (z - \alpha)^n$ と展開されるのであった. そのとき, 下の定義を採用しよう.

定義 6.4.1 (留数) 点 α を関数 $f(z)$ の孤立特異点とする. このとき,

$$\mathrm{Res}(f, \alpha) = a_{-1} \tag{6.4.1}$$

と定め, 関数 $f(z)$ の点 α における<ruby>留数<rt>りゅうすう</rt></ruby>と呼ぶ. 但し, a_{-1} は点 α 中心のローラン展開の $(z - \alpha)^{-1}$ の係数である.

点 α の十分近くでは, f のローラン展開を

$$f(z) = \frac{a_{-1}}{z - \alpha} + g(z)$$

と分解すると, 関数 $g(z)$ は原始関数 $\sum_{n \neq -1} \frac{a_n}{n+1} (z - \alpha)^n$ をもつので次の定理が成立する.

定理 6.4.1 点 α を関数 $f(z)$ の孤立特異点とする.このとき,点 α の周りを正の向きに回る $0 < |z - \alpha| < \rho$ 内の任意の単純閉曲線 C で

$$\mathrm{Res}(f, \alpha) = \frac{1}{2\pi i} \int_C f(z)\, dz \qquad (6.4.2)$$

が成立する.

もう一つ,前節でリーマン球面を用いて導入した無限遠点 ∞ における留数を定義しておこう.

定義 6.4.2 (無限遠点における留数) ある正数 r があり,関数 $f(z)$ が $|z| > r$ で正則とする.このとき,関数 $-\dfrac{1}{w^2} f\left(\dfrac{1}{w}\right)$ の点 $w = 0$ における留数を関数 $f(z)$ の **無限遠点 ∞ における留数** と定め $\mathrm{Res}(f, \infty)$ と表す.

具体的には C_ρ を原点中心の半径 ρ の正の向きの円周,$\rho > r$ とするとき,

$$\mathrm{Res}(f, \infty) = \frac{-1}{2\pi i} \int_{C_{\frac{1}{\rho}}} \frac{1}{w^2} f\left(\frac{1}{w}\right) dw = \frac{1}{2\pi i} \int_{-C_\rho} f(z)\, dz$$

が成立する.証明は,変数変換 $w = \dfrac{1}{z}$ を用いるだけでよい.特に $f(z) = \displaystyle\sum_{n=-\infty}^{\infty} a_n z^n$ ($|z| > r$) の形 (無限遠中心のローラン展開) であれば,

$$\mathrm{Res}(f, \infty) = -a_{-1}$$

となる.

演習 6.4.1 定理 6.4.1 を示せ.

準備ができたので,いよいよ留数定理を述べよう.

定理 6.4.2 (留数定理 I) 関数 $f(z)$ が領域 $\Omega \subset \mathbf{C}$ で点 $\alpha_1, \alpha_2, \ldots, \alpha_n$ を除いて正則であるとする.γ を 点 $\alpha_1, \alpha_2, \ldots, \alpha_n$ を正の向きに囲む単純閉曲線とすれば,次の等式が成立する.

$$\sum_{k=1}^{n} \mathrm{Res}(f, \alpha_k) = \frac{1}{2\pi i} \int_\gamma f(z)\, dz. \qquad (6.4.3)$$

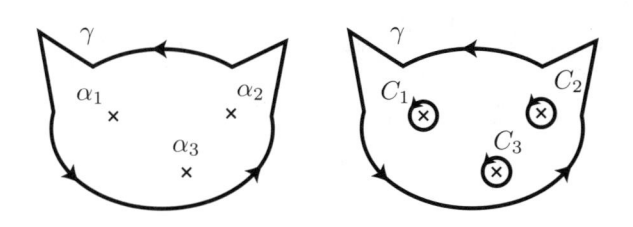

図 6.3. 留数定理 I

証明 これはコーシーの積分定理 II の直接の応用である. $\alpha_k \neq \infty$ ($k = 1, 2, \ldots, n$) であるので, 各 α_k 中心の十分小さな円周 C_k を考えれば, $\overline{C_k} \subset \overset{\circ}{\gamma}$, $\overline{C_k} \cap \overline{C_j} = \emptyset$ ($k \neq j$, かつ $j, k = 1, 2, \ldots, n$) が成り立つ. 但し $\overline{C_k}$ と $\overset{\circ}{\gamma}$ はそれぞれ単純閉曲線 C が囲む図形の閉包と内部を表すものとする. すると, コーシーの積分定理 II により

$$\frac{1}{2\pi i}\int_\gamma f(z)\,dz = \frac{1}{2\pi i}\sum_{k=1}^n \int_{C_k} f(z)\,dz$$

が成立することがわかり, 定理が証明される. □

次に, 一般化された留数定理を紹介しよう.

定理 6.4.3 (留数定理 II) 関数 $f(z)$ が拡張された複素平面 $\mathbf{C}^*$ で点 $\alpha_1, \alpha_2, \ldots, \alpha_n$ と無限遠点 $\alpha_{n+1} = \infty$ を除いて正則ならば

$$\sum_{k=1}^{n+1} \mathrm{Res}(f, \alpha_k) = 0 \tag{6.4.4}$$

が成立する.

証明 r を十分大きくとると, 円周 $\gamma : |z| = r$ は $\alpha_1, \ldots, \alpha_n$ を全部囲み, 前定理から

$$\sum_{k=1}^n \mathrm{Res}(f, \alpha_k) = \frac{1}{2\pi i}\int_\gamma f(z)\,dz$$

が成り立つ. 一方, 無限遠点での留数は定義から,

$$\text{Res}(f,\infty) = \frac{1}{2\pi i}\int_{-\gamma} f(z)\,dz = -\frac{1}{2\pi i}\int_{\gamma} f(z)\,dz$$

であるので, 定理が成立することになる. □

例題 等式 $I = \dfrac{1}{2\pi i}\displaystyle\int_{|z|=2} \dfrac{e^{z\theta}}{z(z^2+1)}\,dz = 1 - \cos\theta$ を示せ.

解 被積分関数 $f(z) = \dfrac{e^{z\theta}}{z(z^2+1)}$ の孤立特異点は, $0, i, -i, \infty$ の 4 点である. 留数定理を用いると, $I = \text{Res}(f,0) + \text{Res}(f,i) + \text{Res}(f,-i)$.

$$\text{Res}(f,0) = \lim_{z\to 0}\frac{e^{z\theta}}{z^2+1} = 1,\ \text{Res}(f,\pm i) = \lim_{z\to \pm i}\frac{e^{z\theta}}{z(z\pm i)} = -\frac{e^{\pm i\theta}}{2}$$

だから, 求める式が成り立つ. 一方, 留数定理 II によって,

$$I = -\text{Res}(f,\infty) = 1 - \frac{1}{2}(e^{i\theta} + e^{-i\theta}).\ \square$$

6.5. 留数の計算

この節では, 簡単な場合に限って具体的な留数計算の方法を考えてみよう.

[1 位の極における留数]

まず, 点 $\alpha \neq \infty$ が関数 $f(z)$ の 1 位の極であるときから始めよう. 極の定義より, $g(z) = (z-\alpha)f(z)$ は α の近くで正則で, $g(\alpha) \neq 0$ を満たす. そのとき f は

$$f(z) = \frac{g(z)}{z-\alpha}$$

と表せるから, g を α 中心にテイラー展開すれば

$$\text{Res}(f,\alpha) = g(\alpha) = \lim_{z\to\alpha}[(z-\alpha)f(z)]$$

と計算されることがわかる. さて, 一般の極の場合はどうであろうか？

[m 位の極における留数]

6.5. 留数の計算

点 $\alpha \neq \infty$ が関数 $f(z)$ の m 位の極であるとする．再び極の定義より，$g(z) = (z-\alpha)^m \cdot f(z)$ は α の近くで正則で，$g(\alpha) \neq 0$ となるから，g を α 中心にテイラー展開すれば，点 α の近くで次のように f を表せることがわかる．

$$f(z) = \frac{a_{-m}}{(z-\alpha)^m} + \frac{a_{-m+1}}{(z-\alpha)^{m-1}} + \cdots + \frac{a_{-1}}{z-\alpha} + F(z).$$

ここで，$F(z)$ は点 α の近くで正則な関数であり，$a_{-m} \neq 0$．求める留数は a_{-1} であるので，f の表示式の両辺に $(z-\alpha)^m$ を掛けて，両辺を $m-1$ 回微分することにより次の公式を得る．

$$\mathrm{Res}(f, \alpha) = \frac{1}{(m-1)!} \lim_{z \to \alpha} \left[\frac{d^{m-1}}{dz^{m-1}} \left((z-\alpha)^m \cdot f(z) \right) \right]$$

例 1 $f(z) = \dfrac{e^z}{(z-1)^2}$ とするとき，$z=1$ は 2 位の極であるから，

$$\mathrm{Res}(f, 1) = \lim_{z \to 1} \left[\frac{d}{dz} \left((z-1)^2 \cdot f(z) \right) \right] = \lim_{z \to 1} \left[\frac{d}{dz} e^z \right] = e.$$

例 2 $G(z)$ と $H(z)$ が共に $z=\alpha$ の近くで正則であり，$G(\alpha) \neq 0$ かつ α は $H(z)$ の 1 位の零点であるとすると，α は $\dfrac{G}{H}$ の 1 位の極となるから

$$\mathrm{Res}\left(\frac{G(z)}{H(z)}, \alpha \right) = \lim_{z \to \alpha} \left((z-\alpha) \cdot \frac{G(z)}{H(z)} \right) = \frac{G(\alpha)}{H'(\alpha)}.$$

最後に，応用上有効な留数の性質を一つ述べておこう．

定理 6.5.1 点 $z = \alpha$ が関数 $f(z)$ の 1 位の極であるとき，次が成立する．

$$\lim_{r \to 0} \int_{C_r} f(z) \, dz = \pi i \cdot \mathrm{Res}(f, \alpha). \tag{6.5.1}$$

ここで，$C_r : z(t) = \alpha + re^{it}$ $(0 \leq t \leq \pi)$ は点 α を中心とする半径 r の円周の半分である．

証明 まず，α は f の 1 位の極であるから，$f(z) = \dfrac{a_{-1}}{z-\alpha} + F(z)$ と分解できる．ここで，$F(z)$ は正則関数である．積分の定義により，

$$\int_{C_r} f(z)\,dz = \int_0^\pi f(\alpha + re^{it}) ire^{it}\,dt$$
$$= \pi i a_{-1} + \int_0^\pi F(\alpha + re^{it}) ire^{it}\,dt.$$

ここで，右辺の第 2 項は $r \to 0$ で 0 に収束するので，留数の定義より定理が成立することがわかる．□

演習 6.5.1 次の関数の指定された点における留数を計算せよ．
(1) $\dfrac{e^{iz}}{z^2+1}$ $(z=i,\infty)$ (2) $\dfrac{1}{z^4+1}$ $(z=\dfrac{1+i}{\sqrt{2}})$
(3) $\dfrac{1}{z^6+1}$ $(z=e^{i\pi/6})$ (4) $\dfrac{1-e^{iz}}{z^2}$ $(z=0)$
(5) $\dfrac{1}{(z-\alpha)(z-\beta)}$ $(z=\alpha)$ (6) $\dfrac{e^z}{(z-\alpha)^3}$ $(z=\alpha)$
(7) $\dfrac{ze^z}{(z-\alpha)^2}$ $(z=\alpha)$ (8) $\dfrac{e^{iz}}{z^m}$ $(z=0)$ (m は整数)

6.6. 偏角の原理

この節では，孤立特異点に関する留数定理の一つの応用として有理型関数の極と零点の個数について考えてみよう．さて，$\mathbf{C}$ 内の領域 D 上の $\mathbf{C}^*$ に値をもつ関数 f が有理型関数であるとは，孤立点からなる D 内の集合 E があって，$D \setminus E$ で正則かつ，E の各点で極をもつことであった．この定義を次のように拡張することができる．

定義 6.6.1 (無限遠で有理型) $M > 0$ とするとき，$M < |z| < +\infty$ を含む領域 D で定義された有理型関数 f が $D \cup \{\infty\}$ で有理型であるとは，∞ が f の高々極であることとする．

定理 6.6.1 (偏角の原理) a を任意の複素数とし，D を有界な領域で，その境界 γ が正の向きの単純閉曲線であるとする．D を含むある領域で定義された恒等的に定数ではない有理型関数 f が γ 上で $f(z) \neq a$, かつ極をも

たないとする．このとき，$f(z) = a$ の D 内の解の位数の和 (重複度を込めた解の個数の和) を A，f の極の位数の和を B とすれば次の公式が成立する．

$$\frac{1}{2\pi i} \int_\gamma \frac{f'(z)}{f(z) - a} \, dz = A - B$$

証明 証明は留数定理による．まず f の代わりに $f - a$ を考えれば，$a = 0$ としてよいことに注意しよう．そのとき，$f(z) = 0$ の解とその位数は f の零点とその位数に等しいから，f の零点を $a_1, a_2, \ldots, a_m$，それらの位数を $\mu_1, \mu_2, \ldots, \mu_m$ とし，極を $b_1, b_2, \ldots, b_n$，それらの位数を $\nu_1, \nu_2, \ldots, \nu_n$ としよう．すると，零点 $z = a_k$ の十分近くでは次のように因数分解できることがわかる．すなわち，

$$f(z) = (z - a_k)^{\mu_k} g(z).$$

ここで，$g(z)$ は $g(a_k) \neq 0$ を満たすある正則関数である．簡単な計算により

$$\frac{f'}{f} = \frac{\mu_k}{z - a_k} + \frac{g'}{g}$$

が $z = a_k$ の近くで成立する．次に γ_k を点 a_k 中心の十分小さな円周とすれば，$\frac{g'}{g}$ は a_k の近くで正則だから

$$\frac{1}{2\pi i} \int_{\gamma_k} \frac{f'(z)}{f(z)} \, dz = \frac{1}{2\pi i} \int_{\gamma_k} \left(\frac{\mu_k}{z - a_k} + \frac{g'}{g} \right) dz = \mu_k$$

が成り立つ．また極 $z = b_k$ の近くでは次のように因数分解される．

$$f(z) = (z - b_k)^{-\nu_k} h(z)$$

ここで，$h(z)$ は $h(b_k) \neq 0$ を満たすある正則関数である．同様の計算により

$$\frac{f'}{f} = \frac{h'}{h} - \frac{\nu_k}{z - a_k}$$

が $z = b_k$ の近くで成立する．γ'_k を点 b_k 中心の十分小さな円周とすれば，

$$\frac{1}{2\pi i} \int_{\gamma'_k} \frac{f'(z)}{f(z)} \, dz = \frac{1}{2\pi i} \int_{\gamma'_k} \left(\frac{h'}{h} - \frac{\nu_k}{z - b_k} \right) dz = -\nu_k$$

となることがわかる．ここで，$a_1, a_2, \ldots, a_m$ と $b_1, b_2, \ldots, b_n$ 以外で $\dfrac{f'}{f}$ は正則であることに注意して留数定理 I を用いれば，

$$\frac{1}{2\pi i} \int_\gamma \frac{f'(z)}{f(z)}\,dz = \sum_{k=1}^{m} \mu_k - \sum_{k=1}^{n} \nu_k = A - B$$

を得ることができる．□

次の系は，f の零点・極の位数と，$\dfrac{f'}{f}$ の留数との関係を与えている．

系 6.6.1 f を有理型関数とする．点 a と b がそれぞれ f の μ 位の零点と ν 位の極なら，

$$\begin{cases} \operatorname{Res}\left(\dfrac{f'}{f}, a\right) = \mu \\ \operatorname{Res}\left(\dfrac{f'}{f}, b\right) = -\nu \end{cases}$$

が成立する．

証明 a と b が有限の場合は前定理の証明を見れば明らかである．$a = \infty$ の場合を調べてみよう．$g(z) = f\left(\dfrac{1}{z}\right)$ とおけば，原点の近傍で $g(z) = z^\mu h(z)$ と因数分解できる．ここで，h は原点の近傍で正則で $h(0) \neq 0$ を満たす関数である．従って，もとの変数に戻れば $f(z) = z^{-\mu} h\left(\dfrac{1}{z}\right)$ が ∞ の近傍で成り立つことになる．よって，

$$\frac{f'(z)}{f(z)} = -\frac{\mu}{z} - \frac{1}{z^2} \frac{h'(1/z)}{h(1/z)}.$$

留数の定義から，十分大きな正数 M が存在して，

$$\operatorname{Res}\left(\frac{f'}{f}, a\right) = \frac{\mu}{2\pi i} \int_{|z|=M} \frac{dz}{z} + \frac{1}{2\pi i} \int_{|z|=M} \frac{1}{z^2} \frac{h'(1/z)}{h(1/z)}\,dz.$$

$|z| \geq M$ のとき $\dfrac{h'(1/z)}{h(1/z)}$ は有界関数と仮定してよいので，右辺の第 2 項は $M \to \infty$ で 0 に収束することがわかる．$b = \infty$ の場合もまったく同様である．よって定理が示された．□

もう一つ直ちにわかる結果を系として述べておこう．

6.6. 偏角の原理

系 6.6.2 f を拡張された複素平面 $\mathbf{C}^*$ 上の有理型関数とする. このとき, 任意の複素数 α に対し, $f(z) = \alpha$ の解の位数の和 (重複度を込めた解の個数の和) を A, f の極の位数の和を B とすれば $A = B$ が成立する.

証明 留数定理によれば, 拡張された $\mathbf{C}^*$ における有理型関数の留数の和は 0 であり, 関数 $g(z) = \dfrac{f'(z)}{f(z) - \alpha}$ は有理型であるから, g の留数の和は 0 になる. 他方, 上の系によれば g の留数の和は $A - B$ にも等しいことがわかる. 従って $A = B$ がすべての α について成立することになる. □

閉曲線の回転数 という概念を導入すると, この偏角の原理をより深く理解できる. 領域 D 内の点 z がなめらかな曲線 C に沿って動くとき, 関数 $f(z)$ の偏角の変化を考察するのである.

$$C : z = z(t), \quad a \leq t \leq b$$

とする. $w(t) = f(z(t))$ とおく. $\arg w(t)$ は多価関数であるので一意的には決まらないが, ここでは $-\pi < \arg w(a) \leq \pi$ と制限することにより, $\arg w(t)$ を $[a,b]$ 上の一価関数とすることができる. こうしてできた関数を

$$\theta(t) = \arg w(t), \quad a \leq t \leq b$$

とおこう. $\theta(b) - \theta(a)$ は曲線全体を z が動くときの関数 $f(z)$ の **偏角の変動量 (増加量)** と考えられる. そこで,

定義 6.6.2

$$\int_C d \arg f(z) = \theta(b) - \theta(a)$$

と定め, 曲線 C に沿った関数 $f(z)$ の偏角の変動量 (増加量) と呼ぶ.

次の定理が基本的である.

定理 6.6.2 領域 D で f が有理型であるとする. C を D 内のなめらかな単純閉曲線で, その上には f の零点と極はないとする. そのとき,

$$\frac{1}{2\pi} \int_C d \arg f(z) = \frac{1}{2\pi i} \int_C \frac{f'(z)}{f(z)} \, dz \tag{6.6.1}$$

120　第 6 章　特異点をもつ関数の世界

注意 6.6.1　特に, 定理 6.6.1 と同じ仮定の下では, $\dfrac{1}{2\pi}\displaystyle\int_C d\arg f(z) = A - B$ となることがわかる. この事実は, f による C の像の原点の周りの閉曲線としての回転数が $A - B$ であることを示している.

証明　複素対数関数を用いる. 複素対数の定義により, 適当に分枝を定めれば

$$\log f(z(t)) = \log |f(z(t))| + i \arg f(z(t)).$$

従って,

$$\frac{f'(z(t))}{f(z(t))} z'(t) = \frac{d}{dt}\log|f(z(t))| + i\frac{d}{dt}\theta(t).$$

この等式を C に沿って積分すれば, $z(a) = z(b)$ より

$$\int_C \frac{f'(z)}{f(z)}\,dz = \bigl[\log|f(z(t))|\bigr]_a^b + i\bigl[\theta(t)\bigr]_a^b \tag{6.6.2}$$
$$= i\bigl(\theta(b) - \theta(a)\bigr)$$

が成立する. 従って定理の主張が示された. □

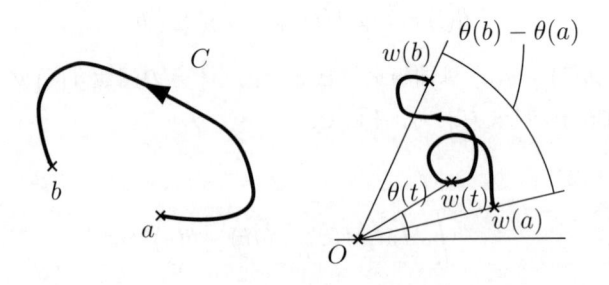

図 6.4. 偏角の原理

これらの定理から解の個数の安定性に関する次の重要な定理が得られる.

定理 6.6.3 (解の個数の安定性)　a を定数とし, $f(z)$ を点 z_0 の近くで正則な定数でない関数とする. このとき, 点 z_0 が方程式 $f(z) = a$ の位数 k の解であるとする. すると, z_0 中心のある十分小さな円板 V と a に十分近い

点 $b \neq a$ に対して,方程式 $f(z) = b$ は V 内にちょうど k 個の互いに異なる解をもつ.

証明 前と同様にして, z_0 中心の円板 V を十分小さくとれば, $f(z) = a$ の解は中心を除けば V 内には存在しない.必要ならばさらに小さく V をとり直すことにより, $f'(z) \neq 0, (z \neq z_0)$ が V 内で成立するようにできる.実際, z_0 の近くで $f(z) - a = (z - z_0)^k g(z), (g(z_0) \neq 0)$ の形に因数分解できるからである.ここで, b が a に十分近ければ, $f(z) = b$ は $\gamma(V$ の周$)$ 上には解をもたない.このとき A を V 内の方程式 $f(z) = b$ の解の位数の和とすれば,偏角の原理により,次が成立する.

$$\frac{1}{2\pi i} \int_\gamma \frac{f'(z)}{f(z) - b} dz = A \quad \text{かつ} \quad \frac{1}{2\pi i} \int_\gamma \frac{f'(z)}{f(z) - a} dz = k.$$

これらの積分はそれぞれ明らかに a と b に連続的に依存するが, A と k は整数であるから, a と b が十分近ければ $A = k$ でなければならないのである.また, V 上では $f'(z) \neq 0$ であるから方程式 $f(z) = b \, (a \neq b)$ の解の位数はすべて 1 となり, k 個の解は互いに異なる. □

注意 6.6.2 十分小さな円板 V においては, a と b が近ければ解の個数が同じになるわけであるが,もう少し正確には, γ の f による像の補集合の連結成分内で b が動いても解の個数は一定であることが示されるのである.

ルーシェの定理を紹介しておこう.方程式の解の個数を調べるのに役に立つ.

定理 6.6.4 (ルーシェの定理) γ を単純閉曲線とし, γ が囲む領域を D とする.関数 f と g は D と γ を含む領域で正則で,曲線 γ 上では $f(z) \neq 0$ かつ $|g(z)| < |f(z)|$ を満たすとする.このとき, D 内の f の零点の位数の和と $f + g$ の零点の位数の和は一致する.

証明 $0 \leq \lambda \leq 1$ を満たす λ に対し,連続関数 $F(\lambda)$ を次のように定める.

$$F(\lambda) = \frac{1}{2\pi i} \int_\gamma \frac{f'(z) + \lambda g'(z)}{f(z) + \lambda g(z)} dz$$

仮定より γ 上で $|f(z) + \lambda g(z)| \geq |f(z)| - \lambda |g(z)| > 0$ となるから, $F(\lambda)$ は λ の連続関数である. このとき, 偏角の原理によれば $F(\lambda)$ の値は整数となるから, $F(\lambda)$ の連続性よりその値は一定になる. $F(0) = F(1)$ に偏角の原理を用いれば定理が得られる. □

演習 6.6.1 方程式 $z^6 - 6z^3 + 12 = 0$ について次の事実を示せ.
(1) $|z| < 1$ を満たす解は存在しない. (2) $|z| > 2$ を満たす解も存在しない.

演習 6.6.2 ルーシェの定理を用いて代数学の基本定理を証明せよ.

6.7. 応用：留数の方法による定積分の計算

この節では定積分の計算に留数定理を応用してみよう. 定積分の計算には被積分関数の原始関数を用いたり, 部分積分や置換積分を駆使するのが一般的であるが, ここでは留数定理を用いるまったく別の方法を紹介する. すなわち, 定積分の計算を特異点をもつ適当な正則関数の留数の和の計算であると解釈して, 微分と極限計算に帰着するのである. しかし, 残念ながらすべての定積分を統一的に扱うことはとてもできないので, 我々は応用上重要な定積分に限り, それらを 7 個の型に分類して取り上げることにする.

1. 三角関数型

$f(x, y)$ を単位円周 $x^2 + y^2 = 1$ 上に極をもたない有理関数として次の積分を考える.

$$I = \int_0^{2\pi} f(\cos t, \sin t)\, dt$$

ポイントは, 被積分関数の周期と積分区間が一致していることに着目し, $e^{it} = z$ と複素変数に変数変換することである. すると積分の定義より直ちに,

$$I = \int_{|z|=1} F(z)\, dz,$$

但し, $F(z)$ は次で与えられる有理関数である.

$$F(z) = \frac{1}{iz} f\left(\frac{1}{2}\left(z + \frac{1}{z}\right), \frac{1}{2i}\left(z - \frac{1}{z}\right)\right)$$

6.7. 応用：留数の方法による定積分の計算

そのとき，留数定理により I の値は，$F(z)$ の単位円内の留数の和の $2\pi i$ 倍に等しいことがわかる．つまり，次の等式が得られた．

$$I = 2\pi i \sum_{|z_j|<1} \mathrm{Res}(F(z), z_j)$$

但し，和は単位円内に含まれるすべての極にわたるものとする．

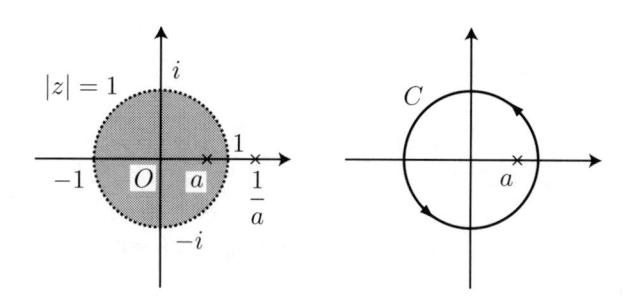

図 6.5. 三角関数型

例題 1 $0 < a < 1$ として，次を示せ．

$$I = \int_0^{2\pi} \frac{dt}{1 - 2a\cos t + a^2} = \frac{2\pi}{1-a^2}$$

解 明らかに三角関数型なので，$f(x,y) = \dfrac{1}{1 - 2ax + a^2}$ とおき，$e^{it} = z$ と変数変換すると，

$$I = \int_C \frac{dz}{i(z-a)(1-az)}$$

となる．被積分関数を $F(z)$ とおくと，単位円内の極は a のみであるから，

$$I = 2\pi i\, \mathrm{Res}(F(z), a) = 2\pi i \lim_{z \to a} (z-a)F(z) = \frac{2\pi}{1-a^2}$$

を得る． □

演習 6.7.1 $\displaystyle\int_0^{2\pi} \frac{dt}{a + \sin t} = \frac{2\pi}{\sqrt{a^2-1}}$ を示せ．但し，$a > 1$ とする．

2. 有理型

$f(z)$ を実軸上に極をもたない有理型関数として次の積分を考える．

$$I = \int_{-\infty}^{\infty} f(x)\,dx,$$

この積分を計算するために，0 を中心とする半径 r の上半円の周 C に沿って積分することにしよう．すると，積分 $\int_C f(z)\,dz$ は，曲線 C の内部に含まれる関数 $f(z)$ の極における留数の和に等しい．従って，

$$\int_{-r}^{r} f(z)\,dz + \int_{C_r} f(z)\,dz = 2\pi i \sum_{\substack{\mathrm{Im}\,z_j > 0 \\ |z_j| < r}} \mathrm{Res}(f(z), z_j).$$

ここで，C_r は 0 を中心とする半径 r の正の向きの上半円周で，和は C の内部に含まれる極にわたってとるものとする．さて，$r \to +\infty$ のとき，もし第 2 項が 0 に収束すれば，第 1 項は I に収束する．よって，この条件が成り立てば

$$I = 2\pi i \sum_{\mathrm{Im}\,z_j > 0} \mathrm{Res}(f(z), z_j)$$

が得られる．ここで和は，上半平面内にある $f(z)$ のすべての極にわたってとるものとする．どのようなときに，$\lim_{r \to \infty} \int_{C_r} f(z)\,dz = 0$ が成り立つのかを考えてみよう．これには次の補題が有効である．

補題 6.7.1 扇形領域 $S(\theta_1, \theta_2) = \{z \in \mathbf{C} : |z| > 0, \theta_1 \leq \arg z \leq \theta_2\}$ において $f(z)$ が連続かつ

$$\lim_{|z| \to \infty} z f(z) = 0, \qquad (\theta_1 \leq \arg z \leq \theta_2)$$

を満たせば，$S(\theta_1, \theta_2)$ 内にある 0 中心，半径 r の円弧を C_r とするとき，

$$\lim_{r \to \infty} \left| \int_{C_r} f(z)\,dz \right| = 0$$

が成立する．

証明 実際,この円弧上における関数 $|f(z)|$ の最大値を $M(r)$ とおけば,次の不等式が成立する.

$$\left|\int_{C_r} f(z)\,dz\right| \leq M(r) r (\theta_2 - \theta_1)$$

このことから,補題が成立することは明らかである. □

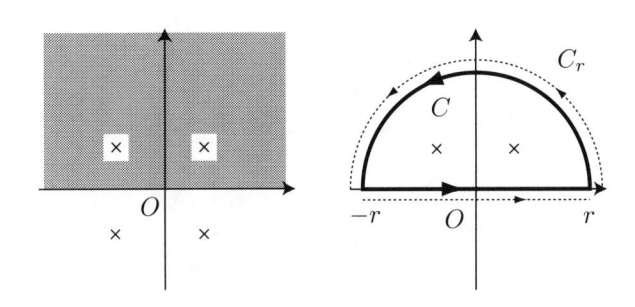

図 6.6. 有理型

例題 2 次を示せ.

$$I = \int_{-\infty}^{\infty} \frac{dx}{1+x^4} = \frac{\pi}{\sqrt{2}}$$

解 関数 $f(z) = \dfrac{1}{1+z^4}$ の上半平面にある極は $\dfrac{\pm 1 + i}{\sqrt{2}}$ である.また上の補題の条件を満たすことも容易にわかり,

$$I = 2\pi i \left[\mathrm{Res}\left(f(z), \frac{1+i}{\sqrt{2}}\right) + \mathrm{Res}\left(f(z), \frac{-1+i}{\sqrt{2}}\right) \right] = \frac{\pi}{\sqrt{2}}$$

となる. □

演習 6.7.2 $\displaystyle\int_{-\infty}^{\infty} \frac{dx}{1+x^6} = \frac{2\pi}{3}$ を示せ.

3. フーリエ変換型

$f(z)$ を実軸上に極をもたない有理型関数として次の積分を考える.

$$I = \int_{-\infty}^{\infty} e^{ix} f(x)\,dx,$$

すると次の定理が成立する．

定理 6.7.1
$$\lim_{|z|\to\infty} |f(z)| = 0 \qquad (\text{Im}\, z \geq 0) \tag{6.7.1}$$

ならば，
$$I = \lim_{r\to+\infty} \int_{-r}^{r} e^{ix} f(x)\, dx = 2\pi i \sum_{\text{Im}\, z_j > 0} \text{Res}(e^{iz} f(z), z_j) \tag{6.7.2}$$

が成立する．但し，和は上半平面内のすべての極にわたるものとする．

証明 まず，次の積分の評価に注意しよう．

$$\int_0^{\pi} e^{-r\sin\theta}\, d\theta = 2\int_0^{\pi/2} e^{-r\sin\theta}\, d\theta \leq 2\int_0^{\pi/2} e^{-2r\theta/\pi}\, d\theta = \frac{\pi}{r}(1 - e^{-r})$$

すると，C_r を 0 中心で半径 r の正の向きの上半円周とするとき，

$$\left| \int_{C_r} e^{iz} f(z)\, dz \right| \leq \int_0^{\pi} e^{-r\sin\theta} |f(re^{i\theta})| r\, d\theta \leq \pi \max_{z \in C_r} |f(z)|$$

$r \to \infty$ のとき右辺は仮定より 0 に収束するので定理が示された．従って，特に $|f|$ の実軸上の積分 $\int_{-\infty}^{\infty} |f(x)|\, dx$ が収束するならば

$$I = \int_{-\infty}^{\infty} e^{ix} f(x)\, dx = 2\pi i \sum_{\text{Im}\, z_j > 0} \text{Res}(e^{iz} f(z), z_j)$$

が成立する． □

例題 3 次を示せ．
$$I = \int_{-\infty}^{\infty} \frac{\cos x\, dx}{1 + x^2} = \frac{\pi}{e}$$

解 この場合，関数 $f(z) = \dfrac{e^{iz}}{1 + z^2}$ の上半平面内の極は $z = i$ だけであるから，

$$I = \text{Re}\left(\int_{-\infty}^{\infty} f(x)\, dx \right) = 2\pi i\, \text{Res}(f(z), i) = \frac{\pi}{e}$$

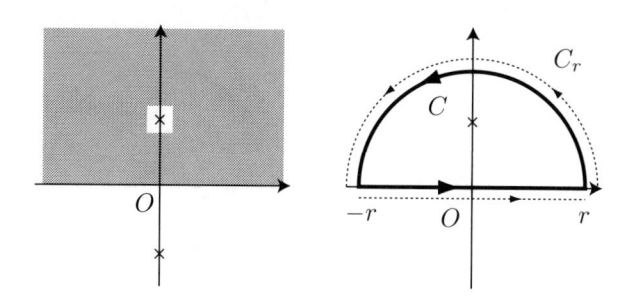

6.7. 応用：留数の方法による定積分の計算

図 6.7. フーリエ変換型

を得る． □

演習 6.7.3 $\int_{-\infty}^{\infty} \dfrac{\cos^2 x\, dx}{1+x^2}$ を求めよ．

4. 特異フーリエ変換型

$f(z)$ を実軸上にも極をもつ有理型関数として，次の積分を考える．

$$I = \int_{-\infty}^{\infty} e^{ix} f(x)\, dx,$$

計算を簡単にするため，関数 $f(z)$ は原点 0 に 1 位の極をもつことにしよう．すると前と同様にして次の定理が成立する．

定理 6.7.2 有理型関数 $f(z)$ が原点 0 に 1 位の極をもち，

$$\lim_{|z|\to\infty} |f(z)| = 0 \qquad (\operatorname{Im} z \geq 0) \tag{6.7.3}$$

ならば，

$$\lim_{r\to+\infty, \varepsilon\to+0} \left(\int_{-r}^{-\varepsilon} e^{ix} f(x)\, dx + \int_{\varepsilon}^{r} e^{ix} f(x)\, dx \right) \tag{6.7.4}$$
$$= 2\pi i \sum_{\operatorname{Im} z_j > 0} \operatorname{Res}(e^{iz} f(z), z_j) + \pi i \operatorname{Res}(e^{iz} f(z), 0)$$

が成立する．但し，和は上半平面のすべての極にわたるものとする．

証明には次の補題が有効である．

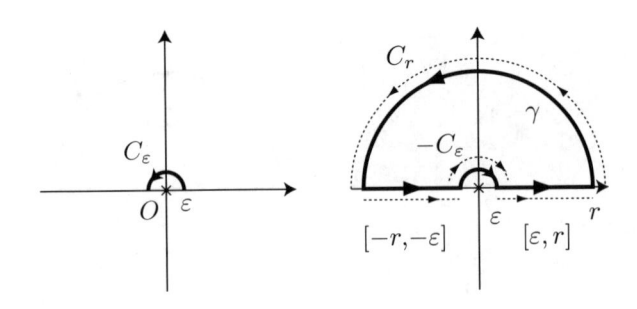

図 6.8. 特異フーリエ変換型

補題 6.7.2 $z=0$ が $g(z)$ の 1 位の極ならば,

$$\lim_{\varepsilon \to 0} \int_{C_\varepsilon} g(z)\,dz = \pi i \operatorname{Res}(g(z), 0) \tag{6.7.5}$$

但し, C_ε は 0 中心の半径 $\varepsilon > 0$ の正の向きの半円周である.

証明 ローラン展開定理より原点の近傍で, $g(z) = a_{-1}\dfrac{1}{z} + h(z)$ と分解できる. ここで $h(z)$ は正則な関数である. そのとき, ε を 0 に近づければ

$$\int_{C_\varepsilon} g(z)\,dz = \pi i a_{-1} + \int_{C_\varepsilon} h(x)\,dx \to \pi i a_{-1}$$

となることが, $h(z)$ の連続性からわかる. □

定理 6.7.2 の証明 $\gamma = C_r + [-r, -\varepsilon] + (-C_\varepsilon) + [\varepsilon, r]$ は単純閉曲線となり, γ 上には極は存在しない. 従って, $\displaystyle\int_\gamma e^{iz} f(z)\,dz = 2\pi i \sum_j \operatorname{Res}(e^{iz} f(z), z_j)$ となる, 但し右辺の和は閉曲線 γ 内のすべての極にわたる. ここで $\varepsilon \to +0$, $r \to +\infty$ とすれば, 上の補題に注意して定理が成立することがわかる. □

例題 4 次を示せ.

$$I = \int_{-\infty}^{\infty} \frac{\sin x}{x}\,dx = \pi$$

解 上の定理を使うために, $f(z) = \dfrac{1}{z}$ としよう. この場合上半平面内には極は存在しない (極は原点のみ). すると簡単な計算で,

$$I = \lim_{\substack{\varepsilon \to 0 \\ r \to \infty}} \left(\int_{-r}^{-\varepsilon} \frac{\sin x}{x} \, dx + \int_{\varepsilon}^{r} \frac{\sin x}{x} \, dx \right) \tag{6.7.6}$$

$$= \frac{1}{i} \lim_{\substack{\varepsilon \to 0 \\ r \to \infty}} \left(\int_{-r}^{-\varepsilon} \frac{e^{ix}}{x} \, dx + \int_{\varepsilon}^{r} \frac{e^{ix}}{x} \, dx \right) = \pi \operatorname{Res}\left(\frac{e^{iz}}{z}, 0 \right) = \pi. \quad \square$$

ちなみに, 次の関係式もよく知られている.

$$\int_{-\infty}^{\infty} \frac{\sin x}{x} \, dx = \int_{-\infty}^{\infty} \frac{1 - \cos x}{x^2} \, dx = \int_{-\infty}^{\infty} \frac{\sin^2 x}{x^2} \, dx.$$

演習 6.7.4 上の関係式を示せ. Hint:最初の等式は部分積分. 次の等式は置換積分.

演習 6.7.5 (1) $\displaystyle \int_0^\infty \frac{x^2 - 1}{x^2 + 1} \frac{\sin x}{x} \, dx = \pi \left(\frac{1}{e} - \frac{1}{2} \right)$ を示せ.
(2) $\displaystyle \int_0^\infty \frac{x^3 \sin \alpha x}{1 + x^4} \, dx = \frac{\pi}{2} e^{-\alpha/\sqrt{2}} \cos \frac{\alpha}{\sqrt{2}}$ を示せ.

5. 分数べき型

$0 < \alpha < 1$ とする. $f(z)$ を実軸の 0 以上の部分に極をもたない有理型関数として次の積分を考える.

$$I = \int_0^\infty \frac{f(x)}{x^\alpha} \, dx,$$

目標は次である.

定理 6.7.3 $0 < \alpha < 1$ とする. $f(z)$ が実軸の 0 以上の部分に極をもたない有理型関数であり, $\displaystyle \lim_{x \to \infty} f(x) = 0$ ならば,

$$I = \frac{2\pi i}{1 - e^{-2\pi i \alpha}} \sum_{z_j \in \mathbf{C} \setminus \mathbf{R}^+} \operatorname{Res}\left(\frac{f(z)}{z^\alpha}, z_j \right) \tag{6.7.7}$$

が成立する. ここで, 右辺の和は実軸の 0 以上の部分を除いた全平面の極 z_j にわたるものである.

証明 まず, $R(z) = \dfrac{f(z)}{z^\alpha}$ は多価関数であることに注意しよう. 複素平面から実軸の 0 以上の部分を除いてできる開集合を D としよう. D で関数

$z^\alpha = |z|^\alpha e^{i\alpha \arg z}$ であったから, z の偏角が 0 と 2π の間にある関数 z^α の分枝を D で選ぶことにする. これで関数 $R(z)$ の分枝が決まったので, これを次の閉曲線 $C_{\varepsilon,r}$ に沿って積分しよう. C_r と C_ε をそれぞれ原点中心の半径 r と ε の円周とする.

$C_{\varepsilon,r}$ は, 点 ε からスタートし実軸上を点 r へ行き, 次に円周 C_r に沿って正の向きに一周し, 実軸上を r から ε まで行き, 最後に円周 C_ε に沿って負の向きに一周する閉曲線である. 記号的には

$$C_{\varepsilon,r} = [\varepsilon, r] + C_r + (-[r, \varepsilon]) + (-C_\varepsilon)$$

となる. ここで, $-[r, \varepsilon]$ は r から ε へ至る道を表している. さて, ε を十分小さく, r を十分大きくとれば, 積分

$$\int_{C_{\varepsilon,r}} \frac{f(z)}{z^\alpha} \, dz$$

は関数 $R(z)$ の極で D 内にあるものの留数の和に等しい. 多価関数 z^α の分枝の決め方から, z の偏角が 2π に等しいとき $z^\alpha = |z|^\alpha e^{2\pi i\alpha}$ となるので, 次の関係式が成立する.

$$\int_{C_{\varepsilon,r}} R(z) \, dz = \int_{C_r} R(z) \, dz + \int_{-C_\varepsilon} R(z) \, dz \qquad (6.7.8)$$
$$+ (1 - e^{-2\pi i\alpha}) \int_\varepsilon^r R(x) \, dx$$

仮定より $f(z)$ の無限遠でのローラン展開が $a_{-n} z^{-n}\,(n \geq 1)$ の形の項から始まることに注意すれば, r が $+\infty$ に近づくとき, C_r に沿った積分は 0 に収束することがわかる. また ε が 0 に近づくとき, $zR(z)$ は 0 に近づくので, C_ε に沿った積分も 0 に収束する. 従って,

$$(1 - e^{-2\pi i\alpha}) \int_0^\infty R(x) \, dx = 2\pi i \sum_{z_j \in \mathbf{C} \setminus \mathbf{R}^+} \mathrm{Res}\left(\frac{f(z)}{z^\alpha}, z_j\right)$$

が成立する. ここで, 右辺の和は実軸の 0 以上の部分を除いた全平面の極にわたるものである. □

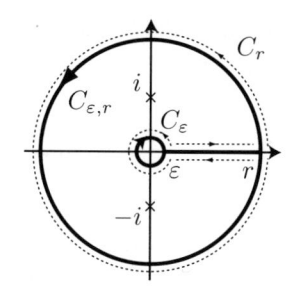

図 6.9. 分数べき型

例題 5 $0 < \alpha < 1$ として，次の等式を示せ．

$$I = \int_0^\infty \frac{dx}{x^\alpha(1+x^2)} = \pi \frac{\sin(\pi\alpha/2)}{\sin\pi\alpha}$$

解 $f(z) = \dfrac{1}{1+z^2}$ として公式を用いれば，$f(z)$ の極は $\pm i$ であるので

$$I = \frac{2\pi i}{1 - e^{-2\pi i\alpha}} \left(\text{Res}\left(\frac{f(z)}{z^\alpha}, i\right) + \text{Res}\left(\frac{f(z)}{z^\alpha}, -i\right) \right) \tag{6.7.9}$$

$$= \frac{2\pi i}{1 - e^{-2\pi i\alpha}} \left(\frac{e^{-\pi i\alpha/2}}{2i} + \frac{e^{-3\pi i\alpha/2}}{-2i} \right) = \pi \frac{\sin(\pi\alpha/2)}{\sin\pi\alpha}. \quad \square$$

演習 6.7.6 次の性質を証明せよ．

$$\lim_{\varepsilon \to 0} \int_{C_\varepsilon} R(z)\,dz = 0$$

演習 6.7.7 次の等式を証明せよ．

$$\int_0^\infty \frac{dx}{x^\alpha(1+x)}\,dx = \frac{\pi}{\sin\pi\alpha}$$

6. 対数積分型

$f(z)$ を実軸の 0 以上の部分に極をもたない有理型関数として次の積分を考える．

$$I = \int_0^\infty f(x)\log x\,dx,$$

目標は次である．

定理 6.7.4 $f(z)$ が実軸の 0 以上の部分に極をもたない有理型関数であり, $\lim_{|z|\to\infty} zf(z) = 0$ ならば,

$$I = -\frac{1}{2}\mathrm{Re}\Big(\sum_{z_j \in \mathbf{C}\setminus\mathbf{R}^+} \mathrm{Res}\,\big(f(z)(\log z)^2, z_j\big)\Big) \tag{6.7.10}$$

が成立する. ここで, 右辺の和は実軸の 0 以上の部分を除いた全平面の極 z_j にわたるものである.

証明 前と同じく, 多価関数 $\log z$ の分枝を $0 \le \arg z \le 2\pi$ を満たすように選ぶ. そのとき, z の偏角が 2π に等しければ, $x = |z|$ として $\log z = \log x + 2\pi i$ となることに注意する. D を分数べき型と同じ領域とし同じ記号を用いることにすると, 十分小さな $\varepsilon > 0$ と十分大きな $r > 0$ に対して, 積分

$$\int_{C_{\varepsilon,r}} f(z)(\log z)^2 \, dz$$

は, D 内に含まれる関数 $f(z)(\log z)^2$ の極の留数の和に等しい. そのとき, ε を 0 に, r を $+\infty$ に近づければ次の等式を得ることになる.

$$\begin{aligned}\int_0^\infty f(x)(\log x)^2 \, dx - &\int_0^\infty f(x)(\log x + 2\pi i)^2 \, dx \\ &= 2\pi i \sum_{z_j \in \mathbf{C}\setminus\mathbf{R}^+} \mathrm{Res}\,\big(f(z)(\log z)^2, z_j\big)\end{aligned} \tag{6.7.11}$$

ここで, 両辺の実部と虚部を比較すれば次の等式が得られるのである.

$$\begin{aligned}\int_0^\infty f(x) \log x \, dx &= -\frac{1}{2}\mathrm{Re}\Big(\sum_{z_j \in \mathbf{C}\setminus\mathbf{R}^+} \mathrm{Res}\,\big(f(z)(\log z)^2, z_j\big)\Big) \\ \int_0^\infty f(x) \, dx &= -\frac{1}{2\pi}\mathrm{Im}\Big(\sum_{z_j \in \mathbf{C}\setminus\mathbf{R}^+} \mathrm{Res}\,\big(f(z)(\log z)^2, z_j\big)\Big)\end{aligned} \tag{6.7.12}$$

但し, 和は全平面から実軸の 0 以上の部分を除いた領域におけるすべての極にわたるものとする. □

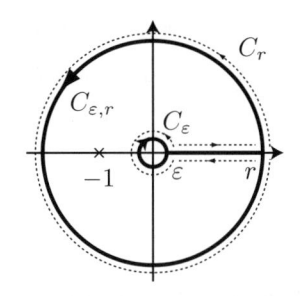

図 6.10. 対数積分型

例題 6 次の等式を証明せよ．

$$\int_0^\infty \frac{\log x}{(1+x)^2}\,dx = 0$$

解 関数 $\dfrac{(\log z)^2}{(1+z)^2}$ の $z=-1$ における留数は $(i\pi+\log(1-t))^2$ の $t=0$ の近くでの展開における t の係数に等しいが，

$$(i\pi+\log(1-t))^2 = -\pi - 2\pi i t + (1-\pi i)t^2 + O(t^3)$$

より，それは $-2\pi i$ である．従って求める積分値は 0 となる．このことは，置換積分で直接確かめることもできる．実際，変数変換 $x = \dfrac{1}{t}$ により

$$\int_1^\infty \frac{\log x}{(1+x)^2}\,dx = -\int_0^1 \frac{\log t}{(1+t)^2}\,dt$$

が容易に確かめられるからである． □

演習 6.7.8 等式 $\displaystyle\int_0^\infty \frac{\log x}{(1+x)^3}\,dx = -\frac{1}{2}$ を示せ．

7. その他

最後に留数計算ではないが，同様の方法で計算できる例を挙げておこう．

例題 7 次の等式を証明せよ．

$$\int_{-\infty}^\infty e^{-(x+ai)^2}\,dx = \sqrt{\pi}$$

解 まず, $a=0$ の場合に帰着させよう. $R>0$ として, $-R+ai$ から $R+ai$, $-R$ から R, R から $R+ai$, $-R$ から $-R+ai$ に至る有向線分をそれぞれ C, C', C_R, C_{-R} とおき, $\gamma = C' + C_R + (-C) + (-C_{-R})$ で閉曲線 γ を定める.

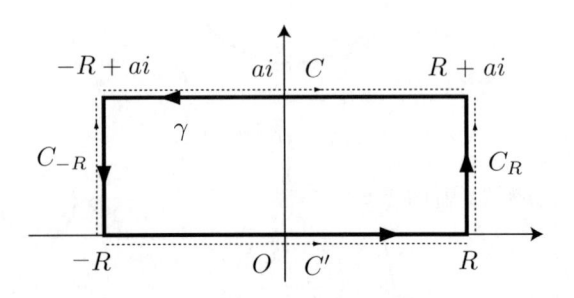

図 6.11. e^{-z^2} 型

するとコーシーの積分定理より,

$$\int_\gamma e^{-z^2}\,dz = 0$$

従って,

$$\int_C e^{-z^2}\,dz = \int_{C'} e^{-z^2}\,dz + \int_{C_R} e^{-z^2}\,dz - \int_{C_{-R}} e^{-z^2}\,dz$$

ここで, 右辺第2項と第3項は $R \to \infty$ のとき 0 に収束する. なぜなら C_R, C_{-R} 上では $|e^{-z^2}| = e^{-\mathrm{Re}(z^2)} \leq e^{-R^2+a^2}$ だからである. よって,

$$\lim_{R\to\infty} \int_C e^{-z^2}\,dz = \int_{-\infty}^\infty e^{-x^2}\,dx$$

となり, $a=0$ の場合に帰着した. 一方 $a=0$ のときは, 次のように計算できる. $I = \displaystyle\int_{-\infty}^\infty e^{-x^2}\,dx$ とおくと,

$$I^2 = 4\int_0^\infty\int_0^\infty e^{x^2+y^2}\,dxdy = \int_{\mathbf{R}^2} e^{x^2+y^2}\,dxdy$$

6.7. 応用：留数の方法による定積分の計算

となるが，ここで $\mathbf{R}^2$ の極座標変換 $x = r\cos\theta, y = \sin\theta$ を用いると，

$$I^2 = \int_0^{2\pi} d\theta \int_0^\infty e^{-r^2} r\, dr = \pi \int_0^\infty (e^{-r^2})'\, dr = \pi$$

従って，$I = \sqrt{\pi}$ である．□

演習 6.7.9 $\displaystyle\lim_{R\to\infty} \int_{C_R} e^{-z^2}\, dz = 0$ を示せ．

例題 8 次の等式を証明せよ．

$$\int_0^\infty \sin x^2\, dx = \int_0^\infty \cos x^2\, dx = \frac{\sqrt{2\pi}}{4}$$

解 $R > 0$ として次の積分路 C を考える．$C = C_1 + C_2 + (-C_3)$ で

$$\begin{cases} C_1 : z(t) = t, & (0 \le t \le R) \\ C_2 : z(t) = Re^{it}, & (0 \le t \le \frac{\pi}{4}) \\ C_3 : z(t) = e^{i\pi/4} \cdot t, & (0 \le t \le R) \end{cases}$$

そのとき，コーシーの積分定理より，$\displaystyle\int_C e^{-z^2}\, dz = 0$ であるから，

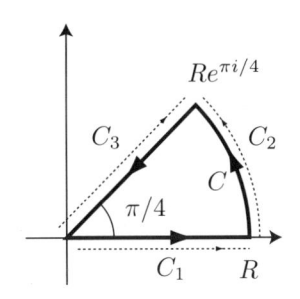

図 6.12. 例題 8

$$\int_{C_3} e^{-z^2}\, dz = \int_{C_1} e^{-z^2}\, dz + \int_{C_2} e^{-z^2}\, dz.$$

また簡単な計算で

$$\int_{C_3} e^{-z^2}\,dz = e^{i\pi/4}\int_0^R e^{-it^2}\,dt$$

前例題より，$\displaystyle\lim_{R\to\infty}\int_{C_1} e^{-z^2}\,dz = \int_0^\infty e^{-t^2}\,dt = \frac{\sqrt{\pi}}{2}$ であることがわかる．
また，C_2 上では $\mathrm{Re}(z^2) = R^2\cos 2t \geq R^2\left(1 - \dfrac{4t}{\pi}\right)$ が成り立つから，

$$\left|\int_{C_2} e^{-z^2}\,dz\right| \leq R\int_0^{\pi/4} e^{-R^2(1-4t/\pi)}\,dt = \frac{\pi}{4R}(1 - e^{-R^2})$$

となり $\displaystyle\lim_{R\to\infty}\int_{C_2} e^{-z^2}\,dz = 0$ がわかる．以上より $R \to +\infty$ として

$$e^{i\pi/4}\int_0^\infty e^{-it^2}\,dt = \frac{\sqrt{\pi}}{2}$$

が示された．後はこの式の両辺を比較すればよい． □

演習 6.7.10 n が整数で $n \geq 2$ のとき，次の等式を証明せよ．

$$\int_0^\infty \frac{dx}{1+x^n} = \frac{\pi/n}{\sin(\pi/n)}$$

Hint: 次の閉曲線を考えるとよい．$\gamma = [0,R] + C_1 + (-C_2)$, $C_1 : z_1(t) = Re^{it}$ ($0 \leq t \leq 2\pi/n$), $C_2 : z_2(t) = te^{2\pi i/n}$ ($0 \leq t \leq R$).

6.8. 章末問題　A

問題 6.1 与えられた点 α を中心としてローラン展開せよ．
(1) $\dfrac{1}{1-z^2}$, $\alpha = -1$　(2) $\dfrac{1}{(z+1)^3}$, $\alpha = 0$　(3) $\dfrac{1}{z^3}$, $\alpha = i$
(4) $\dfrac{1}{z(1-z)}$, $\alpha = 0$　(5) $\dfrac{1}{z(1-z)}$, $\alpha = 1$　(6) $\dfrac{1}{z(z^2-1)}$, $\alpha = 1$

問題 6.2 関数 $f(z) = \dfrac{1}{(z-\alpha)(z-\beta)}$ $(0 < |\alpha| < |\beta|)$ を原点を中心として，$|z| < |\alpha|$ でテイラー展開し，$|\alpha| < |z| < |\beta|$ でローラン展開せよ．

問題 6.3 次の関数の特異点 (∞ も含めて) を求め，それらがどのような特異点かを述べよ．
(1) $\dfrac{z-1}{z^3(z+i)^2}$　(2) $e^{-\frac{1}{z}}$　(3) $\cosh z$　(4) $\cos z$
(5) $\dfrac{1+e^z}{1-e^z}$　(6) $\dfrac{e^z + e^{-z} - 2}{z^3}$　(7) $\dfrac{1}{z^6-1}$　(8) $\dfrac{1}{\sin z}$
(9) $\dfrac{e^{\frac{1}{z}}}{(z+i)^2}$　(10) $\sin\left(\dfrac{1}{1-z}\right)$　(11) $\tan z$

問題 6.4 全平面で正則で，無限遠を極とする関数は多項式であることを示せ．

問題 6.5 関数 $f(z)$ が $z = \infty$ において k 位の極または零点をもつとき，$f'(z)$ はどうか？

問題 6.6 次の関数の各極におけるローラン展開の主要部を求めよ．
(1) $\dfrac{1}{z^2 + 3z + 1}$　(2) $\dfrac{1}{(z^2+1)^2}$

問題 6.7 $\mathbf{S}^2 = \{(x, y, u) \in \mathbf{R}^3 ; x^2 + y^2 + u^2 = 1\}$ をリーマン球面とし，各 $P = (x, y, u) \in \mathbf{S}^2$ に対して，$I(P) = \dfrac{x+iy}{1-u}$ で立体射影 I を定める．このとき $\mathbf{S}^2$ 上における次の集合の立体射影による像を求めよ．
(1) $\mathbf{S}^2$ の中心に関して対称な 2 点　(2) 北極を通る大円

問題 6.8 $\mathbf{S}^2$ をリーマン球面とする．立体射影によって複素平面上の 2 点 z, z' に対応する球面上の 2 点をそれぞれ P, P' とするとき，次のことを証明せよ．
(1) $P = \left(\dfrac{z+\bar{z}}{1+|z|^2}, \dfrac{1}{i}\dfrac{z-\bar{z}}{1+|z|^2}, \dfrac{|z|^2-1}{1+|z|^2}\right)$ と表される．
(2) P, P' が直径の両端となる条件は，$z\overline{z'} + 1 = 0$
(3) P, P' が複素平面に関して対称な位置にある条件は $z\overline{z'} = 1$

問題 6.9 $f(z)$ が $|z| \le 1$ で正則で, $|z| = 1$ 上で $|f(z)| < 1$ ならば, 方程式 $f(z) = z$ は $|z| < 1$ 内にただ一つの解をもつことを示せ.

問題 6.10 次の関数の特異点 ($\ne \infty$) と, その点における留数を求めよ.
(1) $\dfrac{1}{z^2+1}$ (2) $\dfrac{1}{(z^2+1)^2}$ (3) $\dfrac{\sin z}{z^4}$ (4) $\dfrac{z}{z^2-z+1}$ (5) $\dfrac{\sin z}{e^z-1}$
(6) $\dfrac{e^z}{(z-i)^2}$ (7) $\dfrac{1}{z \sin z}$ (8) $\dfrac{e^{\frac{1}{z}}}{z}$ (9) $z^5 \sin \dfrac{1}{z^2}$

問題 6.11 C を正の向きの単位円周とするとき, 次の積分を実行せよ.
(1) $\displaystyle\int_C \dfrac{2z-1}{2z^2+z} \, dz$ (2) $\displaystyle\int_C \tan \pi z \, dz$ (3) $\displaystyle\int_C z^2 e^{\frac{1}{z}} \, dz$
(4) $\displaystyle\int_C \dfrac{1}{(4z^2-1)^3} \, dz$ (5) $\displaystyle\int_C \dfrac{e^z}{\cos \pi z} \, dz$ (6) $\displaystyle\int_C \dfrac{z}{4z^2-1} \, dz$

問題 6.12 次の積分を実行せよ.
(1) $\displaystyle\int_0^{2\pi} \dfrac{\cos \theta}{3 - 2\cos \theta} \, d\theta$ (2) $\displaystyle\int_0^{2\pi} \dfrac{1}{a^2 \sin^2 \theta + b^2 \cos^2 \theta} \, d\theta$
(3) $\displaystyle\int_{-\infty}^{\infty} \dfrac{z^4}{1+z^6} \, dz$ (4) $\displaystyle\int_0^{\infty} \dfrac{dz}{(1+z^2)^2}$ (5) $\displaystyle\int_0^{\infty} \dfrac{z \sin z}{z^2+1} \, dz$
(6) $\displaystyle\int_0^{\infty} \dfrac{\cos z}{(1+z^2)^2} \, dz$ (7) $\displaystyle\int_0^{\infty} \dfrac{\sqrt{z}}{1+z^2} \, dz$ (8) $\displaystyle\int_0^{\infty} \dfrac{1}{\sqrt{z}(1+z^2)^2} \, dz$
(9) $\displaystyle\int_0^{\infty} \dfrac{\log z}{(1+z^2)^2} \, dz$ (10) $\displaystyle\int_0^{\infty} \dfrac{\log(1+z^2)}{z^2} \, dz$

6.9. 章末問題 B

試練 6.1 $\mathbf{S}^2$ をリーマン球面, $I: \mathbf{S}^2 \to \mathbf{C}$ を立体射影とする. 球面上の 2 点を P, P', 平面上の対応する 2 点を $z = I(P)$, $z' = I(P')$ とするとき, 次のことを証明せよ.
(1) P, P' の距離 $d(z, z')$ は, $d(z, z') = 2 \dfrac{|z-z'|}{\sqrt{(1+|z|^2)(1+|z'|^2)}}$.
(2) また $z' = \infty$ のときは, $d(z, \infty) = \dfrac{2}{\sqrt{1+|z|^2}}$ である.

試練 6.2 (1) $|\lambda| > e$ のとき, $e^z - \lambda z^m = 0$ は $|z| < 1$ に m 個の解をもつことを示せ.
(2) $a > 1$ のとき, $z + e^{-z} = a$ は $\operatorname{Re} z > 0$ にただ一つの解をもつことを示せ.

試練 6.3 (1) $f(z) = \dfrac{z}{e^z - 1}$ は $0 < |z| < \infty$ で正則で $z = 0$ は除去可能な特異点であることを示せ.

(2) $f(z) = \sum_{n=0}^{\infty} \frac{B_n}{n!} z^n$ とすれば, $B_0 = 1$, $B_1 = -\frac{1}{2}$, $B_2 = \frac{1}{6}$, $B_{2n+1} = 0$ ($n \geq 1$) となることを示せ.

(3) B_n を用いて $\cot z = \dfrac{1}{\tan z}$ を原点の周りでローラン展開せよ.

試練 6.4 w をパラメーターとして含む関数 $f(z) = \exp \dfrac{w(z - z^{-1})}{2}$ の, 原点中心のローラン展開を $\sum_{n=-\infty}^{\infty} J_n(w) z^n$ とするとき次の等式を示せ.

$$J_n(w) = (-1)^n J_{-n}(w) = \frac{1}{\pi} \int_0^{\pi} \cos(w \sin \theta - n\theta) \, d\theta$$

試練 6.5 (1) $f(z) = \sum_{n=0}^{\infty} a_n z^n$, $g(z) = \sum_{n=0}^{\infty} b_n z^n$ の収束半径が共に 1 より大きいとき, 次の公式が成り立つことを証明せよ.

$$\frac{1}{2\pi} \int_0^{2\pi} f(e^{i\theta}) g(e^{-i\theta}) \, d\theta = \sum_{n=0}^{\infty} a_n b_n$$

(2) この公式を用いて, $\dfrac{1}{2\pi} \displaystyle\int_0^{2\pi} \cos(2 \sin \theta) \, d\theta = \sum_{n=0}^{\infty} \dfrac{(-1)^n}{(n!)^2}$ を示せ.

試練 6.6 次の積分を実行せよ.
(1) $\displaystyle\int_0^{\infty} \left(\frac{\sin x}{x}\right)^2 dx$ (2) $\displaystyle\int_0^{\infty} \left(\frac{\sin x}{x}\right)^3 dx$
Hint: (1) $\dfrac{e^{2iz} - 1}{z^2}$ を用いよ. (2) $\dfrac{e^{3iz} - 3e^{iz} + 2}{z^3}$ を用いよ.

試練 6.7 次の等式を証明せよ.
(1) $\displaystyle\int_{-\infty}^{\infty} e^{-x^2} \cos(2ax) \, dx = \sqrt{\pi} e^{-a^2}$ ($a > 0$)
Hint: $\lim_{R \to \infty} \int_{-R}^{R} e^{-(x+ia)^2} dx = \int_{-\infty}^{\infty} e^{-x^2} dx = \sqrt{\pi}$ を用いよ.
(2) $\displaystyle\int_0^{\pi} \tan(x + ia) \, dx = \pi i$ ($a > 0$)
Hint: 長方形 $0 \leq x \leq \pi, 0 < \alpha \leq y \leq \beta$ を考えて, 求める積分の値が $a > 0$ に依存しないことを示し, $a \to \infty$ としてみよ.

第 6 章　特異点をもつ関数の世界

コーヒーブレイク：なぜ，ノーベル数学賞はないのか？

　古くから北欧のベニスと賞賛されるスウェーデンの都ストックホルムの近郊に，ミッタク・レフラー研究所という数学のメッカが存在することは余り知られていません．

　この研究所の名前は，スウェーデンが生んだ世界的数学者ゴースタ・ミッタク・レフラー (Gösta Mittag Leffler, 1846-1927) にちなんだものであります．彼は，スウェーデン王立科学学会の下に財団を創設し，彼の財産，別荘と膨大な図書をその財団のものとし，それをもとにミッタク・レフラー研究所が誕生したのでした．

　しかし，本当の彼の伝説はこれから述べることにあると筆者は考えています．皆さん，どうして数学がノーベル賞の対象になっていないのかご存じでしょうか？　そう，彼が活躍した時代はノーベルがノーベル賞を創設したあの時代でもあったのです．ノーベルが資産家であったことはよく知られていますが，ミッタク・レフラーも自分の別荘まで鉄道を引いてしまうほどの資産家でありました．そしてミッタク・レフラーは当時の世界数学の第一人者でしたから，もしノーベル数学賞ができれば，当然最初の受賞者になったと言われています．しかし，それは何故か実現しませんでした．関係者がいなくなってしまった現在では推測するしかないのですが，その理由はノーベルとの二人は犬猿の仲であったからだと言われています．このお話には，あのワイエルシュトラスの弟子にあたる女性数学者コワレフスカヤ (1850-1891) や，ノーベルとミッタク・レフラーとある女性の三角関係も複雑に絡んでいるようです．真偽の程はともかく，このようなことの舞台であったミッタク・レフラーの別荘が数学の研究所として現在も存在していることに感慨深いものを感じてしまうのは筆者だけでしょうか？

　住所を書いておきますので，立ち寄ってみられてはいかがでしょうか？

The Mittag-Leffler Institute
Auravägen 17
S-182 62 Djursholm, Sweden

第7章

正則関数のつくる世界

7.1. 同型写像について

複素平面上の領域 D で関数 $f(z)$ が正則であるとする．この節では関数 $f(z)$ を複素平面内の点の間の変換

$$f : z \longrightarrow w = f(z) \tag{7.1.1}$$

として捉え正則変換と呼ぶことにする．そのとき，この変換の **ヤコビ行列式 (ヤコビアン)** $J(f)(z)$ は次で与えられる．

定義 7.1.1 2変数 (x,y) の微分可能関数 $u(x,y)$ と $v(x,y)$ に対して，$f(z) = u(x,y) + iv(x,y)$ とおくとき，

$$J(f)(z) = \frac{\partial(u,v)}{\partial(x,y)} = u_x v_y - u_y v_x \tag{7.1.2}$$

で定まる量 $J(f)(z)$ を関数 $f(z)$ の点 $z = x + iy$ における**ヤコビ行列式 (ヤコビアン)** という．

このヤコビ行列式に関しては，次の性質が基本的である．

補題 7.1.1 領域 D で関数 $f(z) = u(x,y) + iv(x,y)$ が正則であれば，次の等式が成立する．

$$J(f)(z) = |f'(z)|^2, \qquad z \in D \tag{7.1.3}$$

証明 $f(z)$ は正則であるから, $f'(z) = u_x + iv_x = v_y - iu_y$ が成立する. 従って, $J(f)(z) = u_x^2 + v_x^2 = u_y^2 + v_y^2 = |f'(z)|^2$ が成り立つ. □

ここで, ある点 $z_0 \in D$ で $|f'(z_0)| \neq 0$ とする. すると, 関数 $J(f)(z)$ の連続性から点 z_0 の近くでは $J(f)(z) \neq 0$ となる. 従って 2 次元ユークリッド空間 $\mathbf{R}^2$ における逆関数定理により, 点 z_0 のある近傍と点 $w_0 = f(z_0)$ のある近傍が変換 f により 1 対 1 に移りあうことがわかる. さらに, 変換 f は点 $w_0 = f(z_0)$ のある近傍で正則な逆変換 f^{-1} をもつことがわかる.

定義 7.1.2 D, D' を複素平面上の二つの開集合とする. D から D' の上への 1 対 1 な正則変換が存在するとき, D と D' は**同型**であるという.

つまり, 次の定理が示された.

定理 7.1.1 点 z_0 の近傍で正則な関数 f が $f'(z_0) \neq 0$ を満たすとする. このとき, z_0 中心の十分小さい開円板 $B = \{z : |z - z_0| < r\}$ が存在して, 正則変換 f は B からその像 $V = f(B)$ の上への 1 対 1 正則写像となる. つまり, B と $V = f(B)$ は同型となる. さらに, 正則変換 f は $V = f(B)$ で正則な逆変換 f^{-1} をもつ.

演習 7.1.1 すべての開円板は互いに同型であることを示せ.

7.2. 等角写像

次に, D 内のなめらかな曲線

$$\gamma_1 : z(t) = x(t) + iy(t) \quad (0 \leq t \leq 1)$$

を一つ固定し, f によるこの曲線の像を考える. γ_1 の像は

$$\gamma_1' : w(t) = f(z(t)) = u(x(t), y(t)) + iv(x(t), y(t)) \ (0 \leq t \leq 1)$$

となり, やはりなめらかな曲線である. 実際,

$$\frac{dw}{dt}(t) = f'(z(t))z'(t)$$

7.2. 等角写像

が成立するからである.

さて, 曲線 γ_1 の始点を $z_0 = z(0)$ とし曲線 γ_1' の始点を $w_0 = w(0)$ とする. このとき, 二つの複素数 $\xi = z'(0)$ と $\xi' = w'(0)$ はそれぞれ点 z_0 と w_0 における曲線 γ_1 と曲線 γ_1' の接ベクトルと見なせることに注意しよう. 曲線 γ_1 と曲線 γ_1' の接ベクトル ξ と ξ' がそれぞれ実軸となす角度 (正の向きで $[0, 2\pi)$ の範囲にあるものを考える) を θ と θ' とする. これらの準備の下で, 正則関数による変換 $w = f(z)$ が角度を保存することを証明しよう. まず点 z_0 の十分近くに曲線上の点 z をとり, その像を $w = f(z)$ とする. 点 z が曲線 γ_1 上を z_0 に近づくと点 w は曲線 γ_1' 上を w_0 に近づき, 次が成立する.

$$\begin{cases} \arg(z - z_0) \longrightarrow \theta \\ \arg(w - w_0) \longrightarrow \theta' \end{cases} \quad (曲線\ \gamma_1\ 上で\ z \to z_0)$$

一方,

$$\arg(w - w_0) = \arg\left(\frac{w - w_0}{z - z_0}\right) + \arg(z - z_0)$$

が成立する. この両辺で $z \to z_0$ とすれば, $w = f(z)$ は正則かつ $f'(z_0) \neq 0$ であるので

$$\theta' = \arg(f'(z_0)) + \theta$$

が成立することがわかる.

次に, 曲線 γ_1 と点 z_0 で交わるなめらかな曲線を一つ選び γ_2 としよう. 正則変換 f による γ_2 の像を γ_2' とし, 実軸とこれらの曲線がなす角度 ψ と ψ' を前と同様に定めることにする. すると,

$$\psi' = \arg(f'(z_0)) + \psi$$

が成立することがわかる. 従って, γ_1 と γ_2 が点 z_0 でなす角と γ_1' と γ_2' が点 w_0 でなす角は等しい, つまり

$$\theta - \psi = \theta' - \psi'$$

が成立することが示された．この等式は，正則変換 f によって曲線 γ_1 と γ_2 が点 z_0 でなす角度が保存されることを示している．正確に述べれば，

定理 7.2.1 (等角写像) 正則な関数 $f(z)$ が点 z_0 において，$f'(z_0) \neq 0$ であるとする．このとき，点 z_0 の十分小さい近傍において二つのなめらかな曲線がなす角度は，変換 $f: z \longrightarrow w$ によって大きさも向きも保存される．

注意 7.2.1 この「角度を保存する」という性質を **等角性** といい，等角性をもつ写像を一般に **等角写像** と呼ぶ．

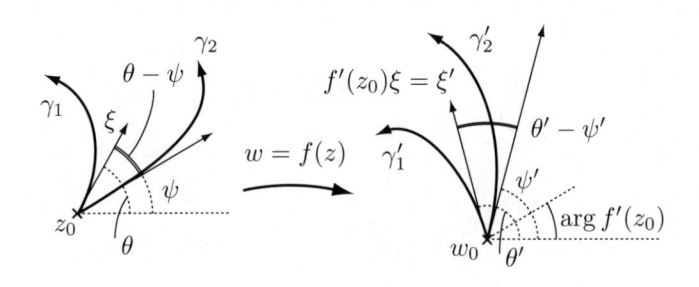

図 7.1. 等角写像

注意 7.2.2

$$\lim_{z \to z_0} \frac{|w - w_0|}{|z - z_0|} = |f'(z_0)|$$

が成立するが，このことから $|f'(z_0)|$ はこの変換の点 z_0 における **倍率** といわれることがある．

7.3. 1 対 1 でない変換

前節では正則変換 $f(z)$ が $f'(z_0) \neq 0$ ならば z_0 の近傍で角度を保存することを見たが，ここでは $f'(z_0) = 0$ となる場合を考えてみよう．その典型的な例は

$$w = z^n \quad (n \text{ は } 2 \text{ 以上の正整数})$$

7.3. 1対1でない変換

である.ド・モワブルの公式によれば方程式 $z^n = w$ は n 個の相異なる解をもつので,この変換の逆変換

$$z = w^{1/n}$$

は **多価関数 (1対1でない関数)** である.すなわち,0 でない w の値に n 個の相異なる z の値が対応する.w の偏角は z の偏角の n 倍に等しいから,変換 $w = z^n$ は原点において角度を n 倍することになる.ちなみに点 z が原点の周りを正の向きに一周すれば,点 w は原点の周りを正の向きに n 周する.

もう少し一般の例を考えてみよう.$n \geq 2$ とする.$w = f(z)$ は原点の近傍で正則で $f(0) = f'(0) = \cdots = f^{(n-1)}(0) = 0$ かつ $f^{(n)}(0) \neq 0$ とする.そのとき $\mu = \dfrac{f^{(n)}(0)}{n!}$ とおくとテイラー展開より,$g(0) = 0$ を満たす正則関数 $g(z)$ があって,原点の近傍では次のように表せる.

$$w = \mu z^n (1 + g(z)).$$

ここで分数べき $\bigl(\mu(1+g(z))\bigr)^{\frac{1}{n}}$ の適当な分枝を選べば,関数

$$h(z) = \bigl(\mu(1+g(z))\bigr)^{\frac{1}{n}}$$

は原点の近傍で正則となり,結局 $w = \bigl(zh(z)\bigr)^n$ の形に変形される.ここで,$\xi = zh(z)$ とおくと $\dfrac{d\xi}{dz}(0) = h(0) = \mu^{\frac{1}{n}} \neq 0$ であるから原点の近傍で ξ と z の対応は1対1で,逆関数 $z = K(\xi)$ が存在する.すると $z = K(\xi)$ と $\xi = w^{\frac{1}{n}}$ から,

$$\begin{cases} w = f(z) = \bigl(K^{-1}(z)\bigr)^n \\ z = K(w^{\frac{1}{n}}) \end{cases}$$

が得られる.K も K^{-1} も1対1だから写像 f も $w = z^n$ と同じ性質をもつことがわかった.すなわち,0 に十分近い $w \neq 0$ に対して,n 個の相異なる z の値が対応するのである.このような関数は n**価関数** と呼ばれている.

最後に,領域が広い場合には至る所 $f'(z) \neq 0$ でも,関数 $f(z)$ は1対1になるとは限らないことに注意しよう.そのような関数の最も特徴的な例は

$$w = e^z = e^x(\cos y + i \sin y)$$

である. この関数による変換は, $2\pi i$ を周期としているからである. 帯状の領域 $0 < \mathrm{Im}\, z < \theta\ (\theta \in \mathbf{R})$ は, 角領域 $0 < \arg w < \theta$ に変換されるから, この変換が 1 対 1 であるための必要十分条件は,

$$0 < \theta \leq 2\pi$$

である. もう少し詳しく調べてみよう. そのため $w = u + iv$ とおくと,

$$u = e^x \cos y, \quad v = e^x \sin y$$

となる. 従って, 実軸 ($y = 0$) の像は u 軸の正の部分であり, 同様に実軸に平行な直線 $y = \alpha\ (\alpha \in \mathbf{R})$ の像は $u = e^x \cos \alpha, v = e^x \sin \alpha$ となるから, 偏角 α で原点からのびる半直線となる.

次に, 虚軸上の線分 $x = 0, 0 \leq y \leq 2\pi$ の像は $u = \cos y, v = \sin y$ となるから, 原点中心の正の向きの単位円周となる. また, 線分 $x = \beta, 0 \leq y \leq 2\pi$ ($\beta \in \mathbf{R}$) の像は, 円周 $u^2 + v^2 = (e^\beta)^2$ となる.

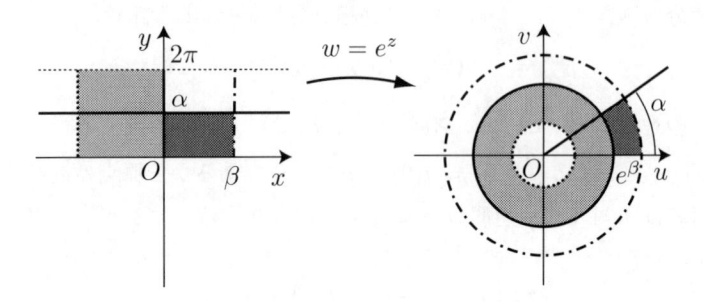

図 7.2. $w = e^z$

演習 7.3.1 f が領域 D で正則な定数でない関数ならば, その像 $f(D)$ は平面上の開集合であることを証明せよ.

Hint: $z_0 \in D$ に対して $f'(z_0) \neq 0$ と $f'(z_0) = 0$ の場合に分けて考えるとよい. このように開集合を開集合に写す写像を **開写像** ということがある.

演習 7.3.2 連続関数 f が領域 D で 1 対 1 であり, さらに開写像であれば, f は $f(D)$ で定まる連続な逆関数をもつことを証明せよ.

演習 7.3.3 f が領域 D で正則かつ 1 対 1 な変換ならば，D とその像 $f(D)$ は位相同型であり，逆変換 f^{-1} は $f(D)$ で正則であることを示せ．

7.4. メビウス変換

a, b, c, d が定数で，$ad - bc \neq 0$ を満たすとき

$$w = \frac{az + b}{cz + d} \tag{7.4.1}$$

で定まる変換を **メビウス変換** (または **一次分数変換**) という．もし $c \neq 0$ ならば，

$$w = \frac{a}{c} + \frac{(bc - ad)/c^2}{z + d/c} \tag{7.4.2}$$

と変形できる．ここで，三つの **基本メビウス変換** を定義しよう．

$$\begin{cases} w_1 = z + \alpha, & \text{平行移動} \quad \alpha \in \mathbf{C} \\ w_2 = \beta z, & \text{相似変換} \quad \beta \neq 0 \\ w_3 = \dfrac{1}{z}, & \text{反転} \end{cases} \tag{7.4.3}$$

このとき，すべてのメビウス変換は上の基本変換に分解できることがわかる．

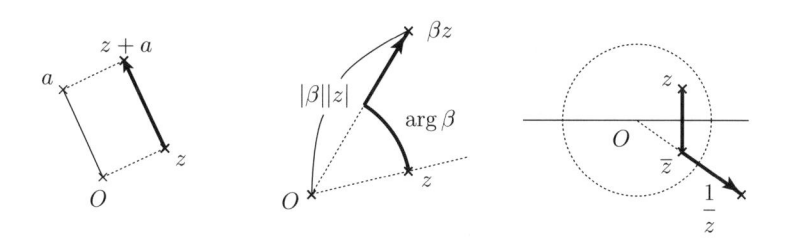

図 7.3. 基本メビウス変換

実際 w は，$c \neq 0$ のときは (7.4.2) 式より次の四つの基本変換の，

$$z_1 = z + \frac{d}{c}, \quad z_2 = \frac{1}{z_1}, \quad z_3 = \frac{bc - ad}{c^2} z_2, \quad w = z_3 + \frac{a}{c} \tag{7.4.4}$$

$c=0$ のときは次の二つの基本変換の合成になる.

$$z_1 = \frac{a}{d}z, \quad w = z_1 + \frac{b}{d} \tag{7.4.5}$$

ここでメビウス変換のもつ基本的な性質をまとめてみよう.

命題 7.4.1 メビウス変換 $w = \dfrac{az+b}{cz+d}$ $(ad-bc \neq 0)$ は次の性質をもつ.
(1) メビウス変換 w は無限遠点 ∞ を含め 1 対 1 である. そのとき, 逆変換は $z = \dfrac{dw-b}{-cw+a}$ で与えられる.
(2) $\dfrac{dw}{dz} = \dfrac{ad-bc}{(cz+d)^2}$ より, $z \neq \infty$ のとき $\dfrac{dw}{dz} \neq 0$ である. 従って, 等角写像である.

演習 7.4.1 この命題を証明せよ.

演習 7.4.2 次の条件を満たすメビウス変換 f を求めよ.
(1) $f(-1)=1, f(1)=0, f(i)=i$ を満たす
(2) $f(-1)=1, f(1)=i, f(i)=\infty$ を満たす
(3) $f(-1)=-1, f(1)=0, f(3)=3$ を満たす

7.5. 非調和比

定義 7.5.1 複素平面上の相異なる 4 点 z_1, z_2, z_3, z_4 に対し,

$$(z_1, z_2, z_3, z_4) = \frac{z_1-z_3}{z_1-z_4} \bigg/ \frac{z_2-z_3}{z_2-z_4} \tag{7.5.1}$$

とおいて, これを 4 点の非調和比 (cross ratio) という. 4 点のうち, どれか一つが ∞ の場合は極限操作をし, 例えば

$$(z_1, z_2, z_3, \infty) = \lim_{z_4 \to \infty} \frac{z_1-z_3}{z_1-z_4} \bigg/ \frac{z_2-z_3}{z_2-z_4} = \frac{z_1-z_3}{z_2-z_3} \tag{7.5.2}$$

と定める. 他の場合も同様とする.

次でわかるように, 非調和比は自然に現れる幾何的な量である.

定理 7.5.1 相異なる 4 点が, 同一円周上もしくは同一直線上にあることと非調和比が実数になることは同値である.

7.5. 非調和比

証明 4点が一直線上にあれば非調和比は明らかに実数であるので、そうでない場合を考えよう．まず、3点 z_2, z_3, z_4 が一直線上にないとすると、これらを通る円がただ一つある．そのとき，第4の点 z_1 がこの円周上にあるための必要十分条件は，2π の整数倍の差を無視すれば

$$\arg\left(\frac{z_1-z_3}{z_1-z_4}\right) - \arg\left(\frac{z_2-z_3}{z_2-z_4}\right) = 0, \quad \text{または} \quad \pi$$

が成り立つことである (式 (1.4.7) 参照)．この条件は，非調和比が実数であることと同値である．今度は 3 点 z_2, z_3, z_4 が一直線上にあるとすれば，この条件は z_1 が同一直線上にある条件となっていることは明らかである．従って，定理が証明された． □

次も基本的である．

定理 7.5.2 非調和比はメビウス変換 $w = T(z)$ で不変である．すなわち，相異なる 4 点に対し

$$(z_1, z_2, z_3, z_4) = (T(z_1), T(z_2), T(z_3), T(z_4)) \tag{7.5.3}$$

証明 平行移動と相似変換が非調和比を変えないのは明らかであるので，反転 $w = \dfrac{1}{z}$ を考えれば十分である．しかしこの場合も，

$$(z_1, z_2, z_3, z_4) = \left(\frac{1}{z_1}, \frac{1}{z_2}, \frac{1}{z_3}, \frac{1}{z_4}\right)$$

が成り立つことは容易にわかる． □

この定理から，メビウス変換の **円円対応** という性質が容易に導かれる．

命題 7.5.1 メビウス変換 $w = T(z)$ は次の性質をもつ．
(1) メビウス変換 T は任意の円または直線を，円または直線に写す．
(2) 任意に二つの円または直線を与えたとき，その一方を他方に写すメビウス変換が存在する．特に，実軸を単位円周に写すメビウス変換が存在する．

注意 7.5.1 直線は無限遠点 ∞ を通る半径無限大の円であると考えれば，上の性質 (1) は，メビウス変換が円を円に対応させることを意味する．

証明 円 C が与えられたとし,C 上に 3 点 z_1, z_2, z_3 をとり,$w_k = T(z_k)$ ($k = 1, 2, 3$) とする. そのとき,この 3 点は一つの円または直線 C' を定める. 任意に $z \in C$ をとり $w = T(z)$ とおけば前二つの定理により,

$$\begin{cases} (z_1, z_2, z_3, z) \in \mathbf{R} \\ (w_1, w_2, w_3, w) = (z_1, z_2, z_3, z) \end{cases}$$

が直ちにわかる. 従って,$w = T(z) \in C'$ が成立し,z の任意性から $T(C) \subset C'$ がわかる. 一方,逆変換 T^{-1} もメビウス変換なので,$T^{-1}(C') \subset C$ が成立する. これより,$C' \subset T(C)$ もわかるので,主張 (1) が証明された.

(2) 二つの円または直線を C, C' とし,それぞれから相異なる 3 点 z_1, z_2, z_3 と w_1, w_2, w_3 をとって方程式

$$(w_1, w_2, w_3, w) = (z_1, z_2, z_3, z)$$

を考えよう. これを w について解けば z のメビウス変換となるが,この変換は各 z_k を w_k に写す. このことと前半の結果より (2) の前半が得られる. 後半については,メビウス変換 $f(z) = \dfrac{z-i}{z+i}$ を考えればよい. □

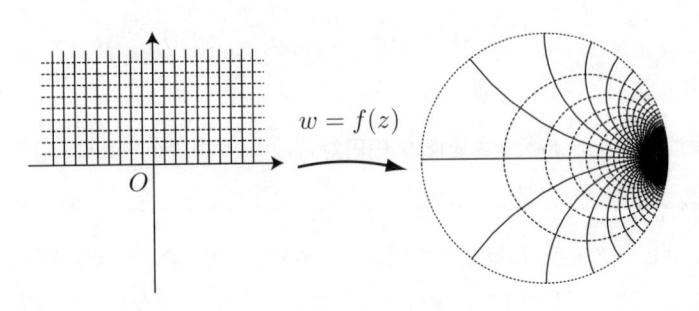

図 7.4. $f(z) = \dfrac{z-i}{z+i}$

演習 7.5.1 主張 (2) の後半を示せ.

7.5. 非調和比

この命題 7.5.1 でメビウス変換は実軸を円周に写すことが示されたが,そのとき **実軸に関して対称な 2 点はどのように写像されるであろうか？** この問題の答として,**鏡像の原理** を紹介しよう.

z 平面の実軸上のある線分 L を w 平面の円周 $|w|=R$ に写像する正則変換 $w=f(z)$ が点 z で定義されていれば,点 z の実軸に関する対称点 $\bar{z}$ (複素共役) は $\dfrac{R^2}{\overline{f(z)}}$ に写像される.何故ならば,$\overline{f(\bar{z})}$ は正則であるので積 $f(z)\overline{f(\bar{z})}$ も正則となり,実軸上の線分 L 上では $|f(z)|=R, z=\bar{z}$ であるので,

$$f(z)\overline{f(\bar{z})} = |f(z)|^2 = R^2$$

が成立する.従って,一致の定理により,正則関数 $f(z)\overline{f(\bar{z})}$ は正則関数 R^2 (定数) にすべての z で一致することがわかる.z を $\bar{z}$ に書き直せば,

$$f(\bar{z}) = \frac{R^2}{\overline{f(z)}}$$

が得られる.

定義 7.5.2 (鏡像の位置) 点 z と z' が $z\overline{z'}=R^2$ を満たすとき,円 $|z|=R$ に関して,点 z と z' は **鏡像の位置** にあるという.つまり,円 $|z|=R$ に関する,点 z の鏡像は $z' = \dfrac{R^2}{\bar{z}}$ である.

この定義によれば,$f(\bar{z})$ は円 $|z|=R$ に関する,点 $f(z)$ の鏡像となる.次に,L も円周である場合を考えてみよう.

定理 7.5.3 正則変換 $w=f(z)$ は円 C_1 を円 C_2 に写すとする.このとき,点 z と z' が円 C_1 に関して鏡像の位置にあれば,点 $f(z)$ と $f(z')$ は円 C_2 に関して鏡像の位置にある.

証明 適当なメビウス変換 $z=g(\xi)$ により,実軸を円 C_1 に写すことができる.このとき合成写像 $w=f\circ g(\xi)$ は実軸に関する対称点を円 C_2 に関する鏡像の位置に写す.一方,メビウス変換 $z=g(\xi)$ により実軸に関する対称点は円 C_1 に関する鏡像の位置に写るので,定理が成立する. □

注意 7.5.2 この定理からも直線も円の一種 (無限遠を通り, 半径が無限大) であると考えることが自然であることがわかる.

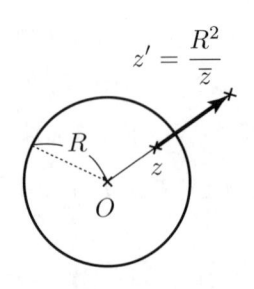

図 7.5. 鏡像の位置

7.6. 自己同型

まず, 同型の概念を拡張された複素平面 $\mathbf{C}^*$ にまで拡張しよう. すなわち

定義 7.6.1 D, D' を拡張された複素平面 $\mathbf{C}^*$ 上の二つの開集合とする. D から D' の上への 1 対 1 正則変換が存在するとき, D と D' は**同型である**という. またこのような正則変換を **同型変換** (あるいは単に**同型**) と呼ぶ. また, D から D 自身の上への同型変換を D の **自己同型** と呼ぶ.

この節では, 上の定義に基づきどのようなときに D と D' が同型になるのかを考えてみよう. 次の命題が出発点である.

命題 7.6.1 複素平面 $\mathbf{C}$ は開円板 $\mathbf{D} = \{z : |z| < 1\}$ と同型ではない.

証明 もし $w = f(z)$ が $\mathbf{C}$ から $\mathbf{D}$ への同型変換であれば, f は全平面で有界かつ正則になるので定理 5.7.4 により定数となるから矛盾. □

次に, D から D' への同型変換が一つ存在すると仮定しよう. この同型変換を f とする. もし他の同型変換 g が存在すれば, 合成変換 $h = f^{-1} \circ g$ は明らかに D の自己同型となる. 逆に h が D の自己同型ならば, $g = f \circ h$

7.6. 自己同型

で定まる変換 g は D から D' への同型変換となる.従って,D の任意の自己同型と D から D' への同型変換 f とを合成すれば,D から D' への同型変換がすべて得られることがわかる.さらに $\varphi = f \circ h \circ f^{-1}$ は D' の自己同型となるから,D から D' への同型変換 f と D' の任意の自己同型と D' から D への同型変換 f^{-1} を合成すれば,D の自己同型がすべて得られる.この事実を念頭に,以下ではいくつかの特別な D において自己同型変換をすべて求めてみよう.

例 1 (全平面 C)

定理 7.6.1 $\mathbf{C}$ の自己同型 f は次の形のメビウス変換である:a, b を定数として

$$f(z) = az + b, \qquad a \neq 0. \tag{7.6.1}$$

証明 もし,$\mathbf{C}$ 上で f が有界であれば定数となるので,f は無限遠点 ∞ を特異点としてもつ.もしこの特異点が真性特異点ならば 1 対 1 でなくなるので,この特異点は極でなければならない.従って正則関数のテイラー展開 (ローラン展開) により f が多項式であることがわかる.一方,代数学の基本定理 (ガウスの定理) によれば $f(z) = \alpha$ はすべての定数 α に対して f の多項式としての次数だけ解をもつので,次数は 1 でなければならない.これで主張は証明された. □

例 2 (拡張された全平面 $\mathbf{C}^*$)

定理 7.6.2 $\mathbf{C}^* = \mathbf{C} \cup \{\infty\}$ の自己同型 f は次の形のメビウス変換である:a, b, c, d を定数として

$$f(z) = \frac{az + b}{cz + d}, \qquad ad - bc \neq 0. \tag{7.6.2}$$

証明 メビウス変換 f が自己同型であることは明らかである.前定理より,無限遠点 ∞ を固定する (不動点とする)$\mathbf{C}^*$ の自己同型は,$f(z) = az + b, a \neq 0$

の形とある. そこで, g を $\mathbf{C}^*$ の自己同型で無限遠点を固定しないものとしよう. $\alpha = g(\infty) \in \mathbf{C}$ とおくとき,

$$h(z) = \alpha + \frac{1}{z}$$

と定めれば, $h(\infty) = \alpha = g(\infty)$ を満たす. すると, $h^{-1} \circ g$ は無限遠点 ∞ を固定する $\mathbf{C}$ の自己同型となる. つまり, ある a, b が存在して $h^{-1} \circ g = az + b$ となる. これを g について解けば $g(z) = h(az+b)$ となるから

$$g(z) = \alpha + \frac{1}{az+b}$$

が得られる. だから g はメビウス変換である. □

例 3 (単位開円板 $\{z : |z| < 1\}$)

定理 7.6.3 $\{z : |z| < 1\}$ の自己同型 f は次の形のメビウス変換である: $\theta \in \mathbf{R}$ かつ α を $|\alpha| < 1$ を満たす定数として (実は $\alpha = -e^{i\theta} f(0)$)

$$f(z) = e^{i\theta} \frac{z - \alpha}{1 - \overline{\alpha} z}. \tag{7.6.3}$$

証明 まず定理の f が自己同型であることを示そう. $|z| < 1 \Leftrightarrow |f(z)| < 1$ を示せばよい. それは一次変換が 1 対 1 であることに注意すれば, 次の関係式からわかる.

$$1 - |w|^2 = \frac{(1-|\alpha|^2)(1-|z|^2)}{|1-\overline{\alpha} z|^2}$$

(1 対 1 であることは下の演習問題のように直接示すこともできる.) この他には自己同型がないことを示すため, 一つ補題を用意する.

補題 7.6.1 $D = \{z : |z| < 1\}$ とする. このとき, f が D の自己同型で 0 を固定すれば, $f(z) = e^{i\theta} z$ が成立する. ここで, θ はある実数である.

補題の証明 f は D で正則, $|f(z)| < 1$ かつ $f(0) = 0$ であるからシュワルツの補題 (補題 5.8.1) より $|f(z)| \leq |z|$ が成立する. また, 逆変換 $f^{-1}(z)$ も同じ仮定を満たすので, 結局 $|f(z)| = |z|$ となる. 従って, シュワルツの

7.6. 自己同型

補題の後半より, ある実数 θ があって $f(z) = e^{i\theta}z$ が成立することがわかる. □

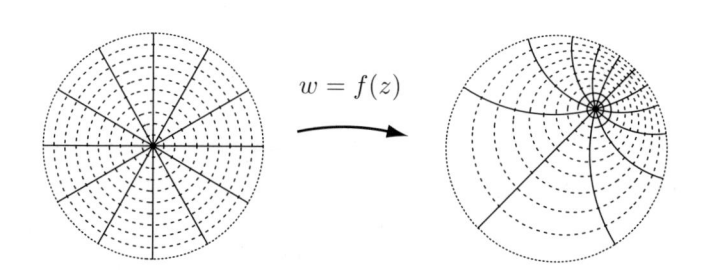

図 7.6. $f(z) = e^{i\theta}\dfrac{z-\alpha}{1-\overline{\alpha}z}$, $\theta = \dfrac{\pi}{4}$, $\alpha = -\dfrac{1}{2}$

さて, D の自己同型 f は定理の形のメビウス変換であることを示そう. 上の補題より $f(0) \neq 0$ の場合だけ考えればよい. 今, D の自己同型 g を次のように選ぶ.

$$g(z) = \frac{z-\beta}{1-\overline{\beta}z}, \qquad \beta = -f(0).$$

$g(0) = f(0)$ に注意すれば, $h = g^{-1} \circ f$ は上の補題の仮定を満たす. よって, $h(z) = g^{-1} \circ f(z) = e^{i\theta}z$ の形とならなければならない. これを f について解けば $f(z) = g(e^{i\theta}z)$ となるから,

$$f(z) = e^{i\theta}\frac{z-\alpha}{1-\overline{\alpha}z}, \quad \alpha = e^{-i\theta}\beta.$$

を得る. これで補題は完全に示された. □

演習 7.6.1 (1) $w = f(z) = \dfrac{az+b}{cz+d}$ が単位円周をそれ自身に写すとき, 次を示せ.
$$a\overline{b} = c\overline{d}, \quad |a|^2 - |c|^2 = |d|^2 - |b|^2.$$

(2) さらに, $w = f(z)$ が D から D への変換であるとき, 次を示せ.
$$|d|^2 - |b|^2 > 0, \quad |a| = |d|, \quad ad \neq 0.$$

(3) 以上より, $\theta \in \mathbf{R}$ と $|\alpha| < 1$ を満たす定数 α がとれて,
$$f(z) = e^{i\theta} \frac{z-\alpha}{1-\overline{\alpha}z}.$$
と書けることを示せ.

例 4 (上半平面 $P = \{z : \mathrm{Im}\, z > 0\}$)

定理 7.6.4 $P = \{z : \mathrm{Im}\, z > 0\}$ の自己同型 f は次の形のメビウス変換である: $a, b, c, d \in \mathbf{R}$ として
$$f(z) = \frac{az+b}{cz+d}, \qquad ad - bc > 0. \tag{7.6.4}$$

証明 メビウス変換 $w = f(z)$ が P の自己同型であることは次の関係式からわかる. 条件 $ad - bc > 0$ から
$$\mathrm{Im}\, f(z) = \frac{ad-bc}{|cz+d|^2} \mathrm{Im}\, z$$
が成立する. 後はメビウス変換以外には自己同型が存在しないことをいえばよいが, 変換 $g(z) = \dfrac{z-i}{z+i}$ により上半平面 P は単位開円板 D に同型変換されるので, 前の例よりメビウス変換でなければならないことがわかる. □

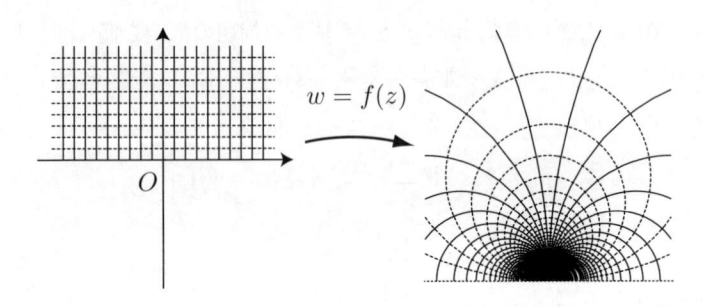

図 7.7. $w = \dfrac{az+b}{cz+d}$

演習 7.6.2 メビウス変換 $g(z) = \dfrac{z-i}{z+i}$ により上半平面 P は単位開円板 D に同型変換されることを示せ.

7.6. 自己同型

最後に, 次の一般的な問題を考察しよう.

問題 複素平面上の開集合 ω に対して, Ω から単位開円板 $D = \{z : |z| < 1\}$ への同型をすべて求めよ.

今までの考察によれば, Ω から単位開円板 $D = \{z : |z| < 1\}$ への同型 f を一つ構成すればよい. 実際, 任意の Ω から単位開円板 $D = \{z : |z| < 1\}$ への同型 g は $D = \{z : |z| < 1\}$ の同型 h を用いて, $g = h \circ f$ と表されるからである. さて, どのようなときにこの同型 f が存在するのであろうか？ それを解決するのが有名なリーマンの写像定理である.

定理 7.6.5 (リーマンの写像定理) 複素平面 $\mathbf{C}$ の開集合 Ω が $\mathbf{C}$ と異なり, かつ単連結であるとき, Ω と D は同型である.

この定理から直ちに次の系が従う.

系 7.6.1 複素平面 $\mathbf{C}$ の二つの単連結開集合 Ω_1 と Ω_2 が共に $\mathbf{C}$ と異なれば, Ω_1 と Ω_2 は同型である.

この定理の証明は 9.7 節で行うが, ここではその準備として, この定理の証明を Ω が有界な場合に帰着しておこう. すなわち, 次の命題が成立する.

命題 7.6.2 開集合 Ω が $\mathbf{C}$ と異なり, かつ単連結領域であるとする. このとき, Ω から $\mathbf{C}$ 内の有界開集合への同型変換が存在する.

証明 仮定から $a \in \mathbf{C} \setminus \Omega$ となる a が存在する. もし, a 中心のある円板 B が $B \subset \mathbf{C} \setminus \overline{\Omega}$ を満たせば, メビウス変換 $g(z) = \dfrac{1}{z-a}$ は明らかに Ω を有界領域に同型変換することがわかる. また, そのような円板が存在しないときには, 対数 $\log(z-a)$ の単連結領域 Ω における一つの分枝 $h(z)$ を考える. h は Ω で正則かつ 1 対 1 である. $b \in \Omega$ を任意に固定し,

$$H(z) = \frac{1}{h(z) - h(b) - 2\pi i}$$

と定めれば, H は正則かつ 1 対 1 であり Ω を有界領域に同型変換することがわかる. 実際, $h(z)$ による Ω の像は $2\pi i$ 平行移動された $h(b)$ 中心の十分小さな円板と交わらないからである. □

7.7. 研究：ビーベルバッハ予想の解決

D を単位円板とし, $f(z)$ を $D = \{z; |z| < 1\}$ 上の自己同型写像とする. そのとき, 次が知られている.

補題 7.7.1 (シュワルツ・ピックの補題)

$$|f'(z)| \leq \frac{1 - |f(z)|^2}{1 - |z|^2} \quad (|z| < 1) \tag{7.7.1}$$

ここで, 等号が成り立つのは $f(z)$ がメビウス変換のときに限る.

証明 $\alpha \in D$ として

$$w = \frac{z - \alpha}{1 - \overline{\alpha} z}$$

とおけば, $|w| < 1$ である. ここで

$$g(z) = \frac{f(z) - f(\alpha)}{1 - \overline{f(\alpha)} f(z)}$$

を w の関数と考えれば, シュワルツの補題から

$$|g(z)| = \left| \frac{f(z) - f(\alpha)}{1 - \overline{f(\alpha)} f(z)} \right| \leq \left| \frac{z - \alpha}{1 - \overline{\alpha} z} \right| = |w|$$

つまり,

$$\left| \frac{f(z) - f(\alpha)}{z - \alpha} \right| \leq \frac{|1 - \overline{f(\alpha)} f(z)|}{|1 - \overline{\alpha} z|}$$

が成立する. ここで, $z \to \alpha$ とすれば

$$|f'(\alpha)| \leq \frac{1 - |f(\alpha)|^2}{1 - |\alpha|^2}.$$

点 α で等号が成立するのは, $g(z) = e^{i\mu} w$ の場合に限る. 但し, μ は定数である. □

この補題を用いると, 次の定理が得られる.

7.7. 研究：ビーベルバッハ予想の解決

定理 7.7.1 $f(z) = \sum_{j=0}^{\infty} c_j z^j$ が D で正則で，$|f(z)| \leq 1$ であれば，
$$|c_n| \leq 1 - |c_0|^2 \qquad (n = 1, 2, \cdots)$$
が成立する．

証明 $\zeta_n = e^{2\pi i/n}$ とおき，$g_n(z) = \frac{1}{n}\sum_{k=0}^{n-1} f(\zeta_n^k z)$ を考える．ζ_n^k が $w^n = 1$ の解であることから $\sum_{j=0}^{n-1} \zeta_n^{kj} = 0 \ (1 \leq k \leq n-1)$ が成り立ち
$$g_n(z) = \frac{1}{n}\sum_{j=0}^{\infty}\sum_{k=0}^{n-1} c_j e^{2\pi ijk/n} z^j = \sum_{j=0}^{\infty} c_{jn} z^{jn}$$
を得る．従って，$h_n(z) = g_n(\sqrt[n]{z}) = \sum_{j=0}^{\infty} c_{jn} z^j$ は $|z| < 1$ で正則かつ $|h_n(z)| \leq 1$ なので，補題から $|c_n| = |h'_n(0)| \leq 1 - |h_n(0)|^2 = 1 - |c_0|^2$ となる．□

以上から D 上の同型写像に関しては，そのテイラー展開の係数は上から定数で評価できることがわかる．さて，一般の D 上の正則関数に関してはこのような評価は成り立つのであろうか？これに関して次のビーベルバッハ予想が未解決であったが，ド・ブランジュにより 1984 年に肯定的に解決された．

ビーベルバッハ予想

D 上の 1 対 1 正則な関数 $g(z)$ が，$g(0) = 0$, $g'(0) = 1$ であれば，
$$g(z) = z + a_2 z + a_3 z + \cdots$$
とテイラー展開されるが，このとき $|a_n| \leq n \ (n = 2, 3, \ldots)$ が成立する．さらに，ある $n \geq 2$ について等号が成り立てば，ある実数 a が存在して
$$g(z) = \frac{z}{(1 - e^{ia}z)^2} \tag{7.7.2}$$
である．

160   第 7 章   正則関数のつくる世界

ここでは，$n=2$ の場合だけを証明してみよう．証明の前に，(7.7.2) の形の関数 (ケーベ関数という) について等号が成立することを確かめよう． $g(z) = \dfrac{z}{(1-e^{ia}z)^2}$ は $ze^{-ia}\left(\dfrac{1}{1-e^{ia}z}\right)' = z + 2e^{ia}z^2 + 3e^{2ia}z^3 + \cdots$ に等しいから $|a_n| = n$ が成立する．

証明 $w = h(z) = \dfrac{1}{\sqrt{g(z^2)}}$ を考えると，D 上で一価な分枝をもつので，それを原点中心にローラン展開することができる．すなわち

$$h(z) = \frac{1}{z} - \frac{a_2}{2}z + b_2 z^2 + \cdots + b_n z^n + \cdots$$

を得る．$w = \xi + i\eta$ とかくことにすれば，$D_r = \{z; |z| < r\}$ の $h(z)$ による像の補集合 $\mathbf{C}^* \setminus h(D_r)$ の面積は

$$\iint_{\mathbf{C}^* \setminus h(D_r)} d\xi d\eta = -\frac{1}{2i} \iint_{\mathbf{C}^* \setminus h(D_r)} dw d\overline{w}$$
$$= -\frac{1}{2i} \iint_{D \setminus D_r} h'(z) \frac{\partial \overline{h(z)}}{\partial \overline{z}} dz d\overline{z}$$

右辺は試練 7.7 の公式を用いると $-\dfrac{1}{2i} \displaystyle\int_{\partial D_r} \overline{h(z)} h'(z)\, dz$ に等しい．そこで h のローラン展開を代入し，面積が 0 以上であることを用いれば

$$0 \leq \pi\left(\frac{1}{r^2} - \left|\frac{a_2}{2}\right|^2 r^2 - |b_2|^2 r^4 - \cdots - |b_n|^2 r^{2n} - \cdots\right)$$

ここで，$r \to 1$ とすれば $|a_2| \leq 2$ が成立することがわかる．さらに $|a_2| = 2$ が成立していれば $|b_2|^2 + \cdots + |b_n|^2 + \cdots \leq 0$ つまり b_n はすべて 0 となり

$$\frac{1}{\sqrt{g(z^2)}} = \frac{1}{z} - \frac{a_2 z}{2}$$

より $\dfrac{a_2}{2} = e^{ia}$ とおけば $g(z) = \dfrac{z}{(1-e^{ia}z)^2}$ を得る．   □

7.8. 章末問題　A

問題 7.1　(1) 右半平面を単位円の内部に写像するメビウス変換を求めよ.
(2) 単位円を単位円に写し, かつ $f(i) = -1$, $f(0) = \dfrac{1}{2}$ を満たすメビウス変換 f を求めよ.

問題 7.2　次の写像が等角でないような z 平面上の点を決定せよ.
(1)　$w = z^3$　(2)　$w = z^2 + z$　(3)　$w = z + \dfrac{1}{z}$　(4)　$w = e^{z^3}$

問題 7.3　恒等写像でないメビウス変換は拡張された複素平面 $\mathbf{C}^*$ において高々二つの不動点をもつことを示せ.

問題 7.4　相異なる 2 点 α, β を不動点とするメビウス変換を求めよ.

問題 7.5　$w = \dfrac{1}{z}$ によって, 次の図形はどのような図形に写されるか？
(1)　$|z - i| = 1$　(2)　$\operatorname{Re} z = 1$　(3)　$|z - 1| = 2$

問題 7.6　メビウス変換 $w = \dfrac{az + b}{cz + d}$ により z 平面上の単位円が w 平面上の直線に写されるとき, 係数 a, b, c, d の満たす条件を求めよ.

問題 7.7　次のメビウス変換が括弧内の集合をどのように写すかを調べよ.
(1) $w = \dfrac{az + b}{cz + d},\quad a, b, c, d$ は実数で $ad - bc < 0$　（上半平面）
(2) $w = \dfrac{z - i}{z + i}$ ($|z| < 1$)　(3) $w = \dfrac{z}{z - 1}$ ($|z| < 1$)　(4) $w = \dfrac{z + 1}{z - 1}$ ($|z| < 1$)

問題 7.8　(1)　$w = z^2$ により, $\operatorname{Re} z > 0$ はどこに写るか？
(2)　$w = z + \dfrac{1}{z}$ により, $|z| = c\,(c \neq 1)$ はどこに写るか？
(3)　$w = e^z$ により, $\{z = x + iy : 0 < x < 2, 0 < y \leq \dfrac{\pi}{2}\}$ はどこに写るか？
(4)　$w = \dfrac{z^2 - i}{z^2 + i}$ により, z 平面上の第 3 象限 はどこに写るか？
(5)　$w = \operatorname{Log} z$ により, $0 < \operatorname{Arg} z < \pi$ はどこに写るか？
(6)　$w = \sinh z$ により, $0 < \operatorname{Im} z < \pi$ はどこに写るか？

問題 7.9　$w = z + \dfrac{1}{z}$ は $|z| > 1$ において 1 対 1 であることを示せ.

7.9. 章末問題　B

試練 7.1　$w = \dfrac{z}{(z - 1)^2}$ による $|z| < 1$ の像を求めよ.
Hint: $w = \dfrac{1}{\zeta}, \zeta = z + \dfrac{1}{z} - 2$ の合成を考えるとよい.

試練 7.2 $w = e^z$ による z 平面上の直線 $y = x$ の像を求めよ．

試練 7.3 $w = \dfrac{\sqrt{3}}{2}\left(z + \dfrac{1}{z}\right)$ による $1 < |z| < \sqrt{3}$ の像を求めよ．

試練 7.4 $w = \cos z$ による $0 < \operatorname{Re} z < \pi$ の像を求めよ．

試練 7.5 二つの円弧で囲まれた図形を，円弧三角形と呼ぶ．
(1) z 平面上の $0, 1$ を頂点とする内角 α ($0 < \alpha < \pi$) の円弧二角形を，$w = \left(\dfrac{1-z}{z}\right)^{\pi/\alpha}$ で写した像を求めよ．但し，べきは主値をとるものとする．
(2) z 平面上の二つの円 $|z| = 1$ と $\left|z - \dfrac{1}{2}\right| = \dfrac{1}{2}$ で囲まれた円弧二角形を，$w = -\exp\left(\dfrac{2\pi i}{1-z}\right)$ で写した像を求めよ．

試練 7.6 $w = f(z)$ が $|z| \leq R$ で正則であるとき，以下を示せ．
(1) 円 $|z| = R$ の像の長さを L とすれば，$L \geq 2\pi R |f'(0)|$ が成立する．
(2) 円板 $|z| < R$ の像の面積を A とすれば，$A \geq \pi R^2 |f'(0)|^2$ が成り立つ．
Hint: $A = \iint_{|z| \leq R} |f'(z)|^2 \, dxdy = \int_0^R r dr \int_0^{2\pi} |f'(re^{i\theta})|^2 \, d\theta$ に注意せよ．

試練 7.7 $z = x + iy, \overline{z} = x - iy$ を変数 (x, y) から $(z, \overline{z})$ への変数変換とみれば，$dzd\overline{z} = -2i dxdy$ となる．閉領域 D で連続微分可能な関数 $f(z, \overline{z}), g(z, \overline{z})$ に対して，次の公式を示せ．但し C は D の境界に正の向きをつけたなめらかな曲線とする．

$$\iint_D f \frac{\partial g}{\partial \overline{z}} \, dzd\overline{z} + \iint_D g \frac{\partial f}{\partial \overline{z}} \, dzd\overline{z} = -\int_C fg \, dz,$$
$$\iint_D f \frac{\partial g}{\partial z} \, dzd\overline{z} + \iint_D g \frac{\partial f}{\partial z} \, dzd\overline{z} = \int_C fg \, d\overline{z},$$

特に，g が正則であれば次が成り立つ．

$$\iint_D g \frac{\partial f}{\partial \overline{z}} \, dzd\overline{z} = -\int_C fg \, dz.$$

Hint: グリーンの公式

$$\iint_D \left(\frac{\partial P}{\partial x} + \frac{\partial Q}{\partial y}\right) dxdy = \int_C P \, dy - \int_C Q \, dx$$

を用いる．例えば，$\iint_D \frac{\partial u}{\partial \overline{z}} \, dzd\overline{z}$ で変数変換 $(x, y) \to (z, \overline{z})$ を実行し，$u = fg$ とおけば第一の等式が得られる．

第8章

調和関数のつくる世界

8.1. 2変数調和関数

この節では,「調和」という美しい性質をもつ関数について述べる. まず偏微分作用素ラプラシアン Δ を導入し, その零解として調和関数を定義しよう.

定義 8.1.1 実2変数 x, y の2階偏微分作用素 **ラプラシアン** (または **ラプラス作用素**) Δ を次のように定める.

$$\Delta = \frac{\partial^2}{\partial x^2} + \frac{\partial^2}{\partial y^2} \tag{8.1.1}$$

そのとき, **調和関数** は次で定められる.

定義 8.1.2 $\mathbf{R}^2$ 内の領域 Ω で定義された実2変数 x, y の関数 $f(x, y)$ が **調和** であるとは, $f(x, y)$ が2回連続的微分可能で, 関係式

$$\Delta f = 0 \tag{8.1.2}$$

を満たすこととする (この関係式をラプラスの方程式という).

4.3節で二つの複素変数 $z = x + iy$ と $\bar{z} = x - iy$ に関する二つの偏微分演算子 (偏微分作用素)

$$\frac{\partial}{\partial z} = \frac{1}{2}\Big(\frac{\partial}{\partial x} - i\frac{\partial}{\partial y}\Big), \quad \frac{\partial}{\partial \bar{z}} = \frac{1}{2}\Big(\frac{\partial}{\partial x} + i\frac{\partial}{\partial y}\Big)$$

を定義したが，これを使って調和関数を定義しなおしてみよう．関係式

$$\Delta = 4\frac{\partial^2}{\partial z \partial \overline{z}}$$

が成り立つ．従って，関係式 $\Delta f = 0$ は

$$\frac{\partial^2}{\partial z \partial \overline{z}} f = 0 \qquad (8.1.3)$$

と同値となる．

演習 8.1.1 次の関数が調和であることを示せ．
$ax + by + c \ (a, b, c \in \mathbf{C})$, $x^2 - y^2$, xy, $e^x \sin y$
z^3, $\overline{z}^3$, $\sin z$, e^z

次に極座標 $x = r\cos\theta, y = r\sin\theta$ を用いてラプラシアンを表してみる．

命題 8.1.1 関係式 $\Delta f = 0$ は極座標を用いれば，次の形に書ける．

$$\frac{1}{r}\frac{\partial}{\partial r}\left(r\frac{\partial u}{\partial r}\right) + \frac{1}{r^2}\frac{\partial^2 u}{\partial \theta^2} = 0 \quad (r > 0)$$

証明 $\dfrac{\partial x}{\partial r} = \cos\theta, \dfrac{\partial y}{\partial r} = \sin\theta, \dfrac{\partial x}{\partial \theta} = -r\sin\theta, \dfrac{\partial y}{\partial \theta} = r\cos\theta$ を用いて，

$$\frac{\partial u}{\partial r} = \cos\theta \frac{\partial u}{\partial x} + \sin\theta \frac{\partial u}{\partial y}, \quad \frac{\partial u}{\partial \theta} = -r\sin\theta \frac{\partial u}{\partial x} + r\cos\theta \frac{\partial u}{\partial y}$$

となる．これより，

$$\frac{\partial u}{\partial x} = \cos\theta \frac{\partial u}{\partial r} - \frac{\sin\theta}{r}\frac{\partial u}{\partial \theta}, \quad \frac{\partial u}{\partial y} = \sin\theta \frac{\partial u}{\partial r} + \frac{\cos\theta}{r}\frac{\partial u}{\partial \theta}$$

これらをもう一度 x, y について偏微分して加えればよい． □

演習 8.1.2 上の命題を完全に証明せよ．

演習 8.1.3 関数 $a\log r + b \, (a, b \in \mathbf{C})$ が原点以外で調和なことを示せ．

8.2. 調和関数と正則関数

複素平面上の領域 Ω は対応 $z = x + iy \longrightarrow (x, y)$ によって平面上の領域 $\Omega^* = \{(x, y) : z = x + iy \in \Omega\}$ に写像される．記述を簡単にするため，以下では Ω と Ω^* を同一視して区別しないことにする．すなわち，複素平面上の関数を自然に 2 次元平面上の関数として取り扱うことにする．さて $f(z)$ を正則関数としよう．そのときコーシー・リーマンの関係式を満足するので，

$$\frac{\partial f}{\partial \bar{z}}(z) = 0$$

が成立する．正則関数は無限回微分できるので z に関する微分 $\dfrac{\partial}{\partial z}$ をほどこせば，正則関数 f は調和関数であることがわかる．

定理 8.2.1 領域 Ω で正則な関数は，調和関数である．特に，正則関数の実数部分と虚数部分は調和関数である．

この定理の逆は成立するのであろうか？その答えは次の定理で与えられる．

定理 8.2.2 領域 Ω で調和な実数値関数 $u(x, y)$ は，Ω の各点の近傍で，この近傍で正則なある関数の実数部分に等しい．この正則関数は，定数の差を除いて一意的である．

この定理から直ちに次のこともわかる．

系 8.2.1 領域 Ω で調和な関数は平均値の性質をもつ．

系の証明 u を実数値調和関数とすれば，定理よりある正則関数の実部に等しい．正則関数は平均値の性質をもち，平均値は実積分だから，実部を比較して u も平均値の性質をもつことがわかる．一般の場合は，実部と虚部に分ければよい． □

平均値の性質をもつことから，定理 5.8.2，系 5.8.1 と同様にして，次の最大値の原理が得られる．実数値なので最小値の原理も成り立つ．

166　　　第 8 章　　調和関数のつくる世界

系 8.2.2 (**最大値・最小値の原理**) Ω は有界な領域で，実数値関数 u は Ω 内で平均値の性質を満たし，かつ $\overline{\Omega}$ 上連続とする．そのとき u は $\overline{\Omega}$ 上での最大値・最小値を境界でとる．また特に，ある Ω 内部のある点で u が最大値または最小値をとれば，u は定数値関数である．

定理の証明　関数 $u(x,y)$ が調和であるから，定義より $\dfrac{\partial^2 u}{\partial z \partial \bar{z}} = 0$ である．従って，関数 $\dfrac{\partial u}{\partial z}$ は正則関数であることがわかる．すると，正則関数の性質から局所的に原始関数をもつ (系 5.2.1)．f を関数 $2\dfrac{\partial u}{\partial z}$ の点 z の近傍における原始関数としよう．ここで，補助的に f の全微分 df を考えてみよう．$dz = dx + idy$ より

$$\begin{aligned} df &= 2\frac{\partial u}{\partial z} dz \qquad (8.2.1)\\ &= u_x dx + u_y dy + i(u_x dy - u_y dx) \\ &= du + i(u_x dy - u_y dx) \end{aligned}$$

ここで，$dv = u_x dy - u_y dx$ とおくと，関数 v の全微分が定まる．この関係式を満たす関数 v が存在することは f の存在 (系 5.2.1) からわかるので，

$$f = u + iv$$

とおけば u を実部とする正則関数が得られることになる．この調和関数 v を**共役調和関数**ということがある．□

しかし，この事実は重要なので調和関数 u から正則関数 f が具体的にわかる直接証明を与えておこう．点 z の近傍で考えればよいので，Ω を単連結領域とし，そこで原始関数 f が存在しているとする．次の補題が成立する．

補題 8.2.1　Ω を単連結領域，u を Ω で調和な関数とする．C を Ω 内の座標軸に平行な辺をもつ長方の周とすれば，次が成立する．

$$I = \int_C u_x dy - u_y dx = 0. \qquad (8.2.2)$$

8.2. 調和関数と正則関数

注意 8.2.1 $C: z(t) = x(t) + iy(t), (\alpha \le t \le \beta)$ とするとき,上の線積分は次で定義されているとする.

$$\begin{cases} \int_C u_x dy = \int_\alpha^\beta u_x(x(t), y(t)) y'(t)\, dt, \\ \int_C u_y\, dx = \int_\alpha^\beta u_y(x(t), y(t)) x'(t)\, dt. \end{cases}$$

補題の証明 一般性を失うことなく,C を 4 点 $0, a, a+bi, bi$ をこの順に結んでできる長方形としよう.すると $C = C_1 + C_2 + C_3 + C_4$ と分解できる.ここで

$$C_1 : z_1(t) = t, 0 \le t \le a, \quad C_2 : z_2(t) = a + it, 0 \le t \le b,$$

$$C_3 : z_3(t) = a - t + ib, 0 \le t \le a, \quad C_4 : z_4(t) = (b-t)i, 0 \le t \le b.$$

$I_k = \int_{C_k} u_x dy - u_y dx$ とおき,各積分を定義により計算すると,

$$\begin{cases} I_1 = -\int_0^a u_y(x,0))dx, \quad I_2 = \int_0^b u_x(a,y)dy, \\ I_3 = \int_0^a u_y(x,b)\, dx, \quad I_4 = -\int_0^b u_x(0,y)dy, \end{cases}$$

を得る.さて,$I = \sum_{k=1}^4 I_k$ と分解し,u が調和であることを用いると

$$I = \int_0^a (u_y(x,b) - u_y(x,0))\, dx + \int_0^b (u_x(a,y) - u_x(0,y))\, dy$$

$$= \int_0^a dx \int_0^b \frac{\partial^2 u}{\partial y^2}(x,y)\, dy + \int_0^b dy \int_0^a \frac{\partial^2 u}{\partial x^2}(x,y)\, dx$$

$$= \int_0^a dx \int_0^b \Delta u(x,y)\, dy = 0$$

従って,$I = 0$ が示された.□

定理の証明の続き この補題により,$z_0 \in \Omega$ を一つ固定して,γ を点 $z \in \Omega$ と z_0 を結ぶ座標軸に平行な折れ線として,

$$v(x,y) = \int_\gamma u_x dy - u_y dx$$

と定めれば, v は折れ線 γ の選び方に依存せず決まり, (x,y) の連続微分可能な関数になることがわかる. さらに, コーシー・リーマンの関係式も容易に示され, f が正則であることがわかる. 実際, γ' を z から $z+h\,(h>0)$ に至る有向線分とすれば,

$$\begin{aligned}\frac{v(x+h,y)-v(x,y)}{h} &= \frac{1}{h}\int_{\gamma'} u_x dy - u_y dx \\ &= -\frac{1}{h}\int_x^{x+h} u_y(t,y)dt \longrightarrow -u_y \quad (h\to 0)\end{aligned} \tag{8.2.3}$$

が成立し, $u_y = -v_x$ が示される. 同様に, $u_x = v_y$ も示され f は正則となる. □

注意 8.2.2 一般のなめらかな単純閉曲線 C に対しても, グリーンの公式 (5.2.8) より

$$\int_C u_x dy - u_y dx = \iint_D \Delta u\, dxdy$$

が成立する. 但し, D は C が囲む領域である.

演習 8.2.1 上の $v(x,y) = \int_\gamma u_x dy - u_y dx$ が $u_x = v_y$ を満たすことを示せ.

8.3. 多変数解析関数

この節の目的は多変数べき級数に市民権を与え, 多変数解析関数を導入することである. 記述が複雑にならないように, 以下では 2 変数の場合に限って話を進めるが, 3 変数以上の場合にも容易に一般化できる. まず 1 変数べき級数のときのように, 2 変数べき級数とその収束域 (収束半径にあたる概念) の定義から始めよう. 次の形の 2 変数べき級数を考える. 2 変数のべき級数を二重べき級数という.

$$S(z,w) = \sum_{p,q\geq 0} a_{p,q} z^p w^q.$$

$r_1, r_2 \geq 0$ に対して, 正項級数

$$\sum_{p,q\geq 0} |a_{p,q}| r_1^p r_2^q.$$

8.3. 多変数解析関数

を対応させて, 収束半径に対応する収束域 $A(S)$ を定める.

定義 8.3.1 収束域 $A(S)$ を次で定まる第 1 象限の点の集合とする.

$$A(S) = \{(r_1, r_2) : \sum_{p,q \geq 0} |a_{p,q}| r_1^p r_2^q < +\infty, r_1, r_2 \geq 0\} \quad (8.3.1)$$

収束域 $A(S)$ は $(0,0)$ を含むので空ではない. また次の命題が成立する.

命題 8.3.1 (1) もし $(r_1, r_2) \in A(S)$ が内点 $(r_1, r_2 > 0)$ ならば, 二重べき級数 $S(z,w)$ は $\{(z,w) : |z| \leq r_1, |w| \leq r_2\}$ 上で一様収束する.
(2) もし $(|z|, |w|) \notin \overline{A(S)}$ ならば, 二重べき級数 $S(z,w)$ は発散する.

次の二重べき級数に関するアーベルの補題 (証明は省略) を用いれば, この命題の証明は前と同様にできる.

補題 8.3.1 正数 M が存在し, $|a_{p,q}|\rho_1^p \rho_2^q \leq M$ がすべての p,q で成立して, $r_1 < \rho_1, r_2 < \rho_2$ ならば, 二重べき級数 $S(z,w) = \sum_{p,q \geq 0} a_{p,q} z^p w^q$ は $|z| \leq r_1, |w| \leq r_2$ で一様収束する.

命題の証明 (1) を示そう. $(r_1, r_2) \in A(S)$ が内点ならば, $\rho_1 > r_1$, $\rho_2 > r_2$ を満たす点 $(\rho_1, \rho_2) \in A(S)$ が存在する. 実際, 点 (r_1, r_2) に十分近い点は $A(S)$ に属するからである. そのような, $(\rho_1, \rho_2) \in A(S)$ を一つ固定する. すると明らかに, アーベルの補題の仮定が満たされるので, 二重べき級数 $S(z,w)$ は $|z| \leq r_1, |w| \leq r_2$ に対して一様収束する.

次に (2) を示す. $(|z|, |w|) \notin \overline{A(S)}$ に対しては, $|a_{p,q}||z|^p|w|^q$ は有界ではあり得ない. 何故ならば, もし有界であれば再びアーベルの補題により, $r_1 < |z|, r_2 < |w|$ を満たす任意の点 (r_1, r_2) が $A(S)$ に属することになり $(|z|, |w|) \in \overline{A(S)}$ が成り立ち矛盾するからである. 従って, 一般項が 0 に収束しないので二重べき級数 $S(z,w)$ は発散することになる. □

収束域の例 $\sum_{p,q \geq 0} (2z)^p w^q$ の収束域は, 長方形 $\{r_1 < \frac{1}{2}, r_2 < 1\}$ であり, $\sum_{p=0}^{\infty} (2zw)^p$ の収束域は, 双曲線と座標軸で囲まれた領域 $\{r_1 r_2 < \frac{1}{2}\}$ である.

次に 1 変数のときにならい, 2 変数関数のべき級数展開を定めよう. まず,

定義 8.3.2 点 (z_0, w_0) の近傍で定義された複素 (または実) 変数関数 $u(z, w)$ が点 (z_0, w_0) で二重べき級数に展開されるとは, ある二重べき級数 $S(z, w)$ と, ある $r_1, r_2 > 0$ が存在し,

$$u(z, w) = S(z - z_0, w - w_0) \qquad (8.3.2)$$

が $|z - z_0| \leq r_1, |w - w_0| \leq r_2$ で成立することである.

そのとき, 2 変数関数の解析性は次のようになる.

定義 8.3.3 領域 Ω で定義された複素 (または実) 変数関数 $u(z, w)$ が解析的であるとは, Ω の各点で二重べき級数に展開されることとする.

注意 8.3.1 解析関数については, 1 変数解析関数と同様に以下のことが成立することが知られている.
(1) 解析関数は, 無限回微分可能である. またそのすべての導関数は同じ収束域をもつ.
(2) 二つの解析関数の積が 0 であれば, 少なくとも一方は恒等的に 0 である.
(3) 1 変数のときと同様に解析接続の原理が成立する.
ここではこれらの詳細は省略することにする.

演習 8.3.1 二重べき級数に関するアーベルの補題を証明せよ.

演習 8.3.2 この節の内容をすべて 3 変数以上の場合に拡張してみよ.

8.4. 調和関数が解析的関数であること

ここでは調和関数が二重べき級数に展開されることを簡単に見ておこう. まず, $u(x, y)$ を平面の領域上の実数値調和関数としよう. すると, 前節の定理よりある正則関数 f の実部に等しくなる. 一般性を失うことなく, $u(x, y)$ は平面上の開円板 $\{(x, y) : x^2 + y^2 < \rho^2\}$ で調和であるとしてよい. そのとき, $f(z)$ は $D = \{z : |z| < \rho\}$ で正則であるから, べき級数

$$f(z) = \sum_{n=0}^{\infty} a_n z^n \qquad (|z| < \rho)$$

8.4. 調和関数が解析的関数であること

と展開される. ここで, $z = x + iy$ を代入して得られる2変数の級数

$$\sum_{n=0}^{\infty} a_n (x+iy)^n \qquad (|z| < \rho)$$

を考える. $0 < r < \rho$ ならば, この級数は, $\{|x|+|y| \leq r\}$ 上で一様収束するので, $(x+iy)^n = \sum_{p+q=n} \dfrac{n!}{p!q!} x^p (iy)^q$ を代入し, 和の順序を交換すれば

$$\sum_{n=0}^{\infty} a_n (x+iy)^n = \sum_{p,q \geq 0} \frac{(p+q)!}{p!q!} a_{p+q} x^p (iy)^q$$

が, $|x|+|y| \leq r$ で成立する. 特に平面上の正方形 $D' = \{|x| \leq \dfrac{r}{2}, |y| \leq \dfrac{r}{2}\}$ 上でこのべき級数は一様収束し, 従って D' で解析的となる. さて, u は f の実数部分であるから,

$$u(x,y) = \frac{1}{2}\bigl(f(z) + \overline{f(z)}\bigr) \tag{8.4.1}$$

$$= \frac{1}{2}\Bigl(\sum_{n=0}^{\infty} a_n(x+iy)^n + \sum_{n=0}^{\infty} \overline{a_n}(x-iy)^n\Bigr)$$

$$= \sum_{p,q \geq 0} \frac{(p+q)!}{2p!q!} i^q \bigl(a_{p+q} + (-1)^q \overline{a_{p+q}}\bigr) x^p y^q$$

が D' で成立する. 従って, u は D' で解析的であることがわかった. これで次の定理が示されたことになる.

定理 8.4.1 領域 Ω で調和な関数 $u(x,y)$ は, 実2変数 x,y の関数として解析的である.

さて, 調和関数 $u(x,y)$ の上の二重べき級数展開式において, x,y の所に複素数を代入してもよいことに注意しよう. そこで, $x = \dfrac{z}{2}, y = \dfrac{z}{2i}$ とを代入すると, 次が得られる.

$$2u\Bigl(\frac{z}{2}, \frac{z}{2i}\Bigr) = f(z) + \overline{a_0}.$$

$z = 0$ とすれば $2u(0,0) = a_0 + \overline{a_0}$ がわかり,次の等式を得る.

$$2u\left(\frac{z}{2}, \frac{z}{2i}\right) - u(0,0) = f(z) + \frac{\overline{a_0} - a_0}{2}.$$

以上をまとめると

定理 8.4.2 $u(x,y)$ が平面上の開円板 $\{(x,y) : x^2 + y^2 < \rho^2\}$ で定義される実数値調和関数であるとする.このとき,$u(x,y)$ はある正則関数 $f(z)$ の実数部分となるが,この正則関数 $f(z)$ は純虚数の定数差を除いて

$$2u\left(\frac{z}{2}, \frac{z}{2i}\right) - u(0,0) \tag{8.4.2}$$

に等しい.但し,$u\left(\frac{z}{2}, \frac{z}{2i}\right)$ は $u(x,y)$ の二重べき級数展開に $x = \frac{z}{2}, y = \frac{z}{2i}$ を代入したものである.

例 複素三角関数の定義に従えば次の公式が成立する.

$$\begin{cases} \cos z = \cos x \cosh y - i \sin x \sinh y \\ \sin z = \sin x \cosh y + i \cos x \sinh y \end{cases}$$

但し,双曲線関数 $\cosh y, \sinh y$ は次で与えられる (問題 3.4).

$$\cosh y = \frac{e^y + e^{-y}}{2}, \quad \sinh y = \frac{e^y - e^{-y}}{2}.$$

さて,$u_1(x,y) = \cos x \cosh y$, $u_2(x,y) = \sin x \cosh y$ とおくと,これらは実数値調和関数で,次が成立することが容易に示される.

$$\cos z = 2u_1\left(\frac{z}{2}, \frac{z}{2i}\right), \quad \sin z = 2u_2\left(\frac{z}{2}, \frac{z}{2i}\right).$$

また,$u_3(x,y) = \dfrac{\cos x \sin x}{\cos^2 x \cosh^2 y + \sin^2 x \sinh^2 y}$ とおけば

$$\tan z = 2u_3\left(\frac{z}{2}, \frac{z}{2i}\right)$$

がわかる.

8.5. 円板上のディリクレ問題

この節では，円板内で与えられた調和関数を円板の境界上の積分で表す **ポワソンの公式** を紹介する．これは円板におけるいわゆる **ディリクレ問題** の解を与えるものである．ディリクレ問題は最も基本的な楕円型偏微分方程式の境界値問題の一つであり，次で与えられる．

定義 8.5.1 (円板上のディリクレ問題) D を $\mathbf{R}^2$ の開円板，D の周を S とする．f を S 上の連続関数とするとき，次の方程式

$$\begin{cases} \Delta u = 0, & (z \in D) \\ u = f, & (z \in S) \end{cases}$$

を満たす解 u で閉円板上で連続なものを求めよ．

次がこの問題の答えである．

定理 8.5.1 円板に対するディリクレ問題には一意的な解がある．

一意性の証明 f と g が共に解であれば，$h = f - g$ は閉円板で連続，かつ内部で調和，円周上で 0 となる．このような関数は恒等的に 0 である．実際，そうでなければ内部で正の最大値をとると仮定してよいが，最大値の原理により円板内部で正定数となる．そのとき，連続性により閉円板上で正定数となるが，これは周上で 0 であることに矛盾する． □

解が存在することの証明は 8.6 節でなされる．ここでは，この事実を用いて調和関数の平均値の性質による特徴付けを与えておく．

定理 8.5.2 領域 Ω で連続な関数 f が平均値の性質をもてば，f は Ω で調和である．

証明 D を Ω 内の任意の円板とし，f が D で調和であることを示す．g で f を円板の周に制限してできる連続関数を表すことにする．前定理により，D 内で調和で周上で g に等しい関数が存在するので，それを h としよう．差

$h-f$ は D 上で連続, 内部で調和, 周上で 0, かつ平均値の性質をもつ. 従って, 最大値の原理により恒等的に 0 となり, f は調和関数であることがわかる. □

ポワソン積分表示 $u(x,y)$ を, 開円板 $\{x^2+y^2<\rho\}$ 上の実数値調和関数とする. u はある正則関数 $f(z)$ の実数部分に等しいが, この f のべき級数展開 (テイラー展開) を考える.

$$f(z) = \sum_{n=0}^{\infty} a_n z^n \qquad (|z|<\rho)$$

この正則関数は純虚数の定数の差を除いて一意的であるので, a_0 を実数とすれば完全に決まることになる. ここで, $0 \le r < \rho$ として, 極座標 $x = r\cos\theta$, $y = r\sin\theta$ を $u(x,y) = \mathrm{Re}\,f(z)$ に代入すれば,

$$u(r\cos\theta, r\sin\theta) = a_0 + \frac{1}{2}\sum_{n=1}^{\infty} r^n(a_n e^{in\theta} + \overline{a_n} e^{-in\theta})$$

が得られる. この両辺に $e^{-im\theta}$ をかけて θ について $[0, 2\pi]$ 上で積分すれば, 次の関係式に注意して

$$\int_0^{2\pi} e^{i(n-m)\theta}\,d\theta = \begin{cases} 2\pi, & (m=n) \\ 0, & (m \ne n) \end{cases}$$

係数 a_n の値が次のように得られる.

$$\begin{cases} a_0 = \dfrac{1}{2\pi}\displaystyle\int_0^{2\pi} u(r\cos\theta, r\sin\theta)\,d\theta \\[2ex] a_n = \dfrac{1}{\pi r^n}\displaystyle\int_0^{2\pi} u(r\cos\theta, r\sin\theta) e^{-in\theta}\,d\theta \end{cases}$$

$|z| < r < \rho$ では, f の展開は一様収束するので, この関係式を a_n に代入して, 積分と和の順序を交換すれば次の等式が得られる.

$$f(z) = \frac{1}{2\pi}\int_0^{2\pi} u(r\cos\theta, r\sin\theta)\left(1 + 2\sum_{n=1}^{\infty}\left(\frac{z}{re^{i\theta}}\right)^n\right)d\theta$$

8.5. 円板上のディリクレ問題

さらに，等比級数の和の公式より

$$1 + 2\sum_{n=1}^{\infty}\left(\frac{z}{re^{i\theta}}\right)^n = \frac{re^{i\theta}+z}{re^{i\theta}-z}$$

であるから，次の積分表示が得られる．

$$f(z) = \frac{1}{2\pi}\int_0^{2\pi} u(r\cos\theta, r\sin\theta)\frac{re^{i\theta}+z}{re^{i\theta}-z}\,d\theta \quad (|z|<r)$$

u は f の実数部分であるから，結局次の定理が得られた．

定理 8.5.3 $u(x,y)$ を開円板 $\{x^2+y^2<\rho\}$ 上の実数値調和関数とする．このとき，任意の $r<\rho$ に対して開円板 $\{x^2+y^2<r\}$ で次の積分表示が成立する．

$$u(x,y) = \frac{1}{2\pi}\int_0^{2\pi} u(r\cos\theta, r\sin\theta)\,\mathrm{Re}\left(\frac{re^{i\theta}+z}{re^{i\theta}-z}\right)d\theta \quad (8.5.1)$$
$$= \frac{1}{2\pi}\int_0^{2\pi} u(r\cos\theta, r\sin\theta)\frac{r^2-|z|^2}{|re^{i\theta}-z|^2}\,d\theta.$$

注意 8.5.1 この公式はポワソンの積分公式といわれ，一般の複素数値関数に対しても成立する (実数部分と虚数部分に分ければよい)．また，対応 $z=x+iy \to (x,y)$ により2次元平面上の円板と複素平面上の円板は常に同一視できることを注意しよう．

ポワソン核を定義しよう．

定義 8.5.2 ポワソン核 $P_z(r,\theta)$ を次のように定める．

$$P_z(r,\theta) = \frac{r^2-|z|^2}{|re^{i\theta}-z|^2} \qquad (z \neq re^{i\theta}) \quad (8.5.2)$$

但し，$r>0, |z|\le r, \theta\in[0,2\pi]$ とする．

ポワソン核に対しては次が成立する．

定理 8.5.4 $r>0, |z|\le r, \theta\in[0,2\pi]$ とする．このとき，$P_z(r,\theta)$ には次の性質がある．
(1) $P_z(r,\theta)$ は z の関数として $z\neq re^{i\theta}$ 以外で調和である．また，$|z|=r$ のとき 0 で $|z|<r$ のとき正値である．

(2) $|z| < r$ のとき

$$\int_0^{2\pi} P_z(r,\theta)\,d\theta = 1. \tag{8.5.3}$$

(3) z が円板 $\{|z| < r\}$ の内部から周上の点 $re^{i\theta_0}$ に近づくとき，任意の正数 δ に対して

$$\int_{|\theta-\theta_0|>\delta} P_z(r,\theta)\,d\theta \longrightarrow 0 \tag{8.5.4}$$

となる．

証明 $P_z(r,\theta)$ は正則関数 $\dfrac{re^{i\theta}+z}{re^{i\theta}-z}$ の実数部分に等しいので，(1) はよい．また，$u(x,y)=1$ を代入すれば，(2) が成立することが直ちにわかる．最後に (3) は次のようにしてわかる．$\delta>0$ とする．$z=\rho e^{i\phi}$ とするとき，$|\phi-\theta_0|<\dfrac{\delta}{2}$ ならば，$|\theta-\theta_0|>\delta$ を満たす θ に対して $|\phi-\theta|>\dfrac{\delta}{2}$ であるから，$|re^{i\theta}-z|\geq r\sin\dfrac{\delta}{2}$ が成立する．従って，

$$\int_{|\theta-\theta_0|>\delta} P_z(r,\theta)\,d\theta \leq \frac{r^2-|z|^2}{r^2\sin^2\dfrac{\delta}{2}}$$

が成り立ち，$|z|\to r$ のとき 0 に収束することがわかる．□

演習 8.5.1 (1) ポワソン核 $P_z(r,\theta)$ について，次のことを示せ．

$$\frac{r-|z|}{r+|z|} \leq P_z(r,\theta) \leq \frac{r+|z|}{r-|z|}, \qquad (|z|<r)$$

(2) $g(z)$ が $|z|<r$ で調和で，$g(z)\geq 0$ であれば次が成立する．

$$\frac{r-|z|}{r+|z|}g(0) \leq g(z) \leq \frac{r+|z|}{r-|z|}g(0), \qquad (|z|<r)$$

(3) $g(z)$ が点 α 中心，半径 r の円板で調和かつ $g\geq 0$ であれば，点 α 中心，半径 $\dfrac{r}{2}$ の円板で

$$\frac{1}{3}g(\alpha) \leq g(z) \leq 3g(\alpha)$$

が成立する．

8.6. 円板上のディリクレ問題の解の存在性

この節ではポワソン核を用いて，保留してあった「複素平面上の円板におけるディリクレ問題の解の存在」を証明しよう．次の定理が成立する．

定理 8.6.1 $D = \{|z| < r\}$ とし，開円板 D の周を S とする．$f(\theta)$ を S 上の連続関数とし，

$$u(z) = \int_0^{2\pi} P_z(r,\theta) f(\theta)\, d\theta \tag{8.6.1}$$

と定める．そのとき，u は次のディリクレ問題の解となる．

$$\begin{cases} \Delta u = 0, & z \in D \\ u = f, & z \in S \end{cases} \tag{8.6.2}$$

注意 8.6.1 円周上の連続関数は 2π 周期の周期関数である．対応 $z = x+iy \to (x,y)$ により 2 次元平面上の円板と複素平面上の円板を同一視すれば，定理 8.5.1 と同じ内容である．

証明 $u(z)$ が調和であることは積分記号下で微分ができ，ポワソン核が調和であることから直ちに従う．後は，次の性質を示せばよい．

$$\lim_{\substack{z \to r\exp(i\theta_0) \\ |z| < r}} u(z) = f(\theta_0)$$

前節の定理に注意して

$$u(z) - f(\theta_0) = \frac{1}{2\pi} \int_{|\theta - \theta_0| \leq \delta} (f(\theta) - f(\theta_0)) P_z(r,\theta)\, d\theta \tag{8.6.3}$$

$$+ \frac{1}{2\pi} \int_{|\theta - \theta_0| > \delta} (f(\theta) - f(\theta_0)) P_z(r,\theta)\, d\theta$$

ここで，上の第 1 項の絶対値は $\max_{|\theta - \theta_0| \leq \delta} |f(\theta) - f(\theta_0)|$ 以下なので，f の連続性から，任意の $\varepsilon > 0$ に対して十分小さな $\delta > 0$ を選べば，$\dfrac{\varepsilon}{2}$ 以下にできる．そのとき，第 2 項の絶対値は

$$2 \max_{\theta \in [0, 2\pi]} |f(\theta)| \cdot \int_{|\theta - \theta_0| > \delta} P_z(r,\theta)\, d\theta$$

で上から評価される. 定理 8.5.4 の (3) より, この量は $z \to re^{i\theta_0}$ のとき 0 に近づくから, z が $re^{i\theta_0}$ に十分近ければ, $\dfrac{\varepsilon}{2}$ 以下となる. 以上により,

$$|u(z) - f(\theta_0)| < \varepsilon$$

となることがわかり, 証明が終わる. □

8.7. 応用：多重べき級数を用いる微分方程式の解法 1

2 変数のべき級数で定められる解析関数

$$S(z,w) = \sum_{p,q \geq 0} a_{p,q} z^p w^q$$

が与えられたとする. $S(z,w)$ の収束域 $A(S)$ はある正数 r_0 に対し, 正方領域 $\{(r_1, r_2) : 0 \leq r_1, r_2 \leq r_0\}$ を含むとする. 従って, 原点 $(0,0)$ のある近傍で $S(z,w)$ は無限回微分可能である.

w を未知関数とする, 次の形の微分方程式を考える.

$$\frac{dw}{dz} = S(z,w)$$

$z=0$ の近傍で正則な関数 $w = \varphi(z)$ で, $\varphi(0) = 0$ かつ, この微分方程式を満足するものを求める. 未知関数 φ をテイラー展開 (べき級数展開) すれば, 条件 $\varphi(0) = 0$ より

$$\varphi(z) = \sum_{n=1}^{\infty} a_n z^n$$

と書けるが, この係数 a_n をすべて決定しなければならない. 以下では, 議論を 2 段階に分ける. 第一段では形式的に微分方程式を満たすべき級数を計算してみる. そして第二段で, その級数が実際に収束することをいうのである.

命題 8.7.1 与えられた 2 変数解析関数 $S(z,w)$ に対し, $\varphi'(z) = S(z, \varphi(z))$ かつ $\varphi(0) = 0$ を形式的に満たすべき級数 $\varphi(z)$ が一意的に存在する. 但し, 「形式的に満たす」という意味は, 収束半径が 0 でもよいということである.

8.7. 応用：多重べき級数を用いる微分方程式の解法 1

証明 $\varphi'(z) = S(z, \varphi(z))$ の両辺で z^{n-1} の係数を比較すれば，

$$na_n = P_n(a_1, a_2, \cdots, a_{n-1}; \{a_{p,q}\}), \quad n = 1, 2, 3, \ldots$$

を得る．ここで，P_n は $a_1, a_2, \cdots, a_{n-1}$ と $S(z, w)$ の係数 $\{a_{p,q}\}$ を変数とするある多項式である．この多項式 P_n の係数はすべて非負整数であることに注意しておく．この関係式を用いれば，順に $a_1, a_2, \cdots$ を決めることができる．例えば

$$a_1 = a_{0,0}, \quad a_2 = \frac{a_{1,0} + a_{0,1} a_1}{2}, \quad \ldots$$

となる．一般に，a_n は非負の有理数を係数とする有限個の $a_{p,q}$ ($p+q \leq n-1$) の多項式で表されることに注意する．従って，命題が示された． □

次に $\varphi(z)$ が収束することを示す．ここでは，優級数の方法を用いよう．

定義 8.7.1 二重べき級数

$$T(z, w) = \sum_{p,q \geq 0} A_{p,q} z^p w^q \tag{8.7.1}$$

が級数 $S(z, w) = \sum_{p,q \geq 0} a_{p,q} z^p w^q$ の **優級数** であるとは，不等式

$$|a_{p,q}| \leq A_{p,q} \tag{8.7.2}$$

がすべての p, q で成り立つことである．

同様に，べき級数 $\Phi(z) = \sum_{n=1}^{\infty} A_n z^n$ が $\varphi(z) = \sum_{n=1}^{\infty} a_n z^n$ の優級数であるとは

$$|a_n| \leq A_n, \quad n = 1, 2, 3, \ldots$$

が成り立つことである．そのとき，次の命題が成り立つ．

命題 8.7.2 級数 $T(z, w)$ が $S(z, w)$ の優級数であるとする．べき級数 $\Phi(z)$ が微分方程式

$$\frac{dw}{dz} = T(z, w) \tag{8.7.3}$$

の一意的な形式的解であれば，$\Phi(z)$ は $\varphi(z)$ の優級数である．

証明 前命題で述べたように,級数 $\varPhi$ の係数は非負の有理数を係数とする $A_{p,q}$ の多項式である.従って,不等式 $|a_{p,q}| \leq A_{p,q}$ より,$|a_n| \leq A_n$ が成立する. □

次に,べき級数 $\varphi(z)$ の収束半径が正であることを示そう.そのためには $S(z,w)$ の優級数 $T(z,w)$ を実際に与え,収束半径が正の (優級数) 解 $\varPhi(z)$ を構成すればよい.

仮定より $S(z,w)$ の収束域は,ある正数 r_0 に対し,集合 $K = \{(z,w); |z| \leq r_0, |w| \leq r_0\}$ を含む.$M = \sup_K |S(z,w)|$ とおく.すると,コーシーの不等式

$$|a_{p,q}| \leq \frac{M}{r_0^{p+q}}$$

が成立する.この不等式の証明は最後に与えることにする.さて

$$A_{p,q} = \frac{M}{r_0^{p+q}}$$

とおけば,T は S の優級数となる.さらに $|z| < r_0, |w| < r_0$ のとき,等比級数の和の公式の積をとれば,

$$T(z,w) = \sum_{p,q \geq 0} \frac{M z^p w^q}{r_0^{p+q}} = \frac{M}{\left(1 - \dfrac{z}{r_0}\right)\left(1 - \dfrac{w}{r_0}\right)}$$

が成立することがわかる.このとき,解くべき微分方程式は

$$\frac{dw}{dz} = \frac{M}{\left(1 - \dfrac{z}{r_0}\right)\left(1 - \dfrac{w}{r_0}\right)}$$

となり,変数分離型であるので求積法で容易に解くことができる.実際,

$$\left(1 - \frac{w}{r_0}\right) dw = \frac{M\, dz}{1 - \dfrac{z}{r_0}}$$

と変形して両辺を積分すれば,$w(0) = 0$ を考慮して

$$\left(1 - \frac{w}{r_0}\right)^2 = 2M \log\left(1 - \frac{z}{r_0}\right) + 1 \quad (|z| < r_0)$$

を得る.ここで, 右辺の対数は主値 ($z=0$ のとき 1) をとる. w について解けば

$$w = r_0\left(1 - \sqrt{1 + 2M\log\left(1 - \frac{z}{r_0}\right)}\right)$$

が最終的に得られる.ここで, 右辺の平方根も主値 ($z=0$ のとき 1) をとる.この関数は $z=0$ の近傍で正則であるから, そのべき級数展開 (テイラー展開) の収束半径は正である. これで次の定理が証明された.

定理 8.7.1 $S(z,w)$ は二重べき級数関数で, その収束域 $A(S)$ はある正数 r_0 に対し, 正方領域 $\{(r_1, r_2) : 0 \leq r_1, r_2 \leq r_0\}$ を含むとする. そのとき, $z=0$ の近傍で, 微分方程式

$$\frac{dw}{dz} = S(z, w) \tag{8.7.4}$$

を満たす正則関数 $w = \varphi(z)$ で, $\varphi(0) = 0$ となるものが一意的に存在する.

さて, 証明の中で用いた二重べき級数関数に対するコーシーの不等式を示しておこう.

証明 証明は 1 変数の場合と同様である. $z = r_0 e^{i\theta_1}, w = r_0 e^{i\theta_2}$ をべき級数 $S(z,w)$ に代入し, 級数の一様収束性に注意して項別に積分すれば

$$a_{p,q} r_0^{p+q} = \frac{1}{4\pi^2} \int_0^{2\pi} \int_0^{2\pi} S(r_0 e^{i\theta_1}, r_0 e^{i\theta_2}) e^{-i(p\theta_1 + q\theta_2)} d\theta_1 d\theta_2$$

となる. この両辺の絶対値をとり評価すれば, コーシーの不等式を得る. □

8.8. 応用：多重べき級数を用いる微分方程式の解法 2

前節で微分方程式の右辺の解析関数 S が助変数 (パラメーター) ξ を含み, ξ に解析的に依存すると仮定する. すなわち, 原点 $(0,0,0)$ の近傍で解析的な 3 変数関数

$$S(z, w, \xi)$$

が与えられたとする．そのとき, 0 に十分近い ξ に対し, 微分方程式

$$\frac{dw}{dz} = S(z, w, \xi)$$

は, $z = 0$ で 0 となる一意的な解析関数の解をもつが, それは助変数 ξ にも依存するので

$$w = \varphi(z, \xi)$$

と書くことにする. $\varphi(0, \xi) = 0$ である．このとき次の定理が成立する．

定理 8.8.1　$\varphi(z, \xi)$ は 2 変数 z, ξ の関数として, 原点 $(0, 0)$ のある近傍で解析的である．

この定理の証明は後で与えることにし, 次の初期値問題に応用してみよう. 関数 $S(z, w)$ は原点 $(0, 0)$ の近傍で解析的であるとする. そのとき, 十分小さな η に対して

$$\frac{dw}{dz} = S(z, w)$$

の解 φ で $\varphi(0) = \eta$ を満たす解析関数が一意的に存在することがわかる. 実際, 未知関数 w を $\tilde{w} + \eta$ と変更すれば, 各 η ごとに前節の解の存在定理が適用できるからである. そのとき, 一意解 φ は初期値 η にも依存するので

$$w = \varphi(z; \eta)$$

と書こう. そのとき次の命題が成立する.

命題 8.8.1　$\varphi(z; \eta)$ は 2 変数 z, η の関数として, 原点 $z = 0$ と $\eta = 0$ のある近傍で解析的である．

証明　未知関数を w から $\tilde{w} + \eta$ に変更すると, 十分小さな η に対し $\tilde{w}$ は

$$\frac{d\tilde{w}}{dz} = S(z, \tilde{w} + \eta)$$

の解となり, 初期条件 $\tilde{w}(0) = 0$ を満足する. $\tilde{w}$ は η にも依存するから

$$\tilde{w} = \tilde{\varphi}(z; \eta)$$

8.8. 応用：多重べき級数を用いる微分方程式の解法 2

と書く．方程式の右辺の関数は助変数に解析的に依存するので，前定理により一意解は解析関数 $\tilde{\varphi}(z;\eta)$ となる．従って，最初の初期値問題の解 w は

$$w = \varphi(z;\eta) = \eta + \tilde{\varphi}(z;\eta)$$

となり，原点 $z=0, \eta=0$ の近傍で解析的であることが示された．□

定理の証明　解析関数 $S(z,w,\xi)$ は次のように展開されているとしてよい．

$$S(z,w,\xi) = \sum_{p,q \geq 0} b_{p,q}(\xi) z^p w^q$$

ここで，$b_{p,q}(\xi)$ は ξ の解析関数で

$$b_{p,q}(\xi) = \sum_{r \geq 0} b_{p,q,r} \xi^r$$

と展開されているとする．前節の結果より，各 ξ ごとに微分方程式

$$\frac{dw}{dz} = S(z,w,\xi)$$

は一意的な形式解 $\varphi(z) = \sum_{n \geq 1} a_n z^n$ をもち，その係数 a_n は ξ の解析関数であることがわかる．従って，上の微分方程式の形式的な解は，z と ξ に関するべき級数である．それを

$$w = \varphi(z,\xi)$$

とする．このべき級数の収束半径が正であることを示せば証明が終わるが，そのために再び優級数を用いよう．仮定より，十分小さな $r_0 > 0$ に対し，$S(z,w,\xi)$ は $K = \{(z,w,\xi); |z|,|w|,|\xi| \leq r_0\}$ を含む領域で解析的であるので，$M = \sup_K |S(z,w,\xi)|$ とおくと，前と同じ議論でコーシーの不等式 $|b_{p,q,r}| \leq M r_0^{-p-q-r}$ が成立し，

$$T(z,w,\xi) = \frac{M}{\left(1 - \dfrac{z}{r_0}\right)\left(1 - \dfrac{w}{r_0}\right)\left(1 - \dfrac{\xi}{r_0}\right)}$$

が S の優級数になることがわかる. 微分方程式
$$\frac{d\Phi(z,\xi)}{dz} = T(z,w,\xi)$$
の解は, 前と同様にして
$$\Phi(z,\xi) = r_0\left(1 - \sqrt{1 + \frac{2M}{\left(1 - \frac{\xi}{r_0}\right)}\log\left(1 - \frac{z}{r_0}\right)}\right)$$
と計算できるので, 明らかに原点 $z=0, \xi=0$ の近傍で解析的である. 従って, 収束域が空でない優級数が構成できたので, $\varphi(z,\xi)$ も収束域が空でないことが示された. □

演習 8.8.1 上の $T(z,w,\xi)$ が $S(z,w,\xi)$ の優級数であることを示せ.

8.9. 章末問題　A

問題 8.1 次の関数が調和であるかどうかを調べよ.
(1)　$z^2 + z + 1$　(2)　$e^{iy} + xy$　(3)　$\sin(x^2 - y^2)$

問題 8.2 $w = f(\zeta)$ が調和で $\zeta = g(z)$ が正則であれば, $w = f(g(z))$ は意味がある限り調和である.

問題 8.3 $u(x, y)$ が調和であれば, $\dfrac{\partial u}{\partial z}$ は正則であることを示せ.

問題 8.4 $|z| < |\zeta|$ のとき, $\dfrac{\zeta + z}{\zeta - z} = 1 + 2\sum_{n=1}^{\infty} \left(\dfrac{z}{\zeta}\right)^n$ を示せ. また, これを用いて, 次のポワソン核の展開公式を示せ.

$$\mathrm{Re}\left(\frac{Re^{i\phi} + re^{i\theta}}{Re^{i\phi} - re^{i\theta}}\right) = \frac{R^2 - r^2}{R^2 - 2Rr\cos(\theta - \phi) + r^2} = 1 + 2\sum_{n=1}^{\infty}\left(\frac{r}{R}\right)^n \cos n(\theta - \phi)$$

問題 8.5 $u(z)$ が $|z| < R$ で調和, $|z| \leq R$ で連続であれば, 次のフーリエ級数展開が成立することを示せ.

$$u(re^{i\theta}) = \frac{a_0}{2} + \sum_{n=1}^{\infty}(a_n \cos n\theta + b_n \sin n\theta)\left(\frac{r}{R}\right)^n \ (0 < r < R)$$

$$\begin{cases} a_n = \dfrac{1}{\pi}\displaystyle\int_0^{2\pi} u(Re^{i\phi})\cos n\phi \, d\phi & n = 0, 1, 2, \ldots, \\ b_n = \dfrac{1}{\pi}\displaystyle\int_0^{2\pi} u(Re^{i\phi})\sin n\phi \, d\phi & n = 1, 2, 3, \ldots \end{cases}$$

問題 8.6 $u(re^{i\theta}) = a_0 + \sum_{n=1}^{\infty}(a_n \cos n\theta + b_n \sin n\theta)r^n$ を $r < R$ で調和な関数とするとき,

$$v(re^{i\theta}) = b_0 + \sum_{n=1}^{\infty}(-b_n \cos n\theta + a_n \sin n\theta)r^n$$

とおけば, $f(z) = u(z) + iv(z)$ は正則であることを示せ.

問題 8.7 $u(re^{i\theta}) = \dfrac{a_0}{2} + \sum_{n=1}^{\infty}(a_n \cos n\theta + b_n \sin n\theta)r^n$ を $r < R$ で調和な関数とするとき, 次の等式を示せ.

$$\int_{|z|<r}(u_x^2 + u_y^2)\,dxdy = \pi\sum_{n=1}^{\infty} n(a_n^2 + b_n^2)r^{2n}$$

問題 8.8 円板内において有界な二つの調和関数が, 等しい境界値をもてば, これらの関数は恒等的に等しい.

8.10. 章末問題 B

試練 8.1 $|\alpha| < R$ とするとき, $|z| = R$ と $|z - \alpha| = r$ $(0 < r < R - |\alpha|)$ とで囲まれた環状領域 D_r において

$$\iint_{D_r} \frac{dz d\bar{z}}{z - \alpha} = -\int_{|z|=R} \frac{\bar{z}}{z - \alpha} dz + \int_{|z-\alpha|=r} \frac{\bar{z}}{z - \alpha} dz$$

が成り立つことを試練 7.7 の公式を用いて示せ. さらに, 次の等式を示せ.

$$\iint_{|z|<R} \frac{dz d\bar{z}}{z - \alpha} = 2\pi i \alpha.$$

試練 8.2 $u(z) \geq 0$ が領域 D で調和であるとき, D の任意の有界な閉部分集合 E の任意の 2 点 z_1, z_2 に対して, $u(z_1) \leq M u(z_2)$ が成り立つことを示せ. 但し, M は E に依存するが, 点 z_1, z_2 には依らない正の定数である. Hint: 演習 8.5.1(3).

試練 8.3 $\{u_n(z)\}$ を領域 D で調和な関数の増加列とする. 1 点 $z_0 \in D$ でこの列が有界であれば, $\{u_n(z)\}$ はある調和関数に D 上で広義一様収束することを示せ.

試練 8.4 $f(t)$ は実軸上の連続関数で $\int_{-\infty}^{\infty} \frac{|u(t)|}{1 + t^2} dt < \infty$ を満たすものとする.

$$u(z) = \frac{1}{\pi} \int_{-\infty}^{\infty} \frac{x}{x^2 + (y-t)^2} f(t) dt \quad (z = x + iy, y > 0)$$

は調和で, 任意の実数 t_0 に対し, $\operatorname{Re} z > 0, z \to it_0$ のとき $u(z) \to f(t_0)$ である.

試練 8.5 微分方程式 $z\phi'' + (\gamma - z)\phi' - \alpha\phi = 0$ を考える. $P(z) = z^2 - z$, $Q(z) = \gamma z - \alpha$ とおく. さらに $f(z)$ を解析関数とし $\phi(z) = \int_C f(w) e^{zw} dw$ とおく. 但し, C は z_0 を始点, z_1 を終点とするなめらかな積分路とする.

(1) $\phi(z)$ は正則であることを示せ.
(2) $\phi(z)$ が解になるための一つの十分条件は次で与えられることを示せ.

$$\frac{d}{dz}\big(P(z)f(z)\big) = Q(z)f(z), \quad \big[e^{zw} P(w) f(w)\big]_{w=z_0}^{w=z_1} = 0$$

(3) $\operatorname{Re}\alpha > 0, \operatorname{Re}\gamma - \alpha > 0, z_0 = 0, z_1 = 1$ として $\phi(z)$ を求めよ.
(4) $\operatorname{Re}\alpha < 0, \operatorname{Re}\gamma - \alpha > 0, z_0 = 1, z_1 = \infty$ として $\phi(z)$ を求めよ.

第 9 章
正則関数列と有理型関数列の世界

9.1. 正則関数のつくる空間

複素平面上の領域 D で定義される正則関数の全体のなす空間を $H(D)$ としよう. 任意の部分集合 $K \subset \Omega$ に対して, この空間には, 次のように K 上でのノルムを定めることができるのであった.

定義 9.1.1 K を D の任意の部分集合とする. D 上の連続関数 $f(z)$ に対して

$$||f||_K = \sup_{z \in K} |f(z)| \tag{9.1.1}$$

と定め, これを関数 f の集合 K 上でのノルムという. 特に $K = D$ のときは, 単に f のノルムという.

さらに, $H(D)$ 内の正則関数列を一つとり, $\{f_n(z)\}_{n=0}^{\infty}$ と書く. 連続関数列の広義一様収束が, 次のように決められたことを思い出そう.

定義 9.1.2 g を D 上のある関数とする. D の任意の有界閉部分集合 (コンパクト集合)K に対して

$$\lim_{n \to \infty} ||f_n - g||_K = 0 \tag{9.1.2}$$

が成立するとき, 連続関数列 $\{f_n\}_{n=1}^{\infty}$ は, D 上で関数 g に広義一様収束するという.

このとき，次の性質が最も基本的である．

定理 9.1.1 (ワイエルシュトラス) D 上の正則関数列 $\{f_n\}_{n=0}^{\infty}$ が D 上で関数 f に広義一様収束すれば，極限関数 f は D で正則である．

証明 定理 1.8.1 より極限関数 f は連続である．従って，定理 5.2.1 (コーシーの定理) から D 内の任意の単純閉曲線 C に対して，

$$\int_C f(z)\,dz = 0$$

を示せばよい．しかし閉曲線 C は有界閉集合であるので，関数列 $\{f_n\}_{n=0}^{\infty}$ は f に C 上で一様収束することがわかり，

$$\int_C f(z)\,dz = \lim_{n\to\infty}\int_C f_n(z)\,dz = 0$$

が成立する．□

この定理を，関数項の級数に適用すれば次のようになる．

命題 9.1.1 $f_n(z), n=1,2,3,\ldots$ を領域 D 上の正則関数とする．このとき，級数 $\sum_{n=1}^{\infty} f_n(z)$ が D 上で広義一様収束すれば，和 $f(z)$ は正則であり，項別微分ができる．すなわち，$f'(z) = \sum_{n=1}^{\infty} f'_n(z)$ が成り立つ．

次も成立する．

命題 9.1.2 空間 $H(D)$ の関数列 $\{f_n(z)\}_{n=0}^{\infty}$ が D 上で広義一様収束するとする．このとき，任意の自然数 k に対して k 次導関数の列 $\{f_n^{(k)}(z)\}_{n=0}^{\infty}$ は極限関数の k 次導関数に D 上で広義一様収束する．

証明 極限関数を $f(z)$ とする．一般化されたコーシーの積分公式より，

$$f^{(k)}(z) = \frac{k!}{2\pi i}\int_C \frac{f(\zeta)}{(\zeta - z)^{k+1}}\,d\zeta$$

が成立する．但し，C は点 $z \in D$ を囲む単純閉曲線である．従って，前定理の証明と同様にして

$$f^{(k)}(z) = \lim_{n\to\infty} \frac{k!}{2\pi i} \int_C \frac{f_n(\zeta)}{(\zeta-z)^{k+1}} d\zeta = \lim_{n\to\infty} f_n^{(k)}(z)$$

が成り立ち，この収束は広義一様である．□

次もよく知られた性質である．

命題 9.1.3 空間 $H(D)$ の関数列 $\{f_n(z)\}_{n=0}^{\infty}$ が D で $f_n(z) \neq 0$ を満たし，$f(z)$ に広義一様収束すれば $f(z)$ は恒等的に 0 であるか，または D で決して 0 とならない

証明 f が恒等的に 0 ではないとしよう．f の零点はすべて孤立点である．a を一つの零点としよう．すると，その零点としての位数 m は，C を a 中心の十分小さな円周として次のように表される (偏角の原理)．

$$m = \frac{1}{2\pi i} \int_C \frac{f'(z)}{f(z)} dz$$

仮定より f_n, f_n' は f, f' に C 上で一様収束し，f_n は零点をもたないので，

$$\frac{1}{2\pi i} \int_C \frac{f'(z)}{f(z)} dz = \lim_{n\to\infty} \frac{1}{2\pi i} \int_C \frac{f_n'(z)}{f_n(z)} dz = 0$$

がわかる．よって f も零点をもたない．□

系 9.1.1 $H(D)$ の関数列 $\{f_n\}_{n=0}^{\infty}$ が D で写像として 1 対 1 であり，f に広義一様収束すれば，f は恒等的に定数であるか D で 1 対 1 である

証明 1 対 1 でないと仮定すると，D 内の異なる 2 点 a と b が存在して $f(a) = f(b) = c$ となる．すると，a と b を中心とする D 内の互いに素な円板 B_1 と B_2 が存在して，十分大きなすべての n に対して f_n は B_1 と B_2 の中で値 c をとることが上の命題からわかる．これは，f_n が 1 対 1 であることに反する．□

最後に，一つ補題を準備しておこう．

補題 9.1.1 D を原点中心の半径 R の円板とする. 正則関数の空間 $H(D)$ の関数列 $\{f_n\}_{n=0}^{\infty}$ が D 内の任意の有界閉集合 (コンパクト集合) で一様に有界であるとする. (すなわち, 任意の有界閉集合 $K \subset D$ に対して, ある正数 $M = M(K)$ が存在して, $\sup_{z \in K} |f_n(z)| \leq M$ となる.) そのとき, $\{f_n\}_{n=0}^{\infty}$ が広義一様収束 するためには次の条件が必要十分である.

条件: $k = 0, 1, 2, \ldots$ に対し, k 次導関数 $f_n^{(k)}(0)$ が $n \to \infty$ で収束.

証明 必要性は命題 9.1.2 からわかるので, 十分性を証明しよう. r, r_0 を $0 < r < r_0 < R$ を満たすように選ぶ. 仮定より, $|z| \leq r_0$ ならば, $\sup_{|z| \leq r_0} |f_n(z)| \leq M$ となる. 各 f_n のテイラー展開を次のようにおこう.

$$f_n(z) = \sum_{k=0}^{\infty} a_{k,n} z^k$$

すると, コーシーの不等式を用いれば, 次が成り立つ.

$$|a_{k,n}| = \frac{|f_n^{(k)}(0)|}{k!} \leq \frac{M}{r_0^k}$$

よって, $|z| \leq r$ ならば, 任意の m, n に対して,

$$|f_m(z) - f_n(z)| \leq \sum_{k=0}^{N} |a_{k,m} - a_{k,n}| r^k + 2M \sum_{k=N}^{\infty} \left(\frac{r}{r_0}\right)^k$$

が成立する. ここで, 任意の $\varepsilon > 0$ に対して十分大きく N を選べば,

$$2M \sum_{k=N}^{\infty} \left(\frac{r}{r_0}\right)^k < \frac{\varepsilon}{2}$$

となる. 補題の条件より, 整数 n_0 を十分大きく選べば, $n, m \geq n_0$ のとき,

$$\sum_{k=0}^{N} |a_{k,m} - a_{k,n}| r^k < \frac{\varepsilon}{2}$$

となることがわかる. 従って, $n, m \geq n_0$ かつ $|z| \leq r$ ならば

$$|f_m(z) - f_n(z)| < \varepsilon$$

であることがわかり, $\{f_n\}_{n=0}^{\infty}$ が広義一様収束することが示された. □

9.2. 有理型関数の無限級数

この節では，複素平面上の領域 D で有理型関数 (高々極を特異点としてもつ関数) の関数列 f_n に対して，級数 $\sum_n f_n$ の収束・発散を定める.

定義 9.2.1 有理型関数からなる無限級数 $\sum_n f_n$ が D で広義一様収束するとは，任意の有界閉集合 $K \subset D$ に対して，高々有限個の項を取り除けば，残りの関数 f_n が K 上に極をもたず，K で一様収束する級数となることする.

関数列の収束も同様に定められる. この定義から, 直ちに次の定理が得られる.

定理 9.2.1 D で有理型な関数からなる無限級数 $\sum_n f_n$ が D で広義一様収束すれば，その和 f は有理型である．また，導関数からなる級数 $\sum_n f_n'$ も D で広義一様収束し，その和は，f' である.

証明 定義から，任意の有界閉集合 $K \subset D$ に対してある番号 m が存在して, $n \geq m$ では，$\sum_{n \geq m} f_n$ が K 上で一様収束するようにできる．この和は正則関数であるから，和 $\sum_n f_n$ が存在して有理型関数となることがわかる．また正則な関数の級数が一様収束すれば，項別に微分ができるので,

$$\left(\sum_{n \geq m} f_n\right)' = \sum_{n \geq m} f_n'$$

が成立する．従って，定理の後半が成り立つことも容易にわかる．□

例 1 最初の例として，有理型関数 $\dfrac{\pi^2}{\sin^2(\pi z)}$ を考えてみよう．この関数は，すべての整数点 n で 2 位の極をもつが，実は次の等式が成立するのである．

$$\frac{\pi^2}{\sin^2(\pi z)} = \sum_{n=-\infty}^{+\infty} \frac{1}{(z-n)^2}$$

まず，$f(z) = \displaystyle\sum_{n=-\infty}^{+\infty} \frac{1}{(z-n)^2}$ とおいて，右辺の級数の広義一様収束性について考えよう．K を勝手な有界閉集合としよう．すると，十分大きな正数 M を

とれば, K は帯状の集合 $K' = \{z = x + iy : |x| < L\}$ に含まれるので, このような帯状の領域 K' で広義一様収束することを示せば, 前定理より f が有理型関数であることがわかる. 正項級数 $\sum_{n=1}^{+\infty} \dfrac{1}{n^2}$ が収束することはよく知られている. 従って, $n \geq L+1$ であれば, K' において $\dfrac{1}{(z-n)^2}$ は正則であり, 簡単な考察により不等式 $\left|\dfrac{1}{(z-n)^2}\right| \leq \dfrac{1}{(|n|-L)^2}$ が成立することがわかるので, 級数 $\sum_{n \geq L+1} \dfrac{1}{(z-n)^2}$ はこの帯状領域 K' で一様収束する. 以上より, $f(z) = \sum_{n=-\infty}^{+\infty} \dfrac{1}{(z-n)^2}$ が広義一様収束することが示された.

次に, 問題の等式を示そう. 原点の近傍において正則な関数 h が存在して $\dfrac{\pi^2}{\sin^2(\pi z)}$ は次のように分解されることに注意しよう.

$$\frac{\pi^2}{\sin^2(\pi z)} = \frac{1}{z^2} + h(z)$$

このことは, 原点において $\sin(\pi z) = \pi z \left(1 - \dfrac{(\pi z)^2}{3!} + \dfrac{(\pi z)^4}{5!} - \cdots \right)$ とテイラー展開されることから容易にわかる. また原点以外の点 n における特異性についても, 公式 $\sin^2(\pi z) = \sin^2(\pi(z-n))$ から, $z = n$ の近傍において

$$\frac{\pi^2}{\sin^2(\pi z)} = \frac{1}{(z-n)^2} + h(z-n)$$

と表せることがわかる. 従って, ある正則関数 g が存在して次が成立する.

$$\frac{\pi^2}{\sin^2(\pi z)} = \sum_{n=-\infty}^{+\infty} \frac{1}{(z-n)^2} + g(z)$$

最後に, g が恒等的に 0 であることを示す. $f(z) = \sum_{n=-\infty}^{+\infty} \dfrac{1}{(z-n)^2}$ と $\dfrac{\pi^2}{\sin^2(\pi z)}$ は共に周期 1 の関数であるから, g も周期 1 の関数である. 一方, $|y| \to \infty$ のとき, 公式

$$|\sin^2(\pi z)| = \cosh^2(\pi y) - \cos^2(\pi x)$$

9.2. 有理型関数の無限級数

より, x に関して一様に $\dfrac{\pi^2}{\sin^2(\pi z)} \to 0$ となることがわかる. 明らかに, f も同じ性質をもつので, g は複素平面全体で正則かつ有界な関数である. よってリューヴィルの定理により g は定数関数であり, その値が 0 であることも同時に示された. □

ところで, $\sin^2(\pi z)$ のテイラー展開を用いれば, 原点の近傍において

$$\frac{\pi^2}{\sin^2(\pi z)} = \frac{1}{z^2} + \frac{\pi^2}{3} + k(z)$$

がわかる. 但し, k は原点を 2 位の零点とする正則関数である. すると,

$$\frac{\pi^2}{\sin^2(\pi z)} - \frac{1}{z^2} = \sum_{n \neq 0} \frac{1}{(z-n)^2}$$

と合わせれば, 次の等式が得られることを注意しておこう.

$$\sum_{n=1}^{\infty} \frac{1}{n^2} = \frac{\pi^2}{6}$$

この例を積分することにより, 関連する例を得ることができる.

例 2 まず, 関係式

$$\frac{\pi^2}{\sin^2(\pi z)} = -\pi \frac{d}{dz} \cot(\pi z), \quad \frac{1}{(z-n)^2} = -\frac{d}{dz} \frac{1}{z-n}$$

に注意しよう. $\dfrac{1}{z-n}$ を一般項とする級数は発散するので, 代わりに

$$\sum_{n \neq 0} \left(\frac{1}{z-n} + \frac{1}{n} \right) = \sum_{n \neq 0} \frac{z}{n(z-n)}$$

を考える. この級数が広義一様収束することは前と同様にしてわかる. 従って項別微分が許されることになり, 次の公式が成立する.

$$\pi \cot(\pi z) = \frac{1}{z} + \sum_{n \neq 0} \left(\frac{1}{z-n} + \frac{1}{n} \right) \qquad (9.2.1)$$

$$= \frac{1}{z} + \sum_{n=1}^{\infty} \frac{2z}{z^2 - n^2}.$$

最後に，ミッタクレフラーによる一般的な結果を紹介しておこう．初学者は読み飛ばしても構わない．

定理 9.2.2 $\{b_n\}_{n=1}^{\infty}$ は複素数の数列で $\lim_{n\to\infty} b_n = \infty$ を満たすとする．$P_n(\zeta)$, $n = 1, 2, \ldots$ を定数項のない多項式とする．そのとき，各点 $z = b_n$ で極をもち，$z = b_n$ における主要部 (正則でない部分) が $P_n\left(\dfrac{1}{z - b_n}\right)$ である有理型関数が存在する．また，そのような関数の最も一般的な形は次で与えられる．

$$f(z) = \sum_{n=1}^{\infty} \left[P_n\left(\frac{1}{z - b_n}\right) - p_n(z) \right] + g(z) \tag{9.2.2}$$

但し，$p_n(z)$ は適当な多項式で，$g(z)$ は正則関数である．

証明 円板 $|z| < |b_n|$ において，$P_n\left(\dfrac{1}{z - b_n}\right)$ は正則だから，原点中心にテイラー展開できる．次の補題を用いてテイラー展開の剰余項を評価する．

補題 9.2.1 f は中心 a, 半径 ρ の開円板で正則とする．$0 < r < \rho$ とすると

$$\begin{aligned}f(z) =& f(a) + \frac{f'(a)}{1!}(z-a) + \frac{f''(a)}{2!}(z-a)^2 + \cdots \\ & + \frac{f^{(n-1)}(a)}{(n-1)!}(z-a)^{n-1} + f_n(z)(z-a)^n,\end{aligned} \tag{9.2.3}$$

但し，$f_n(z)$ は次で定められる正則関数である．

$$f_n(z) = \frac{1}{2\pi i} \int_C \frac{f(\zeta)\,d\zeta}{(\zeta - a)^n (\zeta - z)}.$$

ここで，C は a 中心で半径が r より大きく ρ より小さい円周である．

補題の証明 $|z - a| < |\zeta - a|$ のとき次の恒等式に注意しよう．

$$\begin{aligned}\frac{1}{\zeta - z} &= \frac{1}{\zeta - a} \frac{1}{1 - \frac{z-a}{\zeta-a}} \\ &= \frac{1}{\zeta - a} \sum_{k=0}^{n-1} \left(\frac{z-a}{\zeta-a}\right)^k + \frac{(z-a)^n}{(\zeta - z)(\zeta - a)^n}\end{aligned} \tag{9.2.4}$$

この両辺に $\dfrac{f(\zeta)}{2\pi i}$ をかけて円周 C に沿って積分し，一般化されたコーシーの積分公式を用いればよい．□

定理の証明に戻ろう．各 n に対して番号 m_n を十分大きく選べば，$p_n(z)$ を P_n のテイラー展開の m_n 次の項までの部分和として，差 $P_n - p_n$ が上の補題により具体的に評価できる．実際，$f = P_n\left(\dfrac{1}{z-b_n}\right)$, $a = 0$, $C = \{\zeta : |\zeta| = |b_n|/2\}$, $M_n = \max\limits_{|z| \leq |b_n|/2} |P_n(z)|$ とすれば，不等式

$$\left| P_n\left(\frac{1}{z-b_n}\right) - p_n(z) \right| \leq 2M_n \frac{(2|z|)^{m_n+1}}{|b_n|^{m_n+1}}, \qquad (|z| \leq \frac{|b_n|}{4})$$

が成立し，m_n を $m_n > \log M_n$ を満たすようにとれば，$\lim\limits_{n\to\infty} 2M_n^{1/m_n}/|b_n| = 0$ となることがわかる．従って，次の級数の収束半径は無限大となる．

$$\sum_{n=1}^{\infty} 2M_n \frac{(2|z|)^{m_n+1}}{|b_n|^{m_n+1}}$$

仮定より，任意の $R > 0$ に対して，$|b_n| \leq R$ となるものは有限個であるから，級数 $\sum\limits_{n=1}^{\infty} \left(P_n\left(\dfrac{1}{z-b_n}\right) - p_n(z) \right)$ は全平面で有理型関数として広義一様収束することが証明された．この関数の主要部が $P_n\left(\dfrac{1}{z-b_n}\right)$, $n = 1, 2, \ldots$ である． □

演習 9.2.1 次の公式を示せ．
(1) $\displaystyle\sum_{n=-\infty}^{\infty} \frac{(-1)^n}{(z-n)^2} = \frac{\pi^2 \cos(\pi z)}{\sin^2(\pi z)}$ (2) $\dfrac{1}{z} + \displaystyle\sum_{n=1}^{\infty} \frac{(-1)^n 2z}{z^2 - n^2} = \frac{\pi}{\sin(\pi z)}$

演習 9.2.2 無限級数 $\displaystyle\sum_{n=-\infty}^{\infty} \frac{2}{(z-n)^3}$ の和を求めよ．

9.3. 複素数の無限積

複素数を無限に掛け続ければどうなるであろうか？ この節ではその疑問に数学的に答えてみよう．

定義 9.3.1 複素数の無限積

$$p_1 p_2 \cdots p_n \cdots = \prod_{n=1}^{\infty} p_n \tag{9.3.1}$$

は，$n \to \infty$ としたときに部分積 $P_n = p_1 p_2 \cdots p_n$ が 0 でない極限値 P に収束するとき，収束するという．値 0 を除外するのは，一つでも因子に 0 が含まれれば，他は何であっても積は常に 0 となってしまうからである．

収束するための簡単な判定条件を与えてみよう. $p_n = 1 + a_n$ とおく.

定理 9.3.1 複素数の無限積 $\prod_{n=1}^{\infty}(1+a_n), (a_n \neq -1)$ が収束するための必要十分条件は, 無限級数 $\sum_{n=1}^{\infty} \mathrm{Log}(1+a_n)$ が収束することである. ここで, $\mathrm{Log}\,z$ は複素対数の主値であったことを思い出しておこう.

証明 もし無限積が収束すれば, $\lim_{n\to\infty}(1+a_n) = \lim_{n\to\infty}\frac{P_n}{P_{n-1}} = 1$ が成り立つから, $\lim_{n\to\infty} a_n = 0$ が必要条件である. $\sum_{n=1}^{\infty}\mathrm{Log}(1+a_n)$ の第 n 部分和 S_n は明らかに $P_n = e^{S_n}$ を満たし, もし $\lim_{n\to\infty} S_n = S$ ならば $P = e^S = \lim_{n\to\infty} e^{S_n} \neq 0$ が成り立つ. 従って, 十分性が示されたことになる. 次に必要性を示そう. $\lim_{n\to\infty} P_n = P \neq 0$ と仮定する. 対数法則 (3.4.3) により, ある整数の列 $\{m_n\}_{n=1}^{\infty}$ があって, $S_n = \mathrm{Log}\, P_n + m_n 2\pi i\ (n=1,2,3,\dots)$ が成り立つ. 最初の考察から, 十分大きな n に対して $|\arg(1+a_n)| < \frac{2\pi}{3}$ となる. また, 収束性から $|\arg P - \arg P_n| < \frac{2\pi}{3}$ も成立する. 関係式

$$(m_{n+1} - m_n)2\pi i = \mathrm{Log}(1+a_n) + \mathrm{Log}\, P_n - \mathrm{Log}\, P_{n+1},$$

の虚数部分に着目すれば, 十分大きなすべての整数 n に対して

$$|(m_{n+1} - m_n)2\pi| < 2\pi$$

がわかる. 従ってある整数 m が存在して $m = m_n = m_{n+1} = \cdots$ となるので, 結局, $\lim_{n\to\infty} S_n = \log P + m 2\pi i$ となることが示された. □

定義 9.3.2 複素数の無限積 $\prod_{n=1}^{\infty}(1+a_n), (a_n \neq -1)$ が絶対収束するとは, 無限級数 $\sum_{n=1}^{\infty} |\mathrm{Log}(1+a_n)|$ が収束することとする.

この定義の下で, 次の判定条件が成立する.

定理 9.3.2 複素数の無限積 $\prod_{n=1}^{\infty}(1+a_n), a_n \neq -1$ が絶対収束するための必要十分条件は, 無限級数 $\sum_{n=1}^{\infty} a_n$ が絶対収束することである.

証明 次の事実に注意しよう.
$$\lim_{z \to 0} \frac{\text{Log}(1+z)}{z} = 1$$

これにより, 二つの無限級数 $\sum_{n=1}^{\infty} |\text{Log}(1+a_n)|$ と $\sum_{n=1}^{\infty} |a_n|$ のどちらが収束しても $\lim_{n \to \infty} a_n = 0$ であるから, 十分大きな n に対しては

$$\frac{|a_n|}{2} \leq |\text{Log}(1+a_n)| \leq 2|a_n|$$

が成立するので, 定理の主張が明らかに成り立つ. □

演習 9.3.1 次の等式を示せ.
$$(1+z)(1+z^2)(1+z^3)\cdots = \frac{1}{1-z}, \qquad (|z|<1)$$

9.4. 正則関数の無限積

まず正則関数の無限積の広義一様収束の定義を述べよう.

定義 9.4.1 領域 D で正則な関数列 $\{f_n(z)\}_{n=1}^{\infty}$ が与えられたとき, 次の二つの条件が成立すれば, 無限積 $\prod_{n=1}^{\infty} f_n(z)$ は広義一様収束するという.

1. 任意の有界閉集合 $K \subset D$ 上で z に関して一様に $f_n(z) \to 1, (n \to \infty)$ となる. すなわち, f_n は 1 に広義一様収束する.
2. 任意の有界閉集合 $K \subset D$ に対して, ある正整数 m が存在し, 無限級数 $\sum_{n=m}^{\infty} \text{Log} f_n$ が K 上で一様収束する (1. により, 十分大きな n に対して, D 上 $\text{Log} f_n$ が定義されることに注意).

$f_n = 1 + u_n$ と書けば, 上の条件は次のようになる. すなわち, 1. は正則関数列 $\{u_n(z)\}_{n=1}^{\infty}$ が 0 に広義一様収束することと同値で, 2. は前節に述べたように無限級数 $\sum_{n=1}^{\infty} u_n$ が広義一様収束することと同値になる. 以上により次の命題が成立する.

命題 9.4.1 領域 D で正則な関数列 $\{f_n(z)\}_{n=1}^{\infty}$ が与えられたとき, 無限積 $\prod_{n=1}^{\infty} f_n(z)$ が広義一様収束するための必要十分条件は無限級数 $\sum_{n=1}^{\infty} u_n$ が広義一様収束することである.

以下, 広義一様収束する正則関数の無限積の性質をいくつか考察してみよう.

定理 9.4.1 領域 D で正則な関数列 $\{f_n(z)\}_{n=1}^{\infty}$ が与えられたとき, 無限積 $\prod_{n=1}^{\infty} f_n(z)$ が広義一様収束すれば, $f(z) = \prod_{n=1}^{\infty} f_n(z)$ は D で正則である. また, f の零点の全体は, f_n の零点の集合の和集合であり, 一つの零点の位数はその点の f_n の零点としての位数の和に等しい.

証明 前半は, f が正則関数である有限積の広義一様極限であることから直ちにわかる. 後半も, 十分大きな番号 n に対しては $f_n \neq 0$ であるから明らかであろう. □

定理 9.4.2 領域 D で正則な関数列 $\{f_n\}_{n=1}^{\infty}$ の無限積 $f(z) = \prod_{n=1}^{\infty} f_n(z)$ が広義一様収束すると仮定する. そのとき, 有理型関数の無限級数 $\sum_{n=1}^{\infty} \frac{f_n'}{f_n}$ も広義一様収束し, その極限は対数微分 $\frac{f'}{f}$ に等しい.

証明 $f = f_1 f_2 f_3 \cdots f_m \left(\prod_{n>m} f_n \right)$ であるから, 各有界閉集合上では m を十分大きくとると $g_m = \prod_{n>m} f_n = \exp\left(\sum_{n>m} \log f_n \right)$ は正則であるから,

$$\frac{f'}{f} = \sum_{n=1}^{m} \frac{f_n'}{f_n} + \frac{g_m'}{g_m}$$

が成り立つ. さらに, $\sum_{n>m} \log f_n$ が $\log g_m$ に広義一様収束するので, 無限級数 $\sum_{n>m} \frac{f_n'}{f_n}$ も $\frac{g_m'}{g_m}$ に広義一様収束することがわかる. 従って, $\frac{g_m'}{g_m} = \sum_{n>m} \frac{f_n'}{f_n}$ が成り立ち, 結局

$$\frac{f'}{f} = \sum_{n=1}^{\infty} \frac{f_n'}{f_n}$$

が成立し,右辺が広義一様収束であることが示された. □

9.5. 標準無限積

もし $g(z)$ が正則であれば,$f(z) = e^{g(z)}$ はやはり正則であり,$f(z) \neq 0$ を満たす.逆に,もし $f(z)$ が正則で零点をもたなければ,ある正則関数 $g(z)$ があって $f(z) = e^{g(z)}$ と書ける.実際,$\dfrac{f'(z)}{f(z)}$ は正則であり,従って原始関数 $g(z)$ をもつ.そのとき,$\dfrac{d}{dz}(f(z)e^{-g(z)}) = 0$ が成り立つので,$f(z)$ は $e^{g(z)}$ の定数倍となり,改めて $g(z)$ を適当にとり直せばよい.

従って,原点を m 位の零点として,その他に有限個の零点を $a_1, a_2, \ldots, a_N$ にもつ正則な関数の標準形は次であると考えてよい.

$$f(z) = z^m e^{g(z)} \prod_{n=1}^{N} \left(1 - \frac{z}{a_n}\right)$$

さらに一般化すれば次の定理が成り立つ (証明は省略).

定理 9.5.1 もし $\sum_{n=1}^{\infty} \dfrac{1}{|a_n|} < \infty$ ならば,次の無限積は広義一様収束し,原点を m 位の零点として,その他に零点を $a_1, a_2, \ldots$ にもつ正則な関数の標準形となる.

$$f(z) = z^m e^{g(z)} \prod_{n=1}^{\infty} \left(1 - \frac{z}{a_n}\right) \tag{9.5.1}$$

但し,$g(z)$ は正則関数である.

さらに,無限積が収束するように因子を付け加えれば,定理の仮定を満たさないような数列 $\{a_n\}_{n=1}^{\infty}$ に対してこの結果を拡張することができる.

定理 9.5.2 数列 $\{a_n\}_{n=1}^{\infty}$ が $a_n \neq 0$ かつ $\lim_{n \to \infty} a_n = \infty$ を満たすとする.このとき,原点を m 位の零点として,その他に零点を $a_1, a_2, \ldots$ にもつ正則な関数の一つの標準形は次で与えられる.

$$f(z) = z^m e^{g(z)} \prod_{n=1}^{\infty} \left(1 - \frac{z}{a_n}\right) \exp\left(\frac{z}{a_n} + \frac{1}{2}\left(\frac{z}{a_n}\right)^2 + \cdots + \frac{1}{m_n}\left(\frac{z}{a_n}\right)^{m_n}\right)$$

但し,$g(z)$ は正則関数で,$m_n, (n = 1, 2, \ldots)$ は適当な正整数である.

証明 $R > 0$ を一つ固定しよう. $|a_n| > R$ のとき, 円板 $|z| \leq R$ において, 複素対数の主値 $\text{Log}\left(1 - \dfrac{z}{a_n}\right)$ はテイラー展開により

$$\text{Log}\left(1 - \frac{z}{a_n}\right) = -\frac{z}{a_n} - \frac{1}{2}\left(\frac{z}{a_n}\right)^2 - \frac{1}{3}\left(\frac{z}{a_n}\right)^3 - \cdots$$

が得られる. 従って,

$$p_n(z) = \frac{z}{a_n} + \frac{1}{2}\left(\frac{z}{a_n}\right)^2 + \cdots + \frac{1}{m_n}\left(\frac{z}{a_n}\right)^{m_n}$$

と定めれば,

$$R_n(z) = \text{Log}\left(1 - \frac{z}{a_n}\right) + p_n(z)$$

は, 次を満たすことがわかる.

$$\begin{cases} R_n(z) = \displaystyle\sum_{k=1}^{\infty} \frac{1}{m_n + k}\left(\frac{z}{a_n}\right)^{m_n + k} \\ |R_n(z)| \leq \dfrac{1}{m_n + 1}\left(\dfrac{R}{|a_n|}\right)^{m_n + 1}\left(1 - \dfrac{R}{|a_n|}\right)^{-1}. \end{cases}$$

仮定より, $m_n \geq n$ かつ $\displaystyle\lim_{n \to \infty} |a_n| = \infty$ であるから

$$\sum_{n=1}^{\infty} \frac{1}{m_n + 1}\left(\frac{z}{a_n}\right)^{m_n + 1} < +\infty$$

が成り立つ. そのとき, 無限級数 $\displaystyle\sum_{n=1}^{\infty} R_n(z)$ は $|z| \leq R$ で一様収束するので, 無限積 $\displaystyle\prod_{n=1}^{\infty}\left(1 - \frac{z}{a_n}\right)e^{p_n(z)}$ は $|a_n| \leq R$ となる番号 n を除けば $|z| < R$ で正則な関数に収束することがわかった. しかし除かれた項は有限個であるから, 結局定理が成立することが証明された. □

この結果より, 次が成立することがわかる.

系 9.5.1 全平面で有理型な関数は二つの正則関数の商である.

証明 もし, F が有理型であれば, F の極を位数を込めて零点とする正則関数 f が前定理により存在することがわかる. このとき $g = Ff$ は全平面で正則な関数となる. すなわち, $F = \dfrac{g}{f}$ の形となることがわかった. □

9.5. 標準無限積

もしある正整数 s が存在して $\sum_{n=1}^{\infty}\frac{1}{|a_n|^{s+1}}$ が収束すれば, $\sum_{n=1}^{\infty}\frac{1}{s+1}\left(\frac{R}{|a_n|}\right)^{s+1}$ も収束することに注意しよう. そのときには, 前定理の中の正整数 m_n はすべて s にとることができる. すなわち

$$f(z) = z^m e^{g(z)} \prod_{n=1}^{\infty} \left(1 - \frac{z}{a_n}\right) \exp\left(\frac{z}{a_n} + \frac{1}{2}\left(\frac{z}{a_n}\right)^2 + \cdots + \frac{1}{s}\left(\frac{z}{a_n}\right)^s\right)$$

が広義一様収束することがわかる. この正整数 s の値で正則関数の分類が可能である. ここでは $s = 1$ である関数の例 (三角関数と Γ (ガンマ) 関数) を挙げておこう.

例 (複素三角関数) 次の公式が成り立つ.

$$\sin(\pi z) = \pi z \prod_{n \neq 0} \left(1 - \frac{z}{n}\right) e^{z/n}$$

証明 整数点 $z = n$ が $\sin(\pi z)$ の零点であることと, $\sum_{n=1}^{\infty}\frac{1}{n^2} < +\infty$ から, $s = 1$ として次の形の無限積表示ができる.

$$\sin(\pi z) = z e^{g(z)} \prod_{n \neq 0} \left(1 - \frac{z}{n}\right) e^{z/n}$$

正則関数 g を決定しよう. 前節の定理 9.4.2 に注意して, 両辺の対数微分をとれば

$$\pi \cot(\pi z) = \frac{1}{z} + g'(z) + \sum_{n \neq 0} \left(\frac{1}{z-n} + \frac{1}{n}\right)$$

が得られる. ここで, $\pi \cot(\pi z)$ の展開公式 (9.2.1) と比較すれば, $g'(z) = 0$ がわかる. 従って, g は定数であるが, $\lim_{z \to 0}\frac{\sin(\pi z)}{z} = \pi$ に注意すれば $g(z) = \log \pi$ であることがわかる. □

この公式で, n と $-n$ に対応する項を組み合わせれば次の公式を得る.

$$\sin(\pi z) = \pi z \prod_{n=1}^{\infty}\left(1 - \frac{z^2}{n^2}\right)$$

例 (Γ 関数) まず，次の関数 $G(z)$ を補助的に定義しよう．

$$G(z) = \prod_{n=1}^{\infty} \left(1 + \frac{z}{n}\right) e^{-z/n}$$

G はすべての負の整数を 1 位の零点としてもつ．また，前の例と合わせれば

$$G(z)G(-z) = \frac{\sin(\pi z)}{\pi z}$$

が成立することが直ちにわかる．また，$G(z-1)$ は 0 と負の整数を 1 位の零点としてもつので，$\mathbf{C}$ 全体で正則な関数 $\gamma(z)$ が存在して次の形に書ける．

$$G(z-1) = z e^{\gamma(z)} G(z)$$

この γ が定数であることを示そう．両辺の対数微分をとると，

$$\sum_{n=1}^{\infty} \left(\frac{1}{z+n-1} - \frac{1}{n}\right) = \frac{1}{z} + \gamma'(z) + \sum_{n=1}^{\infty} \left(\frac{1}{z+n} - \frac{1}{n}\right).$$

ここで，この左辺が次のように変形できることに着目する．

$$\begin{aligned}
\text{左辺} &= \frac{1}{z} - 1 + \sum_{n=1}^{\infty} \left(\frac{1}{z+n} - \frac{1}{n+1}\right) \\
&= \frac{1}{z} - 1 + \sum_{n=1}^{\infty} \left(\frac{1}{z+n} - \frac{1}{n}\right) + \sum_{n=1}^{\infty} \left(\frac{1}{n} - \frac{1}{n+1}\right) \\
&= \frac{1}{z} + \sum_{n=1}^{\infty} \left(\frac{1}{z+n} - \frac{1}{n}\right)
\end{aligned} \qquad (9.5.2)$$

従って $\gamma'(z) = 0$ となり，γ は定数である．そこで $z = 1$ とおけば，$G(0) = 1$ だから，

$$e^{-\gamma} = \prod_{n=1}^{\infty} \left(1 + \frac{1}{n}\right) e^{-1/n}$$

もう少し変形すれば，次の表示式が得られる．

$$\gamma = \lim_{n \to \infty} \left(1 + \frac{1}{2} + \frac{1}{3} + \cdots + \frac{1}{n} - \log n\right)$$

この定数 γ を **オイラー定数** という．ここで，Γ 関数を次のように定義する．

9.5. 標準無限積

定義 9.5.1
$$\Gamma(z) = \frac{1}{ze^{\gamma z}G(z)}$$

定義より，次の二つの無限積表示が成り立つことがわかる．

定理 9.5.3 すべての $z \in \mathbf{C}$ に対し

$$\frac{1}{\Gamma(z)} = ze^{\gamma z} \prod_{n=1}^{\infty}\left(1+\frac{z}{n}\right)e^{-z/n} \quad \text{(ワイエルシュトラス)} \quad (9.5.3)$$

$$\frac{1}{\Gamma(z)} = \lim_{n\to\infty}\frac{z(z+1)\cdots(z+n)}{n!\,n^z} \quad \text{(ガウス)} \quad (9.5.4)$$

証明 上の等式は定義から直ちに従う．2番目の等式を示そう．実際，

$$\frac{z(z+1)\cdots(z+n)}{n!\,n^z} = z(z+1)\cdots\left(\frac{z}{n}+1\right)e^{-z\log n} \quad (9.5.5)$$

$$= z\left(\prod_{k=1}^{n}\left(1+\frac{z}{k}\right)e^{-z/k}\right)\exp\left[\left(1+\frac{1}{2}+\cdots\frac{1}{n}-\log n\right)z\right]$$

$$\longrightarrow ze^{\gamma z}\prod_{k=1}^{\infty}\left(1+\frac{z}{k}\right)e^{-z/k} \quad (n\to\infty)$$

となることがわかり，主張が証明された． □

次の公式も容易に確かめられる．

$$\begin{cases} \Gamma(z+1) = z\Gamma(z) \\ \Gamma(z)\Gamma(1-z) = \dfrac{\pi}{\sin(\pi z)} \end{cases}$$

これらから，$\Gamma(z)$ は有理型で $z = 0, -1, -2, \ldots$ に1位の極をもつことがわかる．また対数微分を利用して $\log\Gamma(z)$ の第2次導関数を計算すれば，次の等式を得る．

$$\frac{d^2}{dz^2}\log\Gamma(z) = \frac{d}{dz}\frac{\Gamma'(z)}{\Gamma(z)} = \sum_{n\geq 0}\frac{1}{(z+n)^2}$$

従って，特に z が正数ならば $\log\Gamma(z)$ が z の凸関数となる．最後に Γ 関数の積分表示を紹介しよう．

定理 9.5.4 $\operatorname{Re} z > 0$ のとき

$$\Gamma(z) = \int_0^\infty e^{-t} t^{z-1} \, dt \qquad (\operatorname{Re} z > 0)$$

が成立する.但し,$t^{z-1} = e^{(z-1)\log t}$ である.

証明 $x > 0$ のときに,次の等式を示せば十分である.実際,左辺は正則な関数に拡張できるので解析接続の原理によりすべての $x \in \mathbf{C}$ に対し正しいことがわかる.

$$\int_0^\infty e^{-t} t^{x-1} \, dz = \lim_{n \to \infty} \frac{n! \, n^x}{x(x+1) \cdots (x+n)}$$

$f_n(x)\,(x > 0)$ を次で定めると,この関数は n について単調増加になる.

$$f_n(x) = \int_0^n t^{x-1} \left(1 - \frac{t}{n}\right)^n dt$$

実際,テイラー展開より $0 \leq t < n$ のとき

$$n \log\left(1 - \frac{t}{n}\right) = -n\left[\frac{t}{n} + \frac{1}{2}\left(\frac{t}{n}\right)^2 + \frac{1}{3}\left(\frac{t}{n}\right)^3 + \cdots\right]$$
$$\leq -\left(t + \frac{1}{2}\frac{t^2}{n+1} + \frac{1}{3}\frac{t^3}{(n+1)^2} + \cdots\right) = (n+1) \log\left(1 - \frac{t}{n+1}\right)$$

が成り立つことから

$$\left(1 - \frac{t}{n}\right)^n \leq \left(1 - \frac{t}{n+1}\right)^{n+1}$$

がわかり,従って $f_n(x) \leq f_{n+1}(x)$ がすべての n で成立する.また,

$$\lim_{n \to \infty} \left(1 - \frac{t}{n}\right)^n = e^{-t}$$

により,結局,次の不等式が成り立つのである.

$$\lim_{n \to \infty} f_n(x) \leq \int_0^n t^{x-1} e^{-t} \, dt$$

次に,$M > 0$ を任意に選べば $[0, M]$ 上では一様に $\left(1 - \dfrac{t}{n}\right)^n$ は e^{-t} に収束するから

$$\lim_{n \to \infty} f_n(x) \geq \lim_{n \to \infty} \int_0^M t^{x-1} \left(1 - \frac{t}{n}\right)^n dt = \int_0^M t^{x-1} e^{-t} \, dt$$

を得る．ここで $M \to \infty$ とすれば
$$\lim_{n \to \infty} f_n(x) \geq \int_0^\infty t^{x-1} e^{-t} \, dt$$
も成り立つことがわかり，以上で $\lim_{n \to \infty} f_n(x) = \int_0^\infty t^{x-1} e^{-t} \, dt$ が示された．
最後に次の等式に注意すれば定理の証明が終わる．
$$f_n(x) = n^x \int_0^1 s^{x-1}(1-s)^n \, ds = \frac{n! \, n^x}{x(x+1)\cdots(x+n)}$$
この公式の証明は部分積分を用いれば容易である．□

演習 9.5.1 次の公式を示せ．
(1) $\Gamma(z+1) = z\Gamma(z), \quad \Gamma(z)\Gamma(1-z) = \dfrac{\pi}{\sin(\pi z)}$ (2) $\Gamma\left(\dfrac{1}{2}\right) = \sqrt{\pi}$

演習 9.5.2 (1) Γ 関数に関して次の等式を示せ．
$$\frac{d}{dz}\frac{\Gamma'(z)}{\Gamma(z)} + \frac{d}{dz}\frac{\Gamma'(z+\frac{1}{2})}{\Gamma(z+\frac{1}{2})} = 2\frac{d}{dz}\frac{\Gamma'(2z)}{\Gamma(2z)}$$
(2) 上の等式を用いて，次の公式を示せ．
$$\sqrt{\pi}\,\Gamma(2z) = 2^{2z-1} \Gamma(z) \Gamma\left(z + \frac{1}{2}\right)$$

演習 9.5.3 $n^x \int_0^1 s^{x-1}(1-s)^n \, ds = \dfrac{n! \, n^x}{x(x+1)\cdots(x+n)}$ を示せ．

9.6. 複素平面上の正規族

この節では，複素平面上の正規族について述べよう．この正規族という概念は，複素平面上の有界閉集合に対するワイエルシュトラス・ヴォルツァーノの定理を正則関数の空間に拡張する試みであり，次節でリーマンの写像定理を証明する際に基本的な事実として用いられる．

定義 9.6.1 複素平面内の領域 Ω 上で定義された連続関数の族 $\mathcal{F}$ が**正規族**であるとは，$\mathcal{F}$ に含まれる任意の関数列 $\{f_n\}_{n=1}^\infty$ が Ω 上で広義一様収束する部分列をもつこととする．

正規族に関しては，次の**アスコリ・アルツェラの定理**が最も基本的である．

定理 9.6.1 複素平面内の領域 Ω 上で定義された連続関数の族 $\mathcal{F}$ が次の2条件を満足すれば正規族である.

1. K を Ω 内の任意の有界閉集合(コンパクト集合)とするとき, $\sup_{f\in\mathcal{F}}\|f\|_K < +\infty$ が成り立つ.

2. Ω の各点 a において, $\lim_{z\to a}\sup_{f\in\mathcal{F}}|f(z)-f(a)|=0$ が成り立つ.

注意 9.6.1 条件 1. は **広義の「一様有界性」**と呼ばれる条件で, $K=\overline{\Omega}$ のときには, 単に一様有界であるといわれる. ここで, $\|\cdot\|_K$ は K 上のノルム $\|f\|_K = \sup_{z\in K}|f(z)|$ である.

条件 2. は **各点における「同等連続性」**と呼ばれる. この条件は下のように書き直すこともできる.

2'. Ω の各点 a において, 任意の正数 ε に対してある正数 δ が存在し, $|z-a|<\delta$ ならば, $\sup_{f\in\mathcal{F}}|f(z)-f(a)|<\varepsilon$ となる.

証明 $\{z_n\}_{n=1}^{\infty}$ を Ω 内の稠密な点列とする. 例えば, 実数部分と虚数部分が共に有理数であるような Ω 内のすべての点に番号を付ければよい. まず, $\mathcal{F}$ から任意に関数列 $\{f_n\}_{n=1}^{\infty}$ をとる. 条件 1. から, 複素数列 $\{f_n(z_1)\}_{n=1}^{\infty}$ は有界列であるから, ワイエルシュトラスの定理により, 収束する部分列を含む. この部分列を $\{f_{1,n}(z_1)\}_{n=1}^{\infty}$ としよう. この新しい関数列 $\{f_{1,n}\}_{n=1}^{\infty}$ に再び条件 1. を使えば, 複素数列 $\{f_{1,n}(z_2)\}_{n=1}^{\infty}$ は有界列であることがわかる. 従って, 収束部分列を含むので, これを $\{f_{2,n}(z_2)\}_{n=1}^{\infty}$ としよう. さらに関数列 $\{f_{2,n}\}_{n=1}^{\infty}$ から同様にして関数列 $\{f_{3,n}\}_{n=1}^{\infty}$ を適当に抜き出し, $\{f_{3,n}(z_3)\}_{n=1}^{\infty}$ が収束するようにできる. このようにして帰納的に関数列

$$\{f_{1,n}\}_{n=1}^{\infty}, \{f_{2,n}\}_{n=1}^{\infty}, \{f_{3,n}\}_{n=1}^{\infty}, \cdots, \{f_{m,n}\}_{n=1}^{\infty}, \cdots$$

が構成される. 各 m について, $\{f_{m,n}\}_{n=1}^{\infty}$ は $\{f_{m-1,n}\}_{n=1}^{\infty}$ の部分列となっており, $\{f_{m,n}(z_m)\}_{n=1}^{\infty}$, $m=1,2,\ldots$ は収束する. ここで, 「対角線」 $\{f_{n,n}\}_{n=1}^{\infty}$ を考えることにする. 任意の正整数 m に対して, $\{f_{n,n}\}_{n=m}^{\infty}$ は $\{f_{m,n}\}_{n=1}^{\infty}$ の部分列であるから, $\lim_{n\to\infty}f_{n,n}(z_m)$ が存在する.

$K\subset\Omega$ を任意の有界閉集合としよう. 上で選ばれた関数列 $\{f_{n,n}\}_{n=1}^{\infty}$ が K 上で一様収束することを示そう. 条件 2'. を用いて, 任意の正数 ε と各点 $a\in K$ に対して $\delta_a>0$ を, $z\in\Omega$ で $|z-a|<\delta_a$ ならば $|f_{n,n}(z)-f_{n,n}(a)|<\dfrac{\varepsilon}{3}$ $(n=1,2,\ldots)$

が成り立つように選ぶ．このように各点 a に対し，中心 a 半径 $\frac{\delta_a}{2}$ の開円板 B_a を対応させることができるが，K は有界閉集合であるからハイネ・ボレルの被覆定理により，有限個の点 $a_1,\ldots,a_k \in K$ が存在して $K \subset \bigcup_{p=1}^{k} B_{a_p}$ を満たすようにできる．円板 B_{a_p} を B_p とおく．

各 p に対し，$z_{n_p} \in B_p$ となるように z_{n_p} を一つとる．各 p に対し，$\{f_{n,n}(z_{n_p})\}_{n=1}^{\infty}$ が収束するので，番号 N が存在し，$n,m > N$ のとき，

$$|f_{n,n}(z_{n_p}) - f_{m,m}(z_{n_p})| < \frac{\varepsilon}{3} \qquad (p = 1,2,\ldots,k)$$

が成り立つ．さて，$z \in K$ とすると，$z \in B_p$ を満たす p がある．そこで $|z - z_{n_p}| \leq |z - a_p| + |a_p - z_{n_p}| < \delta_{a_p}$ に注意すれば，$n,m > N$ ならば，

$$|f_{n,n}(z) - f_{m,m}(z)| \leq |f_{n,n}(z) - f_{n,n}(z_{n_p})| + |f_{n,n}(z_{n_p}) - f_{m,m}(z_{n_p})|$$
$$+ |f_{m,m}(z_{n_p}) - f_{m,m}(z)| < \varepsilon$$

となる．これは $\{f_{n,n}\}_{n=1}^{\infty}$ がある関数 f に K 上で一様に収束していることを示している．以上により定理が証明された．□

正則関数に話を限れば，次の結果が成立する．

定理 9.6.2 (モンテルの定理) 複素平面内の領域 Ω 上で定義された正則関数の族 $\mathcal{F}$ が Ω 上で一様有界であれば正規族である．ここで一様有界であるとは，$\sup_{f \in \mathcal{F}} \|f\|_{\overline{\Omega}} < +\infty$ が成り立つことである．

証明 アスコリ・アルツェラの定理の 2 条件が成り立つことを確かめればよいが，条件 1. は明らかである．$M = \sup_{f \in \mathcal{F}} \|f\|_{\overline{\Omega}}$ とする．2. を示そう．各点 $a \in \Omega$ に対して，r を十分小さくとれば $\{z : |z - a| \leq r\} \subset \Omega$ とできる．コーシーの積分表示により，$f \in \mathcal{F}$, $|z - a| < \frac{r}{2}$ のとき，

$$|f(z) - f(a)| = \left| \frac{1}{2\pi i} \int_{|\zeta-a|=r} \left(\frac{f(\zeta)}{\zeta - z} - \frac{f(\zeta)}{\zeta - a} \right) d\zeta \right| \tag{9.6.1}$$

$$= \left| \frac{1}{2\pi i} \int_{|\zeta-a|=r} \frac{f(\zeta)(z-a)}{(\zeta-z)(\zeta-a)} d\zeta \right| \leq \frac{1}{2\pi} \int_{|\zeta-a|=r} \frac{|f(\zeta)||z-a|}{(r-|z-a|)r} |d\zeta|$$

$$\leq \frac{2M|z-a|}{r}.$$

と容易に評価できる．従って，$\mathcal{F}$ は各点で同等連続であることが示された．すなわち，条件 2. が成立する．□

演習 9.6.1 $D = \{z : |z| < 1\}$ とする．次の関数列の $n \to \infty$ のときの D 上での収束性を調べよ．
$$f_n(z) = z^n(1-z), \quad g_n(z) = nz^n(1-z), \quad h_n(z) = n^2 z^n(1-z)$$

9.7. リーマンの写像定理の証明

この節では，証明を保留してあったリーマンの写像定理の証明を与えよう．

定理 9.7.1 複素平面 $\mathbf{C}$ の開集合 Ω が $\mathbf{C}$ と異なり，かつ単連結であるとき，Ω と 単位円板の内部 $D = \{z : |z| < 1\}$ は同型である．

すでに命題 7.6.2 で，Ω は有界領域であるとしてよいことがわかっている．ここで，同型写像とは正則で上への 1 対 1 の写像のことであった．平行移動と相似変換を適当に用い，一般性を失うことなく，$0 \in \Omega$ かつ $\Omega \subset D = \{z : |z| < 1\}$ としてよい．

Ω 上の正則関数 f で 1 対 1 かつ
$$f(0) = 0, \quad |f(z)| < 1, \quad (z \in \Omega)$$
を満たすものの全体を $\mathcal{M}$ とおく．これは恒等写像を含むので空集合ではない．そのとき，次の命題が成立する．

命題 9.7.1 ある $f \in \mathcal{M}$ による Ω の像がちょうど単位円板 D に等しいためには，$|f'(0)|$ が $\mathcal{M}$ に属する関数に対してとられる値の中で最大である，すなわち $|f'(0)| = \sup_{g \in \mathcal{M}} |g'(0)|$ が成り立つことが必要十分である．

証明 (必要性) $g \in \mathcal{M}$ による Ω の像を Ω' とする．関数 f が Ω から D への同型写像で $f(0) = 0$ ならば，合成写像 $h = g \circ f^{-1}$ は D から Ω' の上への同型写像となる．コーシーの不等式により，$|h'(0)| \leq \dfrac{1}{r}\max_{|z|=r}|h(z)|$, $(0 < r < 1)$ が成り立つが，$r \to 1$ として，$|h'(0)| \leq 1$ となる．従って，$g = h \circ f$ に注意すれば
$$|g'(0)| \leq |f'(0)|.$$

9.7. リーマンの写像定理の証明

(十分性) $f \in \mathcal{M}$ に対して f の像に属さない点 $a \in D$ が存在すれば, ある $g \in \mathcal{M}$ が存在して,

$$|f'(0)| < |g'(0)|$$

が成立することを示せばよい. 適当な複素数を f に掛けることにより a を正の実数 ($0 < a < 1$) と仮定してよい. このとき関数

$$F(z) = \frac{f(z) - a}{af(z) - 1}$$

は Ω で正則, 1 対 1 かつ $F(z) \neq 0$ ($z \in \Omega$) であり, 像は単位円板 D に含まれる. さらに, F の像は単連結で 0 を含まないから, $F(z)$ の平方根の一つの分枝をとることができる. よって, 関数 G を

$$G(z) = \sqrt{F(z)}, \quad G(0) = \sqrt{a}$$

と定めれば, この $G(z)$ も正則かつ 1 対 1 である. 最後に

$$H(z) = \frac{G(z) - \sqrt{a}}{\sqrt{a}G(z) - 1}$$

と定める. この $H(z)$ も正則かつ 1 対 1 で, さらに $H(0) = 0$, $|H(z)| < 1$ を満たすので $H \in \mathcal{M}$ であるが, 一方

$$H'(0) = \frac{a+1}{2\sqrt{a}} f'(0)$$

が成立する. 従って, $|H'(0)| > |f'(0)|$ となり, これは f の仮定に反する. これで命題が証明された. □

リーマンの写像定理の証明 この命題により, ある $f \in \mathcal{M}$ によって $|f'(0)|$ の上限が実現されることを示せばよいことになった.

$\mathcal{M}$ の関数で $|f'(0)| \geq 1$ を満たすものの全体を $\mathcal{N}$ とする. これも恒等写像を含むので空集合ではない. この $\mathcal{N}$ は Ω 上で一様有界なので正規族である. まず, 次の性質を満たす正則関数列 $\{f_n\}_{n=1}^{\infty} \subset \mathcal{N}$ がとれる. $M = \sup_{f \in \mathcal{N}} |f'(0)|$ として

$$\lim_{n \to \infty} |f_n'(0)| = M.$$

他方, $\mathcal{N}$ は正規族だから, 適当な部分列 $\{f_{n_k}\}_{k=1}^{\infty}$ が存在して, $\{f_{n_k}\}_{k=1}^{\infty}$ はある正則関数 f に Ω 上で広義一様収束する. 従って, $|f'(0)| = M$ が成立する. また 1 対 1 の関数の広義一様極限として (系 9.1.1), f もまた 1 対 1 であり, 定数値関数ではな

いので最大値原理により $|f(z)| < 1, (z \in \Omega)$ が成り立つ．以上により，$f \in \mathcal{N} \subset \mathcal{M}$ が証明された．これで完全にリーマンの写像定理の証明が終わった．□

演習 9.7.1 上の証明中の式 $H'(0) = \dfrac{a+1}{2\sqrt{a}} f'(0)$ を示せ．

9.8. 研究：ジュリア集合からフラクタルへ

本章では，関数を一般項とする無限列，無限和，無限積を調べてきたわけであるが，この最終節では，二次多項式の **反復合成** によって得られる古典的なジュリア集合の初等的な解説を，フラクタルとの関連で行う．さて ジュリア集合とはいったい何であろうか？ その正体はその名前からは想像もできないほど複雑で，いわゆるフラクタルと呼ばれる集合の一つである．次のような二次の多項式の集合を考えよう．

定義 9.8.1 二次の多項式の集合 $\mathcal{P}$ を次のように定める．

$$\mathcal{P} = \{P(z) = z^2 + \lambda\,;\, \lambda \in \mathbf{C}\} \tag{9.8.1}$$

$\mathcal{P}$ の要素 $P(z) = z^2 + \lambda$ を一つ選び，複素平面上の点 z に対して，写像

$$P : z \longrightarrow P(z)$$

を反復する．すなわち，帰納的に反復写像 $P^n(z), n = 1, 2, \cdots$ を

$$P^0(z) = z, \quad P^n(z) = P(P^{n-1}(z)), \qquad n = 1, 2, \cdots$$

で定めて，点列 $\{P^n(z)\}_{n=1}^{\infty}$ の振る舞いを調べるのである．直感的にわかるように，二次の多項式を反復してできる多項式の次数はどんどん上がるため，ほとんどの点 z に対しこの反復数列は無限遠に発散する．そこで，まずそのような点の全体に名前を付ける．

定義 9.8.2 (ファトゥ集合) $\mathcal{F} = \{z \in \mathbf{C}\,;\, \lim_{n \to \infty} P^n(z) = \infty\}$ とおき，二次多項式 $P(z)$ に対する **ファトゥ集合** と呼ぶ．

いよいよジュリア集合を定義しよう．

9.8. 研究：ジュリア集合からフラクタルへ

定義 9.8.3 (ジュリア集合) $\mathcal{F}$ の補集合 $J = \mathbf{C} \setminus \mathcal{F}$ を考え，その境界 $\mathcal{J} = \partial J$ を ジュリア集合 と呼ぶ．すなわち，

$$\mathcal{J} = \partial J = \partial(\mathbf{C} \setminus \mathcal{F}). \tag{9.8.2}$$

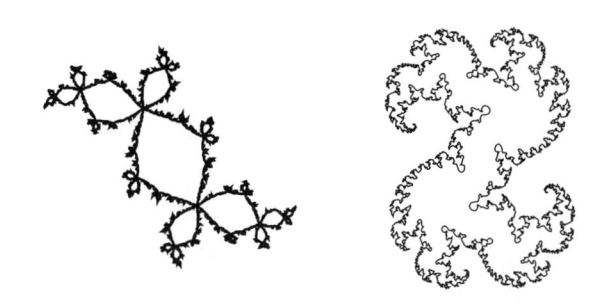

図 9.1. ジュリア集合：$c = -0.12 + 0.75i$, $c = 0.32 + 0.043i$

二次多項式 $P(z) = z^2 + \lambda$ で，定数項 λ の値が十分小さければ，$P(z)$ に対するジュリア集合 $\mathcal{J}_P$ は単純閉曲線になることが知られている．しかし，その形状は複雑でいわゆるフラクタルと呼ばれている．フラクタルとは，ある程度以上複雑な形状をもつ集合の総称であるが，ここでは仮に数学的に次の定義を与えておこう．

定義 9.8.4 内点をもたない閉集合 K がフラクタルであるとは，K を長さが有限な弧 (曲線) の可算個の和として表せないこととする．

注意 9.8.1 この他にも種々の定義があるが，この定義は非常に広範な集合を含む一般的な定義である．フラクタルの例としては，コッホ曲線，シダ，バラの花，カリフラワー，カントール集合などがよく知られている．

次の命題が成り立つ．

命題 9.8.1 $P \in \mathcal{P}$ に対し，ファトゥ集合 $\mathcal{F}$ は領域であり，ジュリア集合 $\mathcal{J}$ は有界閉集合である．

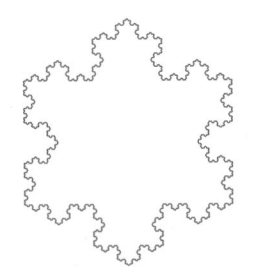

図 9.2. フラクタルの例：コッホ曲線，シダ

証明 $M \geq \max\{\sqrt{2|\lambda|}, 2\}$ に対し，$B = \{z; |z| > M\}$ とおけば，$P(B) \subset B$ である．それは，$|P(z)| > |z|^2 - |\lambda| > \dfrac{|z|^2}{2}$ が $|z| > M$ のとき成立することからわかる．この評価を繰り返せば，

$$|P^n(z)| > \frac{|z|^{2^n}}{2^{2^n-1}} \quad (|z| > M)$$

が成り立ち，$B \subset \mathcal{F}$ がわかる．さらに，任意の $\alpha \in \mathcal{F}$ に対し，$\lim_{n \to \infty} P^n(\alpha) = \infty$ であるから $\mathcal{F} = \bigcup_{n=1}^{\infty} (P^n)^{-1}(B)$ が成り立つ．B は開集合であるから，$\mathcal{F}$ も開集合である．$J \subset B^c$ であるから，$J, \mathcal{J} = \partial J$ は共に有界閉集合となる．最後に，$B \subset (P^n)^{-1}(B)$ から，B を含む連結成分以外の連結成分は有界集合となるので，最大値原理から存在しないことがわかる．以上で，$\mathcal{F}$ が領域であることが示された．□

明らかに，$P(\mathcal{F}) \subset \mathcal{F}$ であるが，逆に $\mathcal{F} \subset P(\mathcal{F})$ も成り立つ．それは，$P(\mathcal{F}) = P\bigl(\bigcup_{n=1}^{\infty} (P^n)^{-1}(B)\bigr) \subset B \cup \mathcal{F} \subset \mathcal{F}$ が成り立つことからわかる．その補集合として J も $J = P(J)$ を満たす．P は正則関数として開写像となり，J の P による不変性とあわせて $\mathcal{J}$ の不変性が得られる．

すなわち次の命題が成立する．

命題 9.8.2 $P \in \mathcal{P}$ に対し，ファトゥ集合 $\mathcal{F}$ とジュリア集合 $\mathcal{J}$ は P と P^{-1} で不変である．

9.8. 研究：ジュリア集合からフラクタルへ

P の **クリティカルポイント** とはその導関数が零になる点であるが, 簡単な計算から P のクリティカルポイントは $z = 0$ のみであることがわかる. ファトゥ集合 $\mathcal{F}$ と無限遠点 $\{\infty\}$ の和集合 $\mathcal{F} \cup \{\infty\}$ がリーマン球面上で考えて単連結であることと, その補集合であるジュリア集合が囲む有界領域が連結であることは同値である. どのようなとき, $\mathcal{F} \cup \{\infty\}$ が単連結になるのであろうか？ それは, P のクリティカルポイントの様子で決まる. すなわち

命題 9.8.3 $0 \notin \mathcal{F}$ ならばジュリア集合が囲む有界領域は連結である.

証明 前と同様に, 十分大きな $M > 0$ を考えれば $B = \{z; |z| > M\} \subset \mathcal{F}$ である. $B_{-n} = (P^n)^{-1}(B)$ とおけば, $0 \notin \mathcal{F}$ から写像 $P^n : B_{-n} \to B$ はクリティカルポイントをもたず, その像 $P^n(B_{-n})$ は B を 2^n 重に被覆することになる. 従って, $B_{-n} \cup \{\infty\}$ が単連結であることから, $\mathcal{F} \cup \{\infty\} = \bigcup_{n=1}^{\infty} B_{-n} \cup \{\infty\}$ が単連結であることがわかる. □

注意 9.8.2 実は, この逆も正しいことが知られている.

演習 9.8.1 $P(z) = z^2 + \lambda$ とする. このとき, 十分大きな $M > 0$ に対し $P^{-1}(B) \cup \{\infty\}$ が 単連結であることを示せ. 但し $B = \{z; |z| > M\}$.

次に, $P_\lambda(z) = z^2 + \lambda \, (\lambda \in \mathbf{C})$ とおき, マンデルブロート集合を定義する.

定義 9.8.5 (マンデルブロート集合)

$$\mathcal{M} = \{\lambda \in \mathbf{C}; \{P_\lambda^n(0)\}_{n=1}^{\infty} \text{ が有界列}\} \tag{9.8.3}$$

とおき, **マンデルブロート集合** と呼ぶ. 前命題により, $\lambda \in \mathcal{M}$ ならば, ジュリア集合が囲む有界領域は連結であることがわかる. このマンデルブロート集合はどのような形状をしているのであろうか？ 実はこの集合も非常に複雑なフラクタルでまだ完全には解明されていないのである. 次の命題が成立する.

命題 9.8.4 マンデルブロート集合は $\{z \in \mathbf{C}; |z| \leq 2\}$ に含まれる有界閉集合である.

証明 $|\lambda| > 2$ とする. $|P_\lambda(0)| = |\lambda| \geq |\lambda| - 1$, $|P_\lambda^2(0)| = |\lambda^2 + \lambda| \geq |\lambda|(|\lambda| - 1), \cdots$. そこで一般に

$$|P_\lambda^n(0)| \geq |\lambda|(|\lambda| - 1)^{2^{n-2}} \ (n \geq 2)$$

が成立することを帰納法により証明しよう. $P_\lambda^{n+1}(0) = P_\lambda^n(0)^2 + \lambda$ だから

$$|P_\lambda^{n+1}(0)| \geq |\lambda|^2(|\lambda| - 1)^{2^{n-1}} - |\lambda|$$
$$\geq |\lambda|(|\lambda| - 1)^{2^{n-1}} \qquad (|\lambda| > 2)$$

が成立し, 主張が示された. このことから, $|\lambda| > 2$ ならば $\lim_{n \to \infty} |P_\lambda^n(0)| = \infty$ がわかるので, $\mathcal{M} \subset \{z \in \mathbf{C}; |z| \leq 2\}$ となる. また, 同じ不等式から $\lambda \in \mathcal{M}$ であることと, すべての番号 n で $|P_\lambda^n(0)| \leq 2$ であることが同値となることが容易にわかり, $\mathcal{M}$ は可算個の閉集合の共通部分だから閉集合となる. □

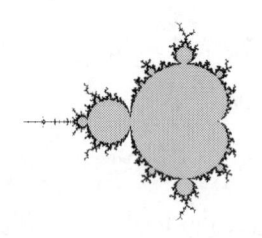

図 9.3. マンデルブロート集合

注意 9.8.3 $0 \notin \mathcal{F}$ ならばジュリア集合が囲む有界領域が連結であったが, マンデルブロート集合も連結で, その内部は $\mathcal{M}$ 内で稠密であることが知られている. しかし, その連結成分は複雑である.

演習 9.8.2 $M_1 = \{\lambda = \dfrac{\mu}{2} - \dfrac{\mu^2}{4}; |\mu| < 1\}$ とおくとき, $\lambda \in M_1$ ならば $P_\lambda(z) = z$ かつ $P_\lambda'(z) = \mu$ を満たす解 z (不動点) があることを示せ. さらに $M_1 \subset \mathcal{M}$ を示し M_1 の外形 (心臓形) を描け.

9.9. 章末問題 A

問題 9.1 次の無限積の値を求めよ.
(1) $\displaystyle\prod_{n=0}^{\infty}\left(1+\frac{6}{(n+1)(2n+9)}\right)$ (2) $\displaystyle\prod_{n=0}^{\infty}\left(1+\frac{1}{(n+1)(n+3)}\right)$

問題 9.2 次の無限積は発散することを示せ.
(1) $\displaystyle\prod_{n=1}^{\infty} 2^{\frac{1}{n}}$ (2) $\displaystyle\prod_{n=1}^{\infty} e^{-\frac{1}{n}}$ (3) $\displaystyle\prod_{n=0}^{\infty}\left(1-\frac{1}{\sqrt{n}}\right)$

問題 9.3 次の無限積は収束することを示せ.
(1) $\displaystyle\prod_{n=1}^{\infty}\left(1+\frac{1}{n^2+n+1}\right)$ (2) $\displaystyle\prod_{n=1}^{\infty}\left(1+\frac{1}{n^2-i}\right)$

問題 9.4 無限積 $\displaystyle\prod_{n=1}^{\infty}\left(1+\frac{1}{n^\alpha}\right)$ はどのような α に対して収束するか？

問題 9.5 次の関係式を示せ.
(1) $\Gamma\left(\dfrac{3}{2}\right)=\dfrac{1}{2}\Gamma\left(\dfrac{1}{2}\right)$ (2) $\Gamma\left(\dfrac{7}{2}\right)=\dfrac{15}{8}\Gamma\left(\dfrac{1}{2}\right)$
(3) $\dfrac{\Gamma(z+n)}{\Gamma(z)}=\displaystyle\prod_{k=0}^{n-1}(z+k) \quad (z\neq -1,-2,\ldots)$
(4) $\dfrac{\Gamma(2z+2n)}{\Gamma(z)}=2^{2n}\dfrac{\Gamma(z+n)\Gamma(z+\frac{1}{2}+n)}{\Gamma(z)\Gamma(z+\frac{1}{2})} \quad (z\neq -1,-2,\ldots)$

問題 9.6 次の集合は正規族か？
(1) $\{z^n\}_{n=1}^{\infty}, \quad (|z|<1)$ (2) $\{az+b : a,b\in\mathbf{C}\}$
(3) $f(z)$ が $|z|<1$ で正則であるとき, $\{f(z^n)\}_{n=1}^{\infty}, \quad (|z|<1)$

問題 9.7 関数族 $\mathcal{F}$ が領域 D で正規族となるためには，それが D の各点の近傍で正規族となることが必要十分である．

問題 9.8 二つの関数族 $\mathcal{F},\mathcal{G}$ が領域 D で正規族であるとき, 和 $\{f+g : f\in\mathcal{F}, g\in\mathcal{G}\}$ も正規族となることを示せ．

問題 9.9 $\mathcal{F}$ が領域 D で正規族で, $F(w)$ が任意の $f\in\mathcal{F}$ の値域 $f(D)$ を含む閉集合で正則な関数とすれば, $\{F(f(z)) : f\in\mathcal{F}\}$ も正規族となる．

9.10. 章末問題 B

試練 9.1 (1) $|z|<1$ のとき, 無限積 $\displaystyle\prod_{n=0}^{\infty}(1+z^n)$ が絶対収束することを示せ．

(2) 無限積 $\prod_{n=0}^{\infty}(1+z^{2^n})$ が $\dfrac{1}{1-z}$ に $|z|<1$ 上で広義一様収束することを示せ.
Hint: $(1-z)\prod_{n=0}^{m}(1+z^{2^n}) = 1 - z^{2^{m+1}}$.
(3) 無限積 $\prod_{n=1}^{\infty}\left(1-\dfrac{z^2}{n^2}\right)$ が $\mathbb{C}$ 上で広義一様収束することを示せ.

試練 9.2 次の等式を示せ.
(1) $\cot z = \dfrac{1}{z} + \sum_{n\neq 0}\left(\dfrac{1}{z-n\pi} + \dfrac{1}{n\pi}\right)$

(2) $\dfrac{1}{\sin^2 z} = \sum_{n=-\infty}^{\infty}\dfrac{1}{(z-n\pi)^2}$

(3) $\tan z = -\sum_{n=-\infty}^{\infty}\left(\dfrac{1}{z-\dfrac{(2n-1)\pi}{2}} + \dfrac{1}{\dfrac{(2n-1)\pi}{2}}\right)$

(4) $\dfrac{1}{\cos^2 z} = \sum_{n=-\infty}^{\infty}\dfrac{1}{\left(z-\dfrac{(2n-1)\pi}{2}\right)^2}$

試練 9.3 次の等式を示せ.
(1) $\dfrac{1}{\cos z} = \sum_{n\geq 1}\dfrac{(-1)^{n+1}(2n-1)\pi}{\pi^2\left(n-\dfrac{1}{2}\right)^2 - z^2}$ (2) $\dfrac{\pi}{4} = 1 - \dfrac{1}{3} + \dfrac{1}{5} - \dfrac{1}{7} + \cdots$

試練 9.4 $\operatorname{Res}(\Gamma, -n) = \dfrac{(-1)^n}{n!}$ $(n=0,1,2,\dots)$ を示せ.

試練 9.5 領域 D で正則, $\overline{D}$ で連続な関数の列 $\{f_n(z)\}$ が D の境界の上で一様収束すれば, D で一様収束することを示せ. (Hint: 最大値の原理)

試練 9.6 $\mathcal{F}$ が領域 D 上の連続関数からなる正規族であれば, 逆に次の 2 条件を満たすことを示せ.
1. Ω 内の任意の有界閉集合 K で, $\sup_{f\in\mathcal{F}}\|f\|_K < +\infty$.
2. Ω の各点 a において, $\lim_{z\to a}\sup_{f\in\mathcal{F}}|f(z)-f(a)| = 0$

試練 9.7 複素平面上の有界領域 D 上の連続関数列 $\{f_n\}_{n=1}^{\infty}$ が一様有界かつ, 次の条件を満たすとする.
条件: (一様に同等連続) 任意の正数 ε に対してある $\delta > 0$ が存在して, $z, w \in D$ かつ $|z-w| < \delta$ ならば, $|f_n(z) - f_n(w)| < \varepsilon$, $(n=1,2,3,\dots)$

そのとき, 連続関数列 $\{f_n\}_{n=1}^{\infty}$ は $\overline{D}$ まで連続的に拡張できることを示せ. またこの拡張は一意的であり, 拡張された関数列も $\overline{D}$ 上で正規族であることを示せ.

第 10 章　エピローグ

問題解答

第 1 章 演習問題解答.

1.1.1 $\pm 2i$, $(z+\frac{1}{2})^2 + \frac{3}{4} = 0$ と変形すれば $-\frac{1}{2} \pm \frac{\sqrt{3}}{2}i$

1.2.1 $-2, \frac{1+i}{2}, \frac{2+\sqrt{3}i}{7}$

1.3.1 $\sqrt{2}(\cos\frac{\pi}{4} + i\sin\frac{\pi}{4})$, $\cos\frac{\pi}{2} + i\sin\frac{\pi}{2}$, $2(\cos\frac{\pi}{3} + i\sin\frac{\pi}{3})$

1.4.1 $0 < k < 1$ のときは 2 点 α, β を両端とする線分を $k:1$ に内分, 外分する点を直径の両端とする円周, $k=1$ では 2 点 α, β の垂直二等分線である.

1.6.1 各点を中心とし, 実部を半径とする円板は, すべて P に含まれる.

1.6.2 (1) 内部 S, 境界 $\{z : |z-a| = 1\}$, 外部 $\{z : |z-a| > 1\}$, (2) 内部 $\{z : 1 < |z| < 2\}$, 境界 $\{z : 0, |z| = 1, |z| = 2\}$, 外部 $\{z : 0 < |z| < 1, |z| > 2\}$

1.6.3 どちらも領域.

1.7.1 a^2, $2a$, 極限は存在しない.

1.7.2 (1) $|f(z) - f(w)| \leq 2r|z - w|$, ($r$ は $\mathbf{D}$ の半径) に注意せよ.
(2) $|f(z) - f(w)| \geq (|z| - |w|)|z - w|$ が成り立つことを用いよ.

1.8.2 (1) 0 (広義一様収束)　(2) $\frac{1}{1-z}$ (広義一様収束)　(3) $|z| > 1$ で発散.

第 1 章 章末問題 A 解答.

問題 **1.1** (1) -4 (2) $-i/2$ (3) 1

問題 **1.2** (1) $-2i$ (2) 4 (3) $(1-i)/2$

問題 **1.4** ド・モワブルの公式を用いる.

問題 **1.5** (1) $\pm\frac{1+i}{\sqrt{2}}$ (2) $\cos(\frac{\pi}{8}+\frac{k\pi}{2})+i\sin(\frac{\pi}{8}+\frac{k\pi}{2}), k=0,1,2,3.$

問題 **1.6** (1) $xy \leq 1/2$ (2) 角状の領域 (3) 単位閉円板の外部 (4) $\pm 2, \pm\sqrt{3}i$ を通る楕円の内部

問題 **1.7** 直線である ($z = x + iy$ を代入するとよい).

問題 **1.9** 定理 1.7.1 を用いよ.

問題 **1.10** f と g の連続性から, $\lim_{\zeta \to \alpha} f(g(\zeta)) = \lim_{z \to g(\alpha)} f(z) = f(g(\alpha))$.

問題 **1.11** (1) 不連続 ($x = y$ とおけ) (2) 不連続 ($y = x^2$ とおけ)

問題 **1.12** $\alpha = 0$ としてよい. そのとき, 収束性から任意の正数 ε に対してある正整数 $N = N(\varepsilon)$ がとれて, $n > N$ のとき $|a_n| < \varepsilon$ とできる. $n > N$ のとき, $\frac{1}{n}|\sum_{k=1}^{n} a_k| \leq \frac{1}{n}\sum_{k=1}^{N}|a_k| + \frac{1}{n}\sum_{k=N+1}^{n}|a_k| < \frac{1}{n}\sum_{k=1}^{N}|a_k| + \varepsilon$. ここで n を十分大きくとれば $\frac{1}{n}\sum_{k=1}^{N}|a_k| < \varepsilon$ となり, ε の任意性から証明が終わる.

問題 **1.13** $n\alpha^{n-1}$

問題 **1.14** $f(x) = 1/x$ が一様連続でないことに帰着する.

問題 **1.15** $z/n, z^n$ が広義一様に 0 に収束することと f が連続であることを用いよ.

問題 **1.17** (1) 発散 (2) 収束

問題 **1.18** $|\sin n|z|| \leq 1$ に注意せよ.

第 1 章 章末問題 B 解答.

試練 **1.1** 数学的帰納法.

試練 **1.2** 関係式 $1 - \left|\frac{z-w}{1-z\overline{w}}\right|^2 = \frac{(1-|z|^2)(1-|w|^2)}{|1-z\overline{w}|^2} > 0$ からわかる.

試練 **1.3** 境界 $\left|\frac{z-1}{z+1}\right| = \alpha$ は点 $1, -1$ からの距離の比が一定な点の軌跡なので, $\alpha = 1$ のときは点 $1, -1$ を結ぶ線分の垂直二等分線, $\alpha \neq 1$ では円となる (演習 1.4.1).

試練 **1.4** 中心 $-\beta$, 半径 $\sqrt{|\beta|^2 - 1}$ の円 (注意 1.4.1 の式の 2 乗の形にもちこむ).

第 10 章   エピローグ … 問題解答   219

試練 1.5 (1) A, B の要素にそれぞれ番号をつけて $a_1, a_2, \cdots, b_1, b_2, \cdots$ と書き，また $c_{m,n} = (a_m, b_n)$ と表す．任意の自然数 k に対して，$m, n \leq k$ となる $c_{m,n}$ は k^2 個しかないから，番号をつけて $c_1, c_2, \cdots, c_{k^2}$ とすることができる．次に，$m = k+1$ または $n = k+1$ となる $c_{m,n}$ は $(k+1)^2 - k^2$ 個であるからやはり番号をつけることができる．k についての帰納法を用いればすべての $c_{m,n}$ に番号をつけることができる．

(2) 前問より二つの自然数の組 (m, n) の全体は可算集合である．m, n が互いに素である組と m/n は 1 対 1 対応がつくから，正の有理数全体は可算集合である．明らかに有理数全体も可算集合となる．有理点 $z = x + iy$ は二つの有理数の組 (x, y) で表されるから，再び前問により可算集合である．後半は有理数の稠密性から従う．

試練 1.6 (1) $O_\lambda, \lambda \in \Lambda$ がすべて開集合であるとする．$z \in \sum_{\lambda \in \Lambda} O_\lambda$ ならば，ある λ があって $z \in O_\lambda$ となるから，z が内点であることがわかる．(2) $O_k, k = 1, 2, \ldots, n$ がすべて開集合であるとする．$z \in \cap_{k=1}^n O_k$ ならば，すべての k について $z \in O_k$ となる．従って z 中心の十分小さな円板はすべての O_k に含まれることになるから z が内点であることがわかる．(3), (4) は補集合を考えれば (1), (2) と同値である．

試練 1.7 $\overline{A}$ が閉集合であることは定義からわかる．最小性は，閉集合 B が $B \supset A$ を満たせば，$B \supset \overline{A}$ が成り立つことより従う．

試練 1.8 有界閉集合を K とし，背理法を用いる．ある $\varepsilon > 0$ が存在し，すべての自然数 n に対し，$|a_n - b_n| < 1/n$ かつ $|f(a_n) - f(b_n)| > \varepsilon$ を満たす点列 $a_n, b_n \in K$ が選べる．K が有界閉集合であることから，これらの点列から収束する部分列を選ぶことができる．それを改めて a_n, b_n と書き，極限を a, b とすれば，明らかに $a = b \in K$ であるが，これは関数 f の連続性に矛盾する．

試練 1.9 $\sum_{k=0}^n e^{ik\theta} = \frac{e^{i(n+1)\theta} - 1}{e^{i\theta} - 1} = \frac{\sin \frac{n+1}{2}\theta}{\sin(\frac{1}{2}\theta)} e^{\frac{1}{2}in\theta}$ の両辺を比較せよ．

試練 1.10 (1) $S_n(z) = 1 + |z| - (1 + |z|)^{-n}$ (2) $S(z) = 0 \ (z = 0), 1 + |z| \ (z \neq 0)$ (3) 極限が不連続であることに注意せよ．

試練 1.11 A を任意の有界閉集合とする．この A に対してある正整数 n がとれて，$k > n$ ならば $|z - k| > k/2$ がすべての $z \in A$ で成立するようにできる．そのとき $\sum_{k > n} \frac{1}{|z - k|^2} \leq 4 \sum_{k > n} \frac{1}{k^2} < +\infty$ となる．

第 2 章 演習問題解答．

2.1.1 $\limsup_{n\to\infty} u_n^{\frac{1}{n}} = r < 1$ とすると定義から, ある番号 N が存在し, $n \geq N$ ならば $u_n^{\frac{1}{n}} < \frac{1+r}{2} < 1$ とできるので $\sum_{n=0}^{\infty} u_n < +\infty$ がわかる. 後半は, $\limsup_{n\to\infty} u_n^{\frac{1}{n}} = r > 1$ とでき, $u_n^{\frac{1}{n}} > \frac{1+r}{2} > 1$ となる番号が無限個存在することを用いればよい.

2.1.2 (1) から (3) はすべて $|z| < 1$ で収束, $|z| > 1$ で発散する. また $|z| = 1$ では, (1) は発散, (3) は収束する. (4) はすべての $z \neq 0$ で発散. (5) はすべての z で収束. 補足: (2) に関しては少し微妙で $z \neq 1$ で収束することが知られている.

第 2 章 章末問題 A 解答.

問題 2.1 (1) 1 (2) 1 (3) $+\infty$

問題 2.2 (1) 1 (2) 1/2 (3) 0

問題 2.3 (1) $\rho \geq AB$ (2) $\rho \geq \min\{A, B\}$ (但し $A \neq B$ ならば $\rho = \min\{A, B\}$)

問題 2.4 $\{b_n\}$ が有界だから, $|a_n b_n| \leq M|a_n|$ となる定数 M がある.

問題 2.5 収束半径の公式を用いよ.

問題 2.6 $s_n = \sum_{k=0}^{n} a_k, s = \sum_{k=0}^{\infty} a_k$ とおく. 任意の正数 ε に対して適当に自然数 N を選べば, $n \geq N$ のとき常に $|s - s_n| < \varepsilon$ とできる. また, $t = \sum_{n=0}^{\infty} |b_{n+1} - b_n|$ とおけば, 三角不等式により $|b_n| \leq |b_0| + t$ となる. いま, $\sum_{k=1}^{m} a_{n+k} b_{n+k} = (s_{n+m} - s)b_{n+m} + \sum_{k=1}^{m-1}(s_{n+k} - s)(b_{n+k} - b_{n+k+1}) - (s_n - s)b_{n+1}$, よって $n \geq N$, $m > 0$ のとき $|\sum_{k=1}^{m} a_{n+k} b_{n+k}| \leq \varepsilon(|b_{n+1}| + \sum_{k=1}^{m-1}|b_{n+k} - b_{n+k+1}| + |b_{n+m}|) \leq \varepsilon(2|b_0| + 3t)$ より収束.

問題 2.7 $a_n = \dfrac{-\alpha a_{n-1}}{n}$ より, $f(z) = a_0 \sum \dfrac{(-\alpha z)^n}{n!} = a_0 e^{-\alpha z}$

問題 2.8 $a_n = \dfrac{a_{n-2}}{n}$, $f'(0) = 0$ より, $f(z) = a_0 \sum \dfrac{z^{2n}}{2^n n!} = a_0 e^{z^2/2}$

第 2 章 章末問題 B 解答.

試練 2.1 (1) 1 (2) $1/e$ (3) 0

試練 2.2 $R = |z_0|$ とおけば, $\sum |a_n| R^n$ が収束する. $|z| \leq R$ ならば $|a_n z^n| \leq |a_n| R^n$ であるから, 優級数原理により $\sum a_n z^n$ は $|z| \leq R$ で一様収束する.

試練 2.3 $\sum a_n z_0^n$ が収束するので, $a_n z_0^n \to 0$ である. 従って十分大きな N に対して $n \geq N$ ならば $|a_n z_0^n| < 1$. 故に, $|z| < |z_0|$ のとき $|\sum_{n=p}^{q} a_n z^n| \leq \sum_{n=p}^{\infty} \left(\frac{|z|}{|z_0|}\right)^n < \infty, (q \geq p \geq N)$ が成立するから収束. 次に, z_1 で発散したとする. 仮に, $|z| > |z_1|$ を満たす z で収束すれば, 前半より $z = z_1$ でも収束. これは矛盾である.

試練 2.4 $a_n \leq 2a_{n-1}$ より $a_n \leq 2^{n-1}$ がわかるから, 収束半径 R は $1/2$ 以上. 関係式 $a_n = a_{n-1} + a_{n-2}$ に z^n をかけて n について加えれば, $f(z) - z = zf(z) + z^2 f(z)$ つまり $f(z) = \frac{z}{1-z-z^2} = \frac{1}{\sqrt{5}}\left(\frac{1}{1-(1+\sqrt{5})z/2} - \frac{1}{1-(1-\sqrt{5})z/2}\right)$. この右辺を展開すれば, $a_n = \frac{1}{\sqrt{5}}\left(\left(\frac{1+\sqrt{5}}{2}\right)^n - \left(\frac{1-\sqrt{5}}{2}\right)^n\right)$, さらに $\lim_{n \to \infty} \frac{a_{n-1}}{a_n} = \frac{\sqrt{5}-1}{2} = R$ を得る.

試練 2.5 $0 < l < r < 1$ なる r を一つ固定する. 適当に番号 N を選べば $n \geq N$ のとき $|a_{n+1}/a_n| < r$ となる. すなわち $|a_{N+k}| < |a_N| r^k, (k = 1, 2, \ldots)$ 従って, $\sum_{k=1}^{\infty} |a_{N+k}| \leq \sum_{k=1}^{\infty} |a_N| r^k < \infty$ となり収束する. もし, $l > 1$ ならば適当な N を選べば $n \geq N$ のとき $|a_n| < |a_{n+1}|$ となり, 従って級数 $\sum a_n$ は発散する.

試練 2.6 前問より $|z| < R$ のときに限り, $\sum a_n z^n$ は収束することがわかる.

試練 2.7 上の公式による収束半径の値を R, 定理 2.1.2 で定まる値を ρ とすれば, 前問より $R \leq \rho$ である. また, $0 < a < b < 1$ $a_{2k-1} = a^{2k-1}, a_{2k} = b^{2k}$ で定まる級数を考えれば R は定まらないが, $\rho = 1/b$ となる.

第 3 章 演習問題解答.

3.4.1 $\log(-1) = \{i(1+2k)\pi : k \text{ は整数}\}$, $\log i = \{i(\frac{1}{2}+2k)\pi : k \text{ は整数}\}$, $\log(1+i) = \{\log \sqrt{2} + i(\frac{1}{4}+2k)\pi : k \text{ は整数}\}$

3.4.2 (1) $e^{-\frac{\pi}{2}i}$ (2) $e^{1+\pi i} = -e$

3.5.1 $1^i = e^{i\log 1} = e^0 = 1$, $(-1)^i = e^{i\pi i} = e^{-\pi}$.

3.5.2 Ω_0 のコピーを Ω_1, Ω_{-1} の 2 枚用意し, Ω_0 の上岸を Ω_1 の下岸に, Ω_1 の上岸を Ω_{-1} の下岸に, Ω_0 の下岸を Ω_{-1} の上岸に貼り合わせる. w 平面を三つの領域 $D_0 = \{-\frac{\pi}{3} < \arg w < \frac{\pi}{3}\}$, $D_1 = \{\frac{\pi}{3} < \arg w < \pi\}$, $D_{-1} = \{-\pi < \arg w < -\frac{\pi}{3}\}$ に分け, Ω_k には D_k の点を対応させる. Ω_0 のスリットの下岸には $\arg w = -\frac{\pi}{3}$, 上岸には $\arg w = \frac{\pi}{3}$ の点を対応させ, Ω_1 のスリットの下岸には $\arg w = \frac{\pi}{3}$, 上岸には $\arg w = \pi$ の点を対応させて, Ω_{-1} のスリットの下岸には $\arg w = -\pi$, 上岸には $\arg w = -\frac{\pi}{3}$ の点を対応させる.

3.6.1 $|\sin z| = |e^{ix-y} - e^{-ix+y}|/2 \geq |e^y - e^{-y}|/2 \to \infty \ (y \to +\infty), |\cos z| = |e^{ix-y} + e^{-ix+y}|/2 \geq |e^y - e^{-y}|/2 \to \infty \ (y \to +\infty)$

3.6.2 $z = -i\log(-2 + \sqrt{5}) + 2n\pi, -i\log(2 + \sqrt{5}) + (2n+1)\pi, n$ は整数

3.7.1 $f(z) = ke^{z^2/2}$ (k は定数), 収束半径は無限大.

3.8.1 (1) $\frac{1}{z} = -\frac{1}{1-(z+1)} = g(z) \, (z \in D)$ (2) (1) の等式の両辺を微分せよ.

3.9.1 (1) $z = 0$, 位数は 2 (2) $z = k\pi$ (k は整数), 位数は 1

3.9.2 解析接続の原理 (一致の定理) から従う.

第 3 章 章末問題 A 解答 (ここでは n は整数を表す).

問題 3.1 オイラーの公式を用いるとよい.

問題 3.2 $e^z e^{-z} = 1$ (指数法則) に注意せよ.

問題 3.5 (1) $y = n\pi$ (2) $y = 0$ または $x = \pi/2 + n\pi$ (3) $x = 0$ または $y = n\pi$

問題 3.6 (1) $z = (2n+1)\pi i$ (2) $z = 2n\pi + i\operatorname{Log}(5 \pm 2\sqrt{6})$

問題 3.7 ∞ ($|\sin z| \geq |e^y - e^{-y}|/2$ を示せ.)

問題 3.8 (1) $z = e^{2+3i}$ (2) $z^2 = e^{\pi i} = -1$, 従って $z = \pm i$

問題 3.9 (1) $e^{-(2n+1)\pi}$ (2) $e^{-(2n+\frac{1}{2})\pi}$ (3) $e^{-2n\pi}$

問題 3.10 $z_1 = z - 1$ とおけば, z_1 平面の原点および負の実軸は z 平面の 1 および 1 を通り実軸に平行な左半直線に写る. $w = \sqrt{z_1}$ を考慮すれば, 求めるリーマン面は 1 および 1 を通り実軸に平行な左半直線に切り口を持つ 2 枚の平面 Π_0, Π_1 を用意して, Π_0 の上岸と Π_1 の下岸, Π_1 の上岸と Π_0 の下岸をつなぎ合わせてできる面を作ればよい.

問題 3.11 関数 $\frac{1}{1-\alpha z}$ を $|z| < \frac{1}{|\alpha|}$ で原点中心にテイラー展開すれば $f(z)$ が得られる. $g(z)$ は, $\frac{1}{1-\alpha z} = \frac{1}{1-z}\left(1 + \frac{(1-\alpha)z}{1-z}\right)^{-1}$ を $\left|\frac{(1-\alpha)z}{1-z}\right| < 1$ で展開する. どちらも原点の近傍を含むことに注意.

問題 3.12 (1) $z = \pm i$ (1 位) (2) $z = n\pi$ (1 位)

第 3 章 章末問題 B 解答.

試練 3.1 $[e \text{ の } z \text{ 乗}] = e^{z \log e} = e^{z(1+2n\pi i)} = e^z e^{2n\pi i z}$, n は整数.

試練 3.2 $z^\alpha = |z|^{\frac{p}{q}} e^{i\frac{p}{q}(\text{Arg } z + 2n\pi)}$ より $n = 0, 1, 2, \ldots, q-1$ で異なる値をとる.

試練 3.3 $\text{Re}(b) = \frac{1}{2}$ の倍数かつ $\text{Re}(b) \text{Arg}(a) + \text{Im}(b) \text{Log} |a| = \pi$ の倍数. $a = re^{i\theta}, b = x + iy$ とおけば, a^b がすべて実数となる条件は, すべての n で $x(\theta + 2n\pi) + y \text{Log } r = \pi$ の倍数, と表される. これらを整理すればよい.

試練 3.4 前問と同様に考えれば, $\text{Im}(b) = 0$ が条件となる.

試練 3.5 正しくない. $z = re^{i\theta}$ とおけば, $\log z^2$ と $2 \log z$ とに対して可能な値はそれぞれ $\log z^2 = 2\log r + 2i\theta + 2m\pi i, 2\log z = 2\log r + 2i\theta + 4n\pi i$, ($n, m$ は整数) となり全体として一致しない.

試練 3.6 べき級数を考え, $|\sum \frac{z^n}{n!}| \leq \sum \frac{|z|^n}{n!}$ に注意すれば容易である.

試練 3.7 級数の収束半径は 1 である. p, q が正の整数ならば $f(re^{q\pi i/2^p}) = \sum_{n=0}^{p} r^{2^n} e^{2^{n-p}q\pi i} + \sum_{n=p+1}^{\infty} r^{2^n} \to \infty$ $(r \to 1-0)$ 従って, $z = re^{q\pi i/2^p}$ は $f(z)$ の特異点. p, q の任意性から $|z| = 1$ 上稠密に特異点が分布するので自然境界.

試練 3.8 $|z| < 1$ で共に収束し, $f'(z) = g'(z) = \frac{1}{1+z}$ が成り立つ. さらに, $f(0) = g(0) = 0$ が成立するから, 互いに解析接続の関係にある.

第 4 章 演習問題解答.

4.1.1 $\frac{\partial F}{\partial x} = 2x, \frac{\partial F}{\partial y} = 2y, \frac{\partial G}{\partial x} = 1, \frac{\partial G}{\partial y} = i$

4.2.1 $f'(z) = 2z, g'(z) = e^z$ は連続なので f も g も正則.

4.2.2 $\frac{|z+w|^2 - |z|^2}{w}$ は, w が $1+i$ 方向から近付けば $\bar{z} - iz$, $1-i$ 方向から近付けば $\bar{z} + iz$. また $\frac{\overline{z+w}-\bar{z}}{w}$ は, w が実軸方向から近付けば 1, 虚軸方向から近付けば -1. 一致しないから極限は存在しない.

4.2.3 h, k を実数として $R = \lim_{h \to 0} \frac{f(z+h)-f(z)}{h}$, $I = \lim_{k \to 0} \frac{f(z+ik)-f(z)}{ik}$ とおくと $R = \frac{\partial u}{\partial x} + i\frac{\partial v}{\partial x}, I = \frac{1}{i}\frac{\partial u}{\partial y} + \frac{\partial v}{\partial y}$. 正則性の定義から $R = I$ となる.

4.2.5 (1) はコーシー・リーマン の関係式から明らか. (2) は $|f(z)|^2 = u^2 + v^2$ を偏微分すれば $uu_x + vv_x = uu_y + vv_y = 0$ を得るが, コーシー・リーマンの関係式と合わせれば $u_x = u_y = v_x = v_y = 0$ であることがわかる.

4.2.6 f を実部と虚部に分けて，実数値関数に対する平均値の定理を用いる．その際，Ω が領域であるので任意の 2 点が折れ線でつなげることを用いる．

4.4.1 (1) $\frac{1}{2}$ (2) $\frac{1}{3}$

4.5.1 (1) 0 (2) $\frac{i}{2}$

4.5.2 $-C: w(t) = z(a+b-t)$ とおくと，$\int_{-C} f(z)\,|dz| = \int_a^b f(z(a+b-t))|z'(a+b-t)|\,dt$ となる．ここで，$a+b-t = s$ と変数変換する．後半は省略．

4.5.3 (1) $0\ (k \neq -1),\ 2\pi i\ (k = -1)$ (2) $2\pi\ (k=0),\ 0\ (k \neq 0)$

4.6.1 (1) $\frac{\beta^{n+1} - \alpha^{n+1}}{n+1}$ (2) 0

4.6.2 $2\pi i\ (n=1),\ 0\ (n \neq 1)$

第 4 章 章末問題 A 解答．

問題 4.1 (1) $2z$ (2) $(1-z)^{-2}$ (3) $2(z^2 - 3z + 1)(2z - 3)$

問題 4.2 (1) $2(x+iy)$ (2) 正則でない (3) $e^x(\cos y + i \sin y)$ (4) 正則でない (5) 正則でない (6) $\cos x \cosh y - i \sin x \sinh y$

問題 4.3 (1) $u_x = u_y = v_x = v_y = 0$ から u, v は定数である．(2) $u_x = u_y = 0$ から $v_x = v_y = 0$ となる．(3) 略．(4) $uu_x + vv_x = uu_y + vv_y = 0$ とコーシー・リーマンの関係式からわかる．

問題 4.4 コーシー・リーマンの関係式を用いよ．

問題 4.5 (1) $i/2$ (2) i

問題 4.6 (1) $-4/3$ (2) $\sin(i\pi)$ (3) -2 (4) $-e^\pi - e^{\pi/2}$

問題 4.7 $0\ (m \neq 1),\ 2\pi i\ (m=1)$

問題 4.8 (1) 0 (2) 0

問題 4.9 $z(t) = i + 2t\ (0 \leq t \leq 1)$ とすると $|\int_C \frac{1}{z^2}\,dz| \leq \int_0^1 \frac{2\,dt}{4t^2+1} < 2$

第 4 章 章末問題 B 解答．

第 10 章　エピローグ … 問題解答　　　　225

試練 4.1　$x = r\cos\theta, y = r\sin\theta$ と変数変換すれば $u_r = u_x\cos\theta + u_y\sin\theta$, $u_\theta = -u_x r\sin\theta + u_y r\cos\theta$, $v_r = v_x\cos\theta + v_y\sin\theta$, $v_\theta = -rv_x\sin\theta + rv_y\cos\theta$ となる. これらをコーシー・リーマンの関係式に代入すればよい.

試練 4.2　$\frac{\partial}{\partial z} = \frac{1}{2}\left(\frac{\partial}{\partial x} - i\frac{\partial}{\partial y}\right)$, $\frac{\partial}{\partial \bar{z}} = \frac{1}{2}\left(\frac{\partial}{\partial x} + i\frac{\partial}{\partial y}\right)$ より $4\frac{\partial^2}{\partial z \partial \bar{z}} = \frac{\partial^2}{\partial x^2} + \frac{\partial^2}{\partial y^2} = \Delta$

試練 4.3　前問より $f \neq 0$ なる点では $\Delta f(z) = 0$(調和性) となることに注意.

試練 4.4　(1) $z^2 + 1 + ic$　(2) $(1-i)z^3 + ic$　(3) $ze^z + ic(c$ は実数の定数$)$

試練 4.6　$z(t) = e^{it}$ $(0 \leq t \leq 2\pi)$ として変数変換 $s = \sqrt{1 + \cos t}$ を用いれば, 与式 $= \int_0^{2\pi} \sqrt{2(1-\cos t)}\, dt = 8$.

試練 4.7　任意の $\varepsilon > 0$ に対し, 適当な $\delta > 0$ をとれば, $\left|\frac{f(z)}{z} - f'(0)\right| < \varepsilon$, $(0 < |z| < \delta)$ が成り立つ. 従って $(0 < r < \delta)$ のとき $\left|\frac{1}{\pi r^2}\int_{|z|=r}(f(z) - zf'(0))\, dz\right| \leq 2\varepsilon$ が成立する. 後は $\int_{|z|=r} z\, dz = 0$ に注意すればよい.

第 5 章 演習問題解答.

5.1.1　$\{z : 0 < |z| < 1\}$, 直感的には穴があいた領域.

5.1.2　C_1, C_2 共に, $\gamma(s, t) = (1-s)z(t)$ $(0 \leq s \leq 1)$ を考えれば, $\gamma(0, t) = z(t), \gamma(1, t) = 0$ となる.

5.1.3　$\gamma(s, t) = (1-s)z_0(t) + sz_1(t)$, $(0 \leq s \leq 1)$ を考えればよい.

5.1.4　ホモトープではない (閉曲線の指数を参照).

5.4.1　指数は常に整数であり, かつその値が曲線に連続的に依存することによる.

5.4.2　(1) $-2\pi i$　(2) 0

5.5.2　(1) $\frac{2\pi i}{(n-1)!}$　(2) 0

5.6.1　$\frac{1}{n} < 1 - r$ ならば $\left|\int_C f(z)\, dz - \int_{C_j} f(z)\, dz\right| = \left|\int_0^{2\pi}[f(e^{it}) - f((1-\frac{1}{n})e^{it})(1-\frac{1}{n})]\, dt\right| \leq \int_0^{2\pi}|f(e^{it}) - f((1-\frac{1}{n})e^{it})|\, dt + \frac{1}{n}\int_0^{2\pi}|f((1-\frac{1}{n})e^{it})|\, dt \to 0$ $(n \to \infty)$

5.6.2　前問を用い, 曲線を内側から近似せよ.

5.7.1　定理 5.7.1 と同様.

第 5 章 章末問題 A 解答.

問題 **5.2** (1) 0 (2) π

問題 **5.3** (1) $-2\pi i$ (2) 0 (3) $4\pi i$ (4) $2\pi i$

問題 **5.4** (1) $2\pi i \sin i$ (2) $\pi e^i(-1+2i)$ (3) 0

問題 **5.5** $C: z(t)=re^{it}, r \neq 1, 2$ $(0 \leq t \leq 2\pi)$ とする. (1) $\frac{3}{2}\pi i$ $(0<r<1)$ (2) $-\frac{1}{2}\pi i$ $(1<r<2)$ (3) 0 $(r>2)$

問題 **5.6** 部分分数に分けるとよい. $|R^2/\bar{z}| > R$ に注意.

問題 **5.7** 最初に展開してから積分を計算すれば $2\pi i \binom{2n}{n}$ となる. また $z(t)=e^{it}$ $(0 \leq t \leq 2\pi)$ として計算すれば $i2^{2n}\int_0^{2\pi}\cos^{2n}\theta\, d\theta$ となる.

問題 **5.8** (1) $4+6(z-1)+4(z-1)^2+(z-1)^3$, (2) $e(1+\frac{z-1}{1!}+\frac{(z-1)^2}{2!}+\frac{(z-1)^3}{3!}+\cdots$
(3) $1+(1-z)+(1-z)^2+\cdots$

問題 **5.9** $G(z) = \sum_{n=0}^{\infty} a_n(z-\alpha)^n, a_n = \frac{1}{2\pi i}\int_C \frac{g(\zeta)}{(\zeta-\alpha)^{n+1}}\, d\zeta$

問題 **5.10** (1) $z^2 - \frac{z^6}{3!} + \frac{z^{10}}{5!}$ (2) $z^2 - \frac{z^4}{3} + \frac{2z^6}{45}$ (3) $z^3 + 2z^5 + 3z^7$ (4) $z + \frac{z^3}{6} + \frac{3z^5}{40}$
(5) $e(1+z+z^2)$ (6) $z - \frac{z^3}{3} + \frac{z^5}{5}$ (7) $1-2z+z^2$ (8) $z - \frac{7z^3}{6} + \frac{47z^5}{40}$ (9) $1 - \frac{z}{2} + \frac{z^2}{12}$

問題 **5.11** $f(z) = \sum_{n=1}^{\infty}\frac{(-1)^{n+1}z^n}{n}$. $\sum_{n=1}^{\infty}\frac{(-1)^{n+1}}{n}$ は交代級数なので収束し, 値は $\mathrm{Log}\, 2$.

問題 **5.12** $|f(z)|^2 = f(z)\overline{f(z)}$ を用いよ.

問題 **5.13** $g(\zeta) = f(1/\zeta)$ とおけば g は $|\zeta|<1/R$ で正則となる.

問題 **5.14** $1/f(z)$ は D で正則であるから最大値の原理が適用できる.

問題 **5.15** $L(z)$ は多項式の絶対値であるので最大値の原理が適用できる.

問題 **5.16** 平均値の性質またはコーシーの積分表示より明らかである.

第5章 章末問題 B 解答.

試練 **5.1** 定義に従い積分記号下で微分せよ (一般化されたコーシーの積分表示参照).

試練 **5.2** $g(z) = e^{f(z)}$ は全平面で正則かつ有界となるので定数である.

試練 **5.3** コーシーの積分表示から $\frac{f(w)-f(z)}{w-z} - f'(z)$ は $\frac{w-z}{2\pi i}\int_{|\zeta|=r}\frac{f(\zeta)}{(\zeta-w)(\zeta-z)^2}\, d\zeta$ に等しい. 但し $r = \frac{R+\rho}{2}$. $f(z)$ は $|z|\leq r$ で有界なので, 題意が成立する.

試練 **5.4** コーシーの積分表示を用いよ.

第 10 章　エピローグ … 問題解答　　　227

試練 5.5 コーシーの不等式 (微分係数評価式) を用いよ.

試練 5.7 z に注意して, コーシー・リーマンを用いる.

試練 5.8 $|\zeta| = 1$ のとき $d\zeta = -\frac{d\bar\zeta}{\zeta^2}$ だから, 与式 $= \overline{\frac{1}{2\pi i}\int_{|\zeta|=1}\frac{f(\zeta)}{\zeta(1-\bar z \zeta)}d\zeta}$ を得る. 後は部分分数に分けてコーシーの積分表示を用いる.

試練 5.10 Hint のように, g にシュワルツの補題を用い, 次に $\frac{1}{f}$ を考えるとよい.

第 6 章 演習問題解答.

6.1.1 $e^{\frac{1}{z}} = 1 + \frac{1}{1!z} + \frac{1}{2!z^2} + \cdots$, $\sin\frac{1}{z} = \frac{1}{1!z} - \frac{1}{3!z^3} + \frac{1}{5!z^5} - \cdots$, $\frac{\sin z}{z^n} = z^{1-n} - \frac{z^{3-n}}{3!} + \frac{z^{5-n}}{5!} - \cdots$

6.1.2 (1) $\sum_{k=0}^{\infty}(-1 + 2^{-k-1})z^k$, (2) $\sum_{k=0}^{\infty}\frac{1}{z^{k+1}} + \sum_{k=0}^{\infty}\frac{z^k}{2^{k+1}}$

6.2.1 (1) $z = 0$: 除去可能な特異点 (2) $z = 2k\pi$ (k は整数) : 1 位の極 (3) $z = 0$: 真性特異点

6.5.1 (1) $-2ie^{-1}$ ($z = 1$), $2i(e^{-1} - e)$ ($z = \infty$) (2) $-\frac{\sqrt{2}(1+i)}{8}$ (3) $-3\sqrt{3} + 3i$ (4) $-i$ (5) $\frac{1}{\alpha-\beta}$ ($\alpha \ne \beta$), 0 ($\alpha = \beta$) (6) $\frac{e^\alpha}{2}$ (7) $e^\alpha(1+\alpha)$ (8) 0 ($m \le 0$), $\frac{i^{m-1}}{(m-1)!}$

6.6.1 ルーシェの定理を用いよ. (1) $f = z^6 - 6z^3, g = 12$ で $|f(z)| \le 7, |g(z)| = 12$ ($|z| = 1$) (2) $f = 12 - 6z^3, g = z^6$ で $|f(z)| \le 60, |g(z)| = 64$ ($|z| = 2$)

6.6.2 $P(z) = z^n + a_1 z^{n-1} + \cdots + a_n$ とする. $f(z) = P(z) - g(z), g(z) = z^n$ として十分大きな円周上で $|f(z)| < |z^n|$ を示せ.

6.7.1 単位円内の特異点は $i(\sqrt{a^2-1} - a)$ (1 位の極) である.

6.7.2 三つの 1 位の極 $z = e^{i\pi/6}, e^{i\pi/2}, e^{i5\pi/6}$ をもつ. 関係式 $\frac{1}{6z^5} = \frac{-z}{6}$ を用いよ.

6.7.3 $\cos^2 z = \frac{1+\cos 2z}{2}$ を用いよ.

6.7.4 $M > 0$ として $\int_0^M \frac{\sin x}{x}dx = \left[\frac{1-\cos x}{x}\right]_0^M + \int_0^M \frac{1-\cos x}{x^2}dx$ を $M \to \infty$ とすれば最初の等式を得る. 次に, $1 - \cos x = 2\sin^2\frac{x}{2}$ を用いて $x/2 = t$ と変数変換.

6.7.5 (1) 上半平面の特異点は $0, i$ (1 位の極) である. (2) 上半平面の特異点は $e^{\pi i/4}$, $e^{3\pi i/4}$ (1 位の極) である.

6.7.6 $\left|\int_{C_\varepsilon} R(z)\,dz\right| \le \int_0^\pi \varepsilon^{-\alpha}|f(\varepsilon e^{i\theta})|\varepsilon d\theta$ より, 0 に収束.

6.7.7 $R(z) = \frac{1}{z^\alpha(z+1)}$ はただ一つの極 -1 をもち, z の偏角がこの点では π であるので, 留数は $e^{-\pi i \alpha}$ に等しい. 後は公式を用いよ.

6.7.8 -1 における留数は $(\pi i + \log(1-t))^2$ の展開式の t^2 の係数に等しく, $1 - \pi i$.

第 6 章 章末問題 A 解答.

問題 6.1 (1) $\frac{1}{1-z^2} = \frac{1}{2(z+1)\left(1-\frac{z+1}{2}\right)} = \sum_{k=-1}^{\infty} \frac{(z+1)^k}{2^{k+2}}$

(2) $\frac{1}{(z+1)^3} = \left(\frac{1}{2(z+1)}\right)'' = \sum_{k=0}^{\infty} \frac{(-1)^k(k+1)(k+2)}{2} z^k$

(3) $\frac{1}{z^3} = \left(\frac{1}{2i(1+\frac{z-i}{i})}\right)'' = \sum_{k=0}^{\infty} \frac{(-1)^k(k+1)(k+2)}{2i^{k+3}}(z-i)^k$

(4) $\frac{1}{z(1-z)} = \frac{1}{z} + \frac{1}{1-z} = \sum_{k=-1}^{\infty} z^k$ (5) $\sum_{k=-1}^{\infty} (-1)^k (z-1)^k$

(6) $\frac{1}{z(z^2-1)} = \frac{-1}{z} + \frac{1/2}{z-1} + \frac{1/2}{z+1} = \sum_{k=-1}^{\infty} \frac{(-1)^k(1-2^{k+2})}{2^{k+2}}(z-1)^k$

問題 6.2 $f(z) = \sum_{k=0}^{\infty} \frac{\alpha^{k+1} - \beta^{k+1}}{\alpha^{k+1}\beta^{k+1}(\alpha-\beta)} z^k$ $(|z| < |\alpha|)$

$f(z) = \sum_{k=1}^{\infty} \frac{\alpha^{k-1}}{\beta-\alpha} z^{-k} + \sum_{k=0}^{\infty} \frac{1}{\beta^{k+1}(\beta-\alpha)} z^k$ $(|\alpha| < |z| < |\beta|)$

問題 6.3 (1) 0 (3 位), $-i$ (2 位) (2) 0 (真性) (3) ∞ (真性) (4) ∞ (真性) (5) $2k\pi i$ (k は整数) (1 位), ∞ (真性) (6) 0 (1 位) (7) $e^{\frac{k\pi i}{3}}$ ($k = 0, 1, \cdots, 5$) (1 位) (8) $2k\pi i$ (k は整数) (1 位) (9) 0 (真性), $-i$ (2 位) (10) 1 (真性) (11) $\frac{(2k+1)}{2}\pi$ (k は整数) (1 位), ∞ (真性)

問題 6.4 ある多項式 $P(z)$ が存在し $g(z) = f(z) - P(z)$ が正則かつ有界となる.

問題 6.5 $k+1$ 位の極または $k-1$ 位の零点をもつ.

問題 6.6 (1) $-1, -2$ で 1 位の極をもつ. 主要部は $\frac{1}{z+1}, \frac{-1}{z+2}$

(2) i と $-i$ で 2 位の極をもつ. 主要部は $\frac{-1}{4(z-i)^2} + \frac{-i}{4(z-i)}$ と $\frac{-1}{4(z+i)^2} + \frac{i}{4(z+i)}$

問題 6.7 (1) $P = (x, y, u)$, $Q = (-x, -y, -u)$, $z = I(P)$, $z' = I(Q)$ とすれば $z = \frac{x+iy}{1-u}$, $z' = -\frac{x+iy}{1+u}$ となり $z\overline{z'} = -\frac{(x+iy)(x-iy)}{x^2+y^2} = -1$ (2) 原点を通る直線

問題 6.8 (1) 略 (2) 直径の両端は中心に関して対称だから前問 (1) に帰着. (3) $P' = (x, -y, -u)$ であるから $z' = \frac{x-iy}{1+u}$. 従って $z\overline{z'} = 1$ となる.

問題 6.9 z と $f(z)$ についてルーシェの定理を用いよ.

問題 6.10 (1) $\pm i$, 1 位の極, $\pm\frac{1}{2i}$ (2) $\pm i$, 2 位の極, $\pm\frac{1}{4i}$ (3) 0, 3 位の極, $-\frac{1}{6}$ (4) $\frac{1\pm\sqrt{3}i}{2}$, 1 位の極, $\frac{1}{2} \pm \frac{\sqrt{3}}{6i}$ (5) 0, 除去可能, 0 (6) i, 2 位の極, e^i (7) 0, 2 位の極, 0, $n\pi$, 1 位の極, $\frac{(-1)^n}{n\pi}$ (8) 0, 真性特異点, 1 (9) 0, 真性特異点, $-\frac{1}{6}$

第 10 章　エピローグ … 問題解答

問題 6.11 (1) $2\pi i$ (2) $-4i$ (3) $\frac{\pi i}{3}$ (4) 0 (5) $-2(e^{\frac{1}{2}} - e^{-\frac{1}{2}})i$ (6) $\frac{\pi i}{2}$

問題 6.12 (1) $\frac{\pi(3\sqrt{5}-5)}{5}$ (2) $\frac{\pi}{ab}$ (3) $\frac{2\pi}{3}$ (4) $\frac{\pi}{4}$ (5) $\frac{\pi}{2e}$ (6) $\frac{\pi}{2e}$ (7) $\frac{\sqrt{2}\pi}{2}$ (8) $\frac{3\sqrt{2}\pi}{8}$ (9) $\frac{-\pi}{4}$ (10) π (部分積分)

第 6 章 章末問題 B 解答．

試練 6.2 ルーシェの定理：(1) $f(z) = \lambda z^m$, $g(z) = e^z$ とおき，$|f(z)| > |g(z)|$ ($|z|=1$) を示せ．(2) $f(z) = a-z$, $g(z) = a-z-e^{-z}$ とおき，$|f(z)| > |f(z)-g(z)|$ を $|z| \leq r$ (r 十分大) と $\mathrm{Re}\,z \geq 0$ のときに示せ．

試練 6.3 (1) 略 (2) B_0, B_1, B_2 については $f(z) = \sum_{n=0}^{\infty} \frac{B_n z^n}{n!}$ の両辺に $e^z - 1 = \sum_{n=1}^{\infty} \frac{z^n}{n!}$ をかけて係数を比較する．$f(z) - B_1 z = \frac{z}{2}\frac{e^z+1}{e^z-1}$ が偶関数であることに注意．(3) $\cot z = i + \frac{1}{z}f(2iz)$ に注意．$\cot z = \sum_{n=0}^{\infty} \frac{(-1)^n 2^{2n} B_{2n}}{(2n)!} z^{2n-1}$

試練 6.4 $J_n(w) = \frac{1}{2\pi i} \int_{|z|=1} f(z) z^{-n-1} \, dz$ で $z = e^{i\theta}$ と変換せよ．後半は $z = -\frac{1}{\zeta}$ として係数の比較をせよ．

試練 6.5 (1) 項別積分せよ．(2) オイラーの公式と加法定理を用いて変形する．

試練 6.6 (1) $\frac{\pi}{2}$ (2) $\frac{3\pi}{8}$

試練 6.7 (1) 略 (2) $\int_0^\pi \tan(x+ia)\,dx = \int_0^\pi \tan(x+ib)\,dx$ ($0<a<b$) を示せ．次に $\lim_{a \to \infty} \tan(x+ia) = i$ が x に関して一様に成立することを示せ．評価式 $|\tan(x+ia) - i| \leq \frac{2e^{-a}}{e^a - e^{-a}}$ が有効かもしれない．

第 7 章 演習問題解答．

7.1.1 メビウス変換 $w = \lambda(z-\alpha)$ を用いればよい．

7.3.1 $f'(z_0) \neq 0$ ならば f は z_0 の近傍で 1 対 1 であるから $f(z_0)$ は f による D の像の中で内点となる．$f'(z_0) = 0$ ならば 7.3 節からやはり $f(z_0)$ は内点となる．

7.3.2 一般に f が連続であることと 任意の開集合の f による逆像が開集合となることが同値である．ここで，f^{-1} を考えれば，f が開写像であるから f^{-1} はこの性質をもち，連続となる．上の，開集合による連続性の特徴付けを示しておこう．f が点 z で連続であれば，任意の $\varepsilon > 0$ に対して，ある δ が存在して，$|z-a|<\delta$ ならば $|f(z)-f(a)|<\varepsilon$

とできる. ここで, $U = \{w : |w - f(a)| < \varepsilon\}, V = \{z : |z - a| < \delta\}$ とおけば, $V \subset f^{-1}(U)$ が成立し, $f^{-1}(U)$ が開集合であることがわかる. 逆は明らかである.

7.3.3 前問により, f は開写像になりその逆写像は連続関数となることがわかる. 次に逆関数定理 (定理 2.4.2) より正則性が出る.

7.4.1 (1) w について解けばよい.

7.4.2 (1) $w = \frac{z-1}{(2-i)z-i}$ (2) $w = (i+1)\frac{z}{z-i}$ (3) $w = \frac{-3(z-1)}{z-5}$

7.6.2 $\operatorname{Im} z > 0$ ならば, $|g(z)| < 1$ を示せばよい.

第 7 章 章末問題 A 解答.

問題 7.1 (1) $w = \lambda \frac{iz-\alpha}{iz-\bar{\alpha}}$, $\operatorname{Im} \alpha > 0, |\lambda| = 1$ (2) $w = i\frac{z - \frac{i}{2}}{1 + \frac{i}{2}z}$

問題 7.2 (1) 0 (2) $-\frac{1}{2}$ (3) ± 1 (4) 0

問題 7.4 α, β が有限のとき, $w = \frac{cz - \alpha\beta}{z + c - \alpha - \beta}$, $\alpha = \infty$ のとき, $w = c(z - \beta) + \beta$, $c \in \mathbf{C} \setminus 0$

問題 7.5 (1) $0, -i$ の垂直二等分線 (2) 中心 $(\frac{1}{2}, 0)$, 半径 $\frac{1}{2}$ の円 (3) $|w-1| = 2|w|$

問題 7.6 z について解き $|z| = 1$ とおけば, $|dw - b| = |cw - a|$ となり, 直線となるためには $|c| = |d|$ が必要十分である.

問題 7.7 (1) 下半平面 (2) $\operatorname{Re} w < 0$ (3) $\operatorname{Re} w < \frac{1}{2}$ (4) $\operatorname{Re} w < 0$

問題 7.8 (1) 0 以下の実軸を除く領域 (2) 楕円 $\frac{\operatorname{Re} w^2}{(c+\frac{1}{c})^2} + \frac{\operatorname{Im} w^2}{(c-\frac{1}{c})^2} = 1$ (3) $|w| < e^2$ の第 1 象限 (座標軸は除く) の部分 (4) 単位円の内部 (5) $0 < \operatorname{Im} w < \pi$ (6) $0 < \operatorname{Im} w$

第 7 章 章末問題 B 解答.

試練 7.1 単位円は ζ 平面から $\operatorname{Im} \zeta = 0, -4 \leq \operatorname{Re} \zeta \leq 0$ を除いた領域に写るので, 合成の像は w 平面から $\operatorname{Im} w = 0, \operatorname{Re} w \leq -\frac{1}{4}$ を除いた領域.

試練 7.2 $w = \rho e^{i\varphi}$ とおけば, $\rho = e^{\varphi}$ (対数螺旋) となる.

試練 7.3 楕円 $\frac{u^2}{2^2} + v^2$ の内部から線分 $|u| \leq \sqrt{3}, v = 0$ を除いた領域.

試練 7.4 上半平面から実軸上の二つの半直線 $|\operatorname{Re} w| \geq 1, \operatorname{Im} w = 0$ を除いた領域.

第 10 章　エピローグ … 問題解答　　　　　　　　　　　　　231

試練 7.5　(1) $\zeta = \frac{1-z}{z}$ により円弧二角形の内部は角領域 $|\mathrm{Arg}\,\zeta| < \alpha/2$ に写像される．この角領域は $w = \zeta^{\pi/\alpha}$ で w 平面の上半平面に写像される．(2) $\zeta = \frac{1}{1-z}$ で円弧二角形 (月形) は $\mathrm{Re}\,\zeta = \frac{1}{2}$, $\mathrm{Re}\,\zeta = 1$ に写像される．この帯領域は $w = -e^{2\pi i \zeta}$ で w 平面の上半平面に写像される．

試練 7.6　(1) $f'(0) = \frac{1}{2\pi i} \int_{|z|=R} \frac{f'(z)}{z} dz = \frac{1}{2\pi} \int_0^{2\pi} f'(Re^{i\theta}) d\theta$ となる (コーシーの積分表示を用いる)．(2) Hint の式と $|f'(0)|^2 \leq \frac{1}{4\pi^2} \int_0^{2\pi} d\theta \int_0^{2\pi} |f'(Re^{i\theta})|^2 d\theta = \frac{1}{2\pi} \int_0^{2\pi} |f'(Re^{i\theta})|^2 d\theta$ (シュワルツの不等式) を用いよ．

第 8 章 演習問題解答．

8.1.1 z^3 以下は $\frac{\partial^2}{\partial z \partial \bar{z}}$ を使うと計算しやすい．

8.1.2 x, y による 2 階微分は次のようになる．辺々加えて整理すればよい．
$\frac{\partial^2 u}{\partial x^2} = \cos^2\theta \frac{\partial^2 u}{\partial r^2} + \frac{\sin^2\theta}{r} \frac{\partial u}{\partial r} - 2\frac{\sin\theta\cos\theta}{r} \frac{\partial^2 u}{\partial r \partial \theta} + 2\frac{\sin\theta\cos\theta}{r} \frac{\partial u}{\partial \theta} + \frac{\sin^2\theta}{r^2} \frac{\partial^2 u}{\partial \theta^2}$,
$\frac{\partial^2 u}{\partial y^2} = \sin^2\theta \frac{\partial^2 u}{\partial r^2} + \frac{\cos^2\theta}{r} \frac{\partial u}{\partial r} + 2\frac{\sin\theta\cos\theta}{r} \frac{\partial^2 u}{\partial r \partial \theta} - 2\frac{\sin\theta\cos\theta}{r} \frac{\partial u}{\partial \theta} + \frac{\cos^2\theta}{r^2} \frac{\partial^2 u}{\partial \theta^2}$.

8.1.3 Laplace の方程式の極座標表示を用いよ．

8.3.1 $\sum_{p,q} |a_{p,q} z^p w^q| \leq \sum_{p,q} M(\frac{r_1}{\rho_1})^p (\frac{r_2}{\rho_2})^q = \frac{M}{(1-\frac{r_1}{\rho_1})(1-\frac{r_2}{\rho_2})}$ を用いよ．

8.5.1 (1) $r - |z| \leq |re^{i\theta} - z| \leq r + |z|$ を用いる．(2) (1) とポワソン積分表示を用いる．(3) $|z| = \frac{r}{2}$ を代入せよ．

第 8 章 章末問題 A 解答．

問題 8.1 (1) 調和　(2) 調和でない　(3) 調和でない

問題 8.2 直接計算し g に関してコーシー・リーマンの関係式を用いよ．

問題 8.3 $\frac{\partial}{\partial \bar{z}} \frac{\partial}{\partial z} u = 0$ を示せ．

問題 8.5 問題の条件の下で u はポワソン積分表示が成立するが，これに前問のポワソン核の展開 (一様収束) を代入し項別積分をせよ．

問題 8.6 $c_n = a_n - ib_n$ $(n \geq 1)$ とおけば $u(z) = a_0 + \sum_{n=1}^{\infty} \mathrm{Re}(c_n z^n)$. $f(z) = a_0 + ib_o + \sum_{n=1}^{\infty} c_n z^n$ とすれば $f(z)$ は正則で，$\mathrm{Re}\,f = u$, $\mathrm{Im}\,f = v$ となる．

問題 8.7 直接計算してもよいが, u を実数部分とする正則関数 $f(z)$ を考えれば 左辺 $= \int\int_{|z|<r} |f'(z)|^2\, dxdy = \int_0^r t\, dt \int_0^{2\pi} |f'(te^{i\theta})|^2\, d\theta$ が成り立つ. これに, $f(z) = a_0/2 + \sum_{n=1}^\infty (a_n - ib_n)z^n$ を代入すればよい.

問題 8.8 二つの差をとり, 最大値原理を用いる.

第 8 章 章末問題 B 解答.

試練 8.1 試練 7.7 の最後の等式を用いる. 後半は $|z| = R$ 上で $\bar{z} = R^2/z$, $|z-\alpha| = r$ 上で $\bar{z} = \bar{\alpha} + r^2/(z-\alpha)$ などに注意し $r \to 0$ とせよ.

試練 8.2 Hint とハイネ・ボレルの被覆定理を用いよ.

試練 8.3 任意の有界閉集合 K に対して, 前問からある整数 M が存在して $0 \geq u_{n+1}(z) - u_n(z) \leq M(u_{n+1}(z_0) - u_n(z_0))$ が成立する. 故に $u_1(z) + \sum_{n=1}^\infty (u_{n+1}(z) - u_n(z))$, $z \in K$ が一様収束する. またその極限は調和である.

試練 8.4 $\frac{x}{x^2+(y-t)^2} = \operatorname{Re} \frac{1}{z-it}$ より $f(z)$ も調和である. $t_0 = 0$ としてよい. $|f(z) - u(0)| \leq \frac{1}{\pi} \int_{-\infty}^\infty |u(t) - u(0)| \frac{x}{x^2-(y-t)^2}\, dt$. ここで $\int_{-\infty}^\infty \frac{x}{x^2-(y-t)^2}\, dt = \pi$ に注意し, 十分小さい $\delta > 0$ に対して, 積分を $|t| < \delta$ と $|t| \geq \delta$ に分けるとよい.

試練 8.5 (3) $\int_0^1 w^{\alpha-1}(w-1)^{\gamma-\alpha-1} e^{zw}\, dw$ (4) $\int_1^\infty w^{\alpha-1}(w-1)^{\gamma-\alpha-1} e^{zw}\, dw$

第 9 章 演習問題解答.

9.2.1 (1) $f(z) = \sum_{n=-\infty}^\infty \frac{(-1)^n}{(z-n)^2}$, $g(z) = \frac{\pi^2 \cos(\pi z)}{\sin^2(\pi z)}$ が共に周期 2 かつ $z = n$ を 2 位の極としてもち, そこでの主要部が $\frac{(-1)^n}{(z-n)^2}$ であることを示せ. (2) $\frac{1}{z} + \sum_{n\neq 0} (-1)^n \left(\frac{1}{z-n} + \frac{1}{n}\right)$ を考えて, (1) で得られた公式を用いる.

9.2.2 $-\frac{1}{2} \frac{d}{dz}\left(\frac{\pi^2}{\sin^2 \pi z}\right) = \frac{\pi^3 \cos \pi z}{\sin^3 \pi z}$

9.3.1 両辺に $1 - z$ を掛けてみよ.

9.5.1 (1) $G(z)G(-z) = \frac{\sin(\pi z)}{\pi z}$, $\Gamma(z) = \frac{1}{e^{\gamma(z-1)} G(z-1)}$ を使う. (2) (1) を使う.

9.5.2 (1) $\frac{d}{dz}\frac{\Gamma'(z)}{\Gamma(z)} = \sum_{n\geq 0} \frac{1}{(z+n)^2}$ を用いよ. (2) (1) の式を積分し, $\Gamma(z)\Gamma\left(z+\frac{1}{2}\right) = e^{\alpha z + \beta} \Gamma(2z)$ を示し, $z = \frac{1}{2}, z = 1$ として定数 α, β を決定せよ.

9.5.3 部分積分である.

第 10 章　エピローグ … 問題解答

9.6.1 f_n は 0 に一様収束, g_n, h_n は 0 に広義一様収束 ($|z|^n(1+|z|)$ を考える).

9.8.1 Hint: $P(z) + \lambda = \alpha \in \partial B$ を解けばよい.

9.8.2 $\lambda_1 \in M_1$ とする. $z = \frac{\mu}{2}$ は $z^2 + \frac{\mu}{2} - \frac{\mu^2}{4} = z$ を満たすので不動点となる. $M_1 \subset M$ は定義から明らかである.

第 9 章 章末問題 A 解答.

問題 9.1 (1) $\frac{35}{2}$　(2) 2

問題 9.2 (1), (2) 共に $\sum_{k=1}^{\infty} \frac{1}{k} = \infty$ を用いる. (3) は $\sum_{k=1}^{\infty} \frac{1}{\sqrt{k}} = \infty$ を用いる.

問題 9.3 $\sum_{k=1}^{\infty} \frac{1}{k^2} < \infty$ を用いる.

問題 9.4 $\alpha \leq 1$ のとき発散, $\alpha > 1$ のとき収束.

問題 9.6 (1) 正規族　(2) 正規族ではない　(3) 正規族

問題 9.7 ハイネ・ボレルの被覆定理を用いよ.

問題 9.9 D で広義一様収束する列 $f_n(z)$ に対して $F(f_n(z))$ の広義一様収束をいう.

第 9 章 章末問題 B 解答.

試練 9.1 (3) 任意の $R > 0$ に対して $|z| \leq R$ のとき一様収束することを示せ.

試練 9.2 (1) 極とその留数が等しいので, 両辺の差は全平面で有界正則. (2) (1) の式を微分せよ. (3) (1) に $z + \frac{\pi}{2}$ を代入せよ. (4) (3) の式を微分せよ.

試練 9.3 (1) $\frac{1}{\sin z}$ の展開式 (演習 9.2.1) に $z + \frac{\pi}{2}$ を代入せよ. (2) $z = 0$ とおく.

試練 9.4 $\Gamma(z) = \frac{\Gamma(z+n+1)}{z(z+1)(z+2)\cdots(z+n)}$ を用いよ.

試練 9.6 1. は明らかである. 2. はコンパクト集合の全有界性にあたる条件である. もしこの性質が成り立たなければ, ある点 a, ある正数 ε と関数列 f_n がとれて, $B_n(a) = \{z : |z-a| < \frac{1}{n}\}$ で $\|f_n(z) - f_n(a)\|_{B_n(a)} > \varepsilon$ とできる. これは, $\{f_n\}$ のいかなる部分列も点 a で収束しないことを意味し矛盾である.

試練 9.7 $a \in \partial D$ とする. 条件より, $\{z_m\}$ を $\lim_{m \to \infty} z_m = a$ を満たす任意の点列とするとき $\{f_n(z_m)\}$ はコーシー列となるので一意的な極限が存在し, この値が点列 $\{z_m\}$ に依存しないことも容易にわかる.

参考書一覧

[1] 荷見守助・堀内利郎, 現代解析の基礎, 内田老鶴圃, 1989.
[2] H. カルタン (高橋禮司 訳), 複素函数論, 岩波書店, 1965.
 (仏語原著：H. Cartan, Théorie élémentaire des fonctions analytiques d'une ou plusieurs variable complexes, Hermann, 1961.)
[3] L.V. Ahlfors, Complex analysis, Mcgraw-Hill, 1953 (Third edition 1979).
[4] 岸正倫・藤本坦孝, 複素関数論, 学術図書, 1980.
[5] 上田哲生・谷口雅彦・諸澤俊介, 複素力学系序説 — フラクタルと複素解析, 培風館, 1995.

索　引

Symbol 行

$\arg z$ (z の偏角), 4
$\cos z, \sin z$ (複素三角関数), 48
Δ (ラプラシアン), 163
$\dfrac{\partial}{\partial z}, \dfrac{\partial}{\partial \bar{z}}$, 63
$\displaystyle\int_C f(z)\,dz$ (C に沿った f の積分), 65
$\displaystyle\int_C f(z)\,|dz|$ (弧長に関する積分), 70
$\displaystyle\prod_{n=1}^{\infty} p_n$ (無限積), 195
$\operatorname{Im} z$ (虚数部分), 2
$\operatorname{Log} z$ ($\log z$ の主値), 44
$\log z$ (複素対数), 44
$\overline{C}$ (C が囲む図形の閉包), 84
$\overline{S}$ (S の閉包), 15
$\bar{z}$ (z の共役複素数), 3
$\overset{\circ}{S}$ (S の内部), 15
$\overset{\circ}{C}$ (C が囲む図形の内部), 84

∂S (S の境界), 16
$\operatorname{Re} z$ (実数部分), 2
$\operatorname{Res}(f, \alpha)$ (点 α における f の留数), 111
$\Gamma(z)$ (ガンマ関数), 202
$\mathbf{C}$ (複素数の全体), 1
$\mathbf{C}^*$ (拡張された複素平面), 110
$\mathbf{R}^+$ (0 以上の実数全体), 27
$\mathbf{S}^2$ (リーマン球面), 110
$\|f\|_K$ (f の K 上でのノルム), 20
$|z|$ (z の絶対値), 3
$A(S)$ (二重べき級数 S の収束域), 169
$D_\varepsilon(a)$ (a 中心で半径 ε の円板), 15
$e^z, \exp z$ (指数関数), 39
$H(D)$ (D 上の正則関数全体), 187
i (虚数単位), 1
$I(C, a)$ (閉曲線の指数), 86
$P_z(r, \theta)$ (ポワソン核), 175

$S'(z)$ (べき級数 $S(z)$ の形式的微分), 32
z^α (z の複素べき), 46

あ 行

アーベルの補題, 28
アスコリ・アルツェラの定理, 205
アダマールの表示式 (収束半径の), 29
アポロニウスの円, 11
(極の) 位数, 56, 107
(零点の) 位数, 55
(解の) 位数の和, 117
(極の) 位数の和, 117
一次分数変換 (メビウス変換), 147
(関数列の) 一様収束, 21
(級数の) 一様収束, 22
一様連続, 20
一致の定理, 53
一般化されたコーシーの積分公式, 88
一般化されたコーシーの積分定理, 84
円円対応, 149
円の方程式, 11
円板上のディリクレ問題, 173
オイラー定数, 202
オイラーの公式, 42

か 行

開写像, 146
開集合, 15
解析関数, 50
解析性, 51
解析接続, 54
解析的, 50

外点, 16
(閉曲線の) 回転数, 119
外部, 16
ガウスの定理, 93
ガウス平面 (複素平面), 4
拡張された複素平面, 110
関数項の無限級数, 22
完備性, 12
ガンマ関数 (Γ 関数), 202
基本メビウス変換, 147
(べき級数の) 逆関数定理, 34
(べき級数の) 逆元の存在, 32
逆向きの曲線, 68
境界, 16
境界点, 16
鏡像の原理, 89
共役調和関数, 166
共役複素数, 3
共役複素数の性質, 3
極, 56
極形式表示, 5
極限, 12
曲線, 65
曲線のホモトピー, 75
曲線の和, 67
虚数単位, 1
虚数部分 (虚部), 2
虚部, 2
(複素数の間の) 距離, 12
距離 (有界連続関数の間の), 21
距離, 138

索　引　　　　　　　　　　　　239

近傍, 17
区分的になめらかな曲線, 67
グリーンの公式, 83
グリーンの定理, 83
クリティカルポイント, 213
形式解, 183
(関数列の) 広義一様収束, 21
(級数の) 広義一様収束, 22
(無限積の) 広義一様収束, 197
広義の「一様有界性」, 206
コーシー・リーマンの関係式, 61
—(極座標), 74
コーシーの積分公式, 87
コーシーの積分定理, 77
コーシーの定理, 77
コーシーの定理 II, 84
コーシーの定理 III, 85
コーシーの判定条件, 12
コーシーの不等式, 94
コーシーの不等式 (二重べき級数の), 180
コーシー列, 12
弧長に関する積分, 70
孤立点, 55
孤立特異点, 104
孤立特異点の分類, 106
コンパクト集合, 55

さ 行

最大値原理, 95
(調和関数の) 最大値原理, 165
三角関数, 48

三角関数型 (定積分), 122
三角不等式, 6
自己同型, 152
(拡張された全平面の) 自己同型, 153
(上半平面の) 自己同型, 156
(全平面の) 自己同型, 153
(単位開円板の) 自己同型, 154
(点に対する閉曲線の) 指数, 85
指数関数, 39
指数法則, 39
自然境界, 58
四則演算, 2
実数部分 (実部), 2
実部, 2
収束, 12
(無限積の) 収束, 195
収束域, 169
収束円, 28
収束半径, 28
主値 (複素対数の), 44
(偏角の) 主値, 4
(ローラン展開の) 主要部, 105
ジュリア集合, 211
シュワルツ・ピックの補題, 158
シュワルツの鏡像の原理, 89
シュワルツの不等式, 6
シュワルツの補題, 96
上半平面, 15
初期条件, 182
初期値問題, 182
除去可能な特異点, 106

触点, 15
真性特異点, 106
正規族, 205
正項級数, 22
正則関数列, 187
正則性, 60
(無限遠点の近傍での) 正則性, 110
(ローラン展開の) 正則部, 105
正則変換, 141
正の向き, 68
(曲線の両端のみに依存する) 積分, 71
(区分的になめらかな曲線に沿った)—, 66
(なめらかな曲線に沿った) 積分, 65
(級数の) 絶対収束, 22
(無限積の) 絶対収束, 196
絶対値, 3
全微分, 63
双曲線関数, 57
相似変換, 147
粗な集合, 55

た 行

代数学の基本定理, 93
対数関数, 44
対数積分型 (定積分), 131
対数の分枝, 45
対数法則, 40
(複素) 対数法則, 45
多価関数, 5
多変数解析関数, 168

単純閉曲線, 67
単連結, 76
単連結領域, 76
中線公式, 3
調和関数, 163
直線と円, 9
直線の方程式, 9
テイラー級数展開, 91
ディリクレ問題, 173
ド・モワブルの公式, 6
等角写像, 144
等角性, 144
同型変換, 152
同型, 142
同型写像, 141
同等連続性, 206
特異点, 101
特異点の分類, 106
特異フーリエ変換型 (定積分), 127

な 行

内点, 15
内部, 15
なめらかな曲線, 65
二重べき級数, 168
(関数の) ノルム, 20

は 行

ハイネ・ボレルの被覆定理, 17
発散, 12
反転, 147
パンルヴェの定理, 91

ビーベルバッハ予想, 159
微積分の基本定理, 71
非調和比, 148
(実2変数) 微分可能性, 59
微分係数, 60
非有界集合, 17
標準無限積, 199
ファトゥ集合, 210
フーリエ変換型 (定積分), 125
複素関数, 18
複素三角関数, 49
複素数, 1
複素数の演算, 2
複素数列, 12
複素数列の収束, 12
複素積分, 64
複素対数, 44
複素微分可能性, 60
複素平面 (ガウス平面), 4
複素べき, 46
不動点, 153
フラクタル, 211
分岐点, 47
分枝, 45
分数べき, 46
分数べき型 (定積分), 129
閉曲線, 67
閉曲線の回転数, 119
閉曲線の指数, 85
平均値の性質, 95
平行移動, 147

閉集合, 15
閉包, 15
べき級数, 27
べき級数で定義される関数, 39
べき級数展開, 50
べき級数展開の一意性, 34
べき級数の代入, 31
べき級数の微分可能性, 32
べき乗根, 8
偏角, 4
偏角の原理, 116
偏角の主値, 4
偏角の変動量 (増加量), 119
偏導関数, 59
偏微分演算子 (偏微分作用素), 63
偏微分係数, 59
補集合, 15
(端点を固定して) ホモトープ, 76
(閉曲線として) ホモトープ, 75
(1点に) ホモトープ, 75
(閉曲線の指数の) ホモトピー不変性, 86
ポワソン核, 175
ポワソン核の展開公式, 185
ポワソン積分表示, 174

ま 行

マンデルブロート集合, 213
ミッタクレフラー, 194
(単純閉曲線の) 向き, 68
無限遠で有理型, 116
無限遠点, 109

無限遠点での極, 110
無限遠点における留数, 112
無限遠点の近傍, 110
無限遠点の近傍で正則, 110
無限積, 195
無限積の広義一様収束, 197
無限積の収束, 195
無限積の絶対収束, 196
無限積表示 (ガンマ関数), 203
無限積表示 (三角関数), 201
メビウス変換 (一次分数変換), 147
モンテルの定理, 207

や 行

ヤコビ行列式 (ヤコビアン), 141
有界集合, 17
有界な数列, 13
有界連続関数, 20
優級数, 179
優級数原理, 13
有理型 (定積分), 124
有理型, 56
有理型関数, 116
有理型関数列, 187
有理型関数列の収束, 191

ら 行

ラプラシアン, 163
リーマン球面, 110
リーマンの基本定理, 105

リーマン面, 46
立体射影, 109
留数, 111
(1 位の極における) 留数, 114
(m 位の極における) 留数, 114
留数定理 I, 112
留数定理 II, 113
領域, 16
ルーシェの定理, 121
零点, 55
連結, 16
連続, 19
連続関数, 19
連続関数列, 20
連続的微分可能性, 59
ローラン級数, 101
ローラン展開, 101
ローラン展開可能, 102
ローラン展開可能定理, 102
ローラン展開の一意性, 104
ローラン展開の主要部, 105

わ 行

(級数の) 和, 12
(曲線の) 和, 67
ワイエルシュトラス・ヴォルツァーノの定理, 13
ワイエルシュトラスの意味で解析的な関数, 54

Memorandum

Memorandum

著者略歴
堀内　利郎（ほりうち　としお）
　1980年　京都大学理学部数学科卒
　1982年　京都大学大学院理学研究科修士課程修了
　1982年　茨城大学理学部助手
　1985〜86年　スウェーデン王立学士院ミッタク・レフラー数学研究所研究員
　1988年　茨城大学理学部助教授
　1995年　茨城大学理学部教授，現在に至る
　理学博士（京都大学）

下村　勝孝（しもむら　かつのり）
　1984年　名古屋大学理学部数学科卒
　1986年　名古屋大学大学院理学研究科博士前期課程修了
　1987年　名古屋大学大学院理学研究科博士後期課程中退
　1987年　茨城大学理学部助手
　1997年　茨城大学理学部講師
　1997年　アイヒシュタットカトリック大学（ドイツ）客員研究員
　2000年　茨城大学理学部助教授
　2007年　茨城大学理学部准教授（学校教育法改正に伴う呼称変更），現在に至る
　博士（学術）（名古屋大学）

著者の了解により検印を省略いたします	2001年 4 月10日　第 1 版発行 2010年11月10日　第 2 版発行 著　者ⓒ　堀　内　利　郎 　　　　　下　村　勝　孝 発行者　内　田　　　学 印刷者　山　岡　景　仁
複素解析の基礎 *i* のある微分積分学	

発行所　株式会社　内田老鶴圃ほ　〒112-0012 東京都文京区大塚3丁目34番3号
　　　　　　　　　　　　　　　　電話 03(3945)6781(代)・FAX 03(3945)6782
http://www.rokakuho.co.jp　　　　　　　　　　　　印刷・製本／三美印刷K.K.

Published by UCHIDA ROKAKUHO PUBLISHING CO., LTD.
3-34-3 Otsuka, Bunkyo-ku, Tokyo, Japan

ISBN 978-4-7536-0097-7 C3041　　　　　U. R. No. 511-2

関数解析の基礎　堀内利郎・下村勝孝　共著　A5・296頁・本体3800円

第1章　ベクトル空間からノルム空間へ　第2章　ルベーグ積分：A Quick Review　第3章　ヒルベルト空間　第4章　ヒルベルト空間上の線形作用素　第5章　フーリエ変換とラプラス変換　第6章　プロローグ：線形常微分方程式　第7章　超関数　第8章　偏微分方程式とその解について　第9章　基本解とグリーン関数の例　第10章　楕円型境界値問題への応用　第11章　フーリエ変換の初等的偏微分方程式への適用例　第12章　変分問題　第13章　ウェーブレット　エピローグ

関数解析入門　荷見守助　著　A5・192頁・本体2500円

第1章　距離空間とベールの定理　第2章　ノルム空間の定義と例　第3章　線型作用素　第4章　バナッハ空間続論　第5章　ヒルベルト空間の構造　第6章　関数空間 L^2　第7章　ルベーグ積分論への応用　第8章　連続関数の空間　付録A　測度と積分　付録B　商空間の構成

集合と位相　荷見守助　著　A5・160頁・本体2300円

第1章　集合の基礎概念　第2章　順序集合　第3章　順序数　第4章　順序数の算術　第5章　基数　第6章　選択公理と連続体仮説　第7章　距離空間　第8章　位相空間　第9章　連続写像　第10章　収束概念の一般化　第11章　コンパクト空間　第12章　連続関数の構成

リーマン面上のハーディ族　荷見守助　著　A5・436頁・本体5300円

第I章　正値調和函数　第II章　乗法的解析函数　第III章　Martin コンパクト化　第IV章　Hardy族　第V章　Parreau-Widom 型 Riemann 面　第VI章　Green 線　第VII章　Cauchy 定理　第VIII章　Widom 群　第IX章　Forelli の条件つき平均作用素　第X章　等質 Denjoy 領域の Jacobi 逆問題　第XI章　Hardy 族による平面領域の分類　付録　§A. Riemann 面の基本事項／§B. 古典的ポテンシャル論／§C. 主作用素の構成／§D. 若干の古典函数論／§E. Jacobi 行列

ルベーグ積分論　柴田良弘　著　A5・392頁・本体4700円

§1　準備　§2　n次元ユークリッド空間上のルベーグ測度と外測度　§3　一般集合上での測度と外測度　§4　ルベーグ積分　§5　フビニの定理　§6　測度の分解と微分　§7　ルベーグ空間　§8　Fourier 変換と Fourier Multiplier Theorem

現代解析の基礎　荷見守助・堀内利郎　共著　A5・302頁・本体2800円

第I章　集合　第II章　実数　第III章　関数　第IV章　微分　第V章　積分　第VI章　級数　第VII章　2変数関数の微分と積分

線型代数入門　荷見守助・下村勝孝　共著　A5・228頁・本体2200円

第1章　ベクトル　第2章　行列　第3章　行列式　第4章　ベクトル空間と一次写像　第5章　内積空間　第6章　一次変換の行列表現　第7章　内積空間の一次変換　第8章　二次形式の標準化　第9章　ユニタリー空間の一次変換　第10章　ジョルダン標準形　付録A　平面と空間の座標と二三の公式　付録B　略解とヒント

計算力をつける微分積分　神永正博・藤田育嗣　著　A5・172頁・本体2000円

第1章　指数関数と対数関数　第2章　三角関数　第3章　微分　第4章　積分　第5章　偏微分　第6章　2重積分　問の略解・章末問題の解答

計算力をつける線形代数　神永正博・石川賢太　著　A5・160頁・本体2000円

第1章　線形代数とは何をするものか？　第2章　行列の基本変形と連立方程式(1)　第3章　行列の基本変形と連立方程式(2)　第4章　行列と行列の演算　第5章　逆行列　第6章　行列式の定義と計算方法　第7章　行列式の余因子展開　第8章　余因子行列とクラメルの公式　第9章　ベクトル　第10章　空間の直線と平面　第11章　行列と一次変換　第12章　ベクトルの一次独立,一次従属　第13章　固有値と固有ベクトル　第14章　行列の対角化と行列の k 乗　問と章末問題の略解

表示価格は税別の本体価格です。　　　http://www.rokakuho.co.jp